密封技术及应用

吴　笛　主编
马秉骞　主审

化学工业出版社

·北京·

本书共七章，包括：密封技术概述、垫片密封及应用、胶密封及应用、填料密封及应用、机械密封及应用、非接触型密封及应用、泄漏检测技术等内容。

本书引用密封技术相关的最新标准，力求内容新颖、文字简练、通俗易懂；注重内容的实用性和先进性；引用大量工程实例介绍密封故障处理的原则、思路、流程、技术方法等；每章后均附有思考及应用题。

本书有配套的电子教案，可在化学工业出版社的官方网站上免费下载。

本书可作为高等院校、职业院校机械类专业教材和工程技术人员的培训教材，也可供从事密封设计、制造、维护维修、管理等工作的技术人员参考。

图书在版编目（CIP）数据

密封技术及应用/吴笛主编. —北京：化学工业出版社，2019.8（2024.5重印）
ISBN 978-7-122-34617-9

Ⅰ.①密… Ⅱ.①吴… Ⅲ.①密封 Ⅳ.①TB42

中国版本图书馆 CIP 数据核字（2019）第 111311 号

责任编辑：高　钰　　　　　　　　　　　　　文字编辑：陈　喆
责任校对：杜杏然　　　　　　　　　　　　　装帧设计：刘丽华

出版发行：化学工业出版社（北京市东城区青年湖南街 13 号　邮政编码 100011）
印　　装：北京科印技术咨询服务有限公司数码印刷分部
787mm×1092mm　1/16　印张 16　字数 396 千字　2024 年 5 月北京第 1 版第 6 次印刷

购书咨询：010-64518888　　售后服务：010-64518899
网　　址：http://www.cip.com.cn
凡购买本书，如有缺损质量问题，本社销售中心负责调换。

定　　价：58.00 元

前言

在石油、化工、机械、电力、轻工、冶金、能源、医药、食品等主要过程工业中，由于工艺复杂，机械设备运行条件苛刻，生产系统或单元装置的安全性、可靠性和经济性很大程度上取决于密封的有效性。泄漏不仅会造成能源浪费、物料流失、环境污染，甚至还会引起火灾和爆炸，直接危及人身安全，带来巨大的经济损失。随着现代工业的发展，密封技术越来越为人们所重视，已应用到各个领域，并取得了长足的进步。

现代工业对各种密封的要求越来越高，迫切要求通过密封技术解决生产设备使用、安装中出现的问题，因此，对从事密封技术的工程技术人员的理论基础、实践经验和科学思维方法均提出了更高的要求。为适应化工装备技术专业和电厂热能动力装置专业教学的需要，编者在总结多年教学实践和教学改革经验的基础上，编写了本书。

全书共七章。第一章是密封技术概述；第二、三、四、五、六章分别介绍垫片密封、胶密封、填料密封、机械密封、非接触型密封的基本原理、结构形式、密封特性、密封材料、使用维护、故障处理技术及应用实例等；第七章简要介绍了泄漏检测技术。

本书引用密封技术相关的最新标准，力求内容新颖、文字简练、通俗易懂；注重内容的实用性和先进性；引用大量工程实例介绍密封故障处理的原则、思路、流程、技术方法等；每章后安排了思考及应用题以巩固本章所学。

本书可作为高等院校、职业院校的机械类专业教材和工程技术人员的培训教材，也可供从事密封设计、制造、维护维修、管理等工作的技术人员参考。

本书内容已制作成用于多媒体教学的 PPT 课件，并将免费提供给采用本书作为教材的院校使用。如有需要，请发电子邮件至 cipedu@163.com 获取，或登录 www.cipedu.com.cn 免费下载。

本书由吴笛担任主编，并编写第一章、第五章及附录；王宇飞编写第二章、第六章、第七章；张依婷编写第三章、第四章。全书统稿工作由吴笛完成。

本书由马秉骞教授主审。马教授对本书的初稿进行了详细的审阅，提出了很好的修改意见。兰州石化公司设备维修公司任存余技师就本书相关内容给出了建设性的建议。

本书在编写过程中参阅了一些相关的标准、规范以及近年出版的相近内容的教材，主要参考文献列于书后。在此对马秉骞教授、相关作者及所有对本书出版给予支持和帮助的同志表示衷心的感谢。

由于编者水平所限，书中不足之处在所难免，恳请广大读者批评指正。

编　者
2019 年 3 月

目录

第五章　机械密封及应用　　125

密封技术概述

一、密封技术的重要性

现代工业中泄漏问题普遍存在。泄漏不仅会造成能源浪费、物料流失、环境污染，甚至还会酿成火灾、引起爆炸，直接危及人身安全，带来巨大的经济损失。特别是对连续工作的石油化工类企业，由于所处理介质具有易燃、易爆、有毒、腐蚀性等特性，一旦造成泄漏，可能导致重大事故和人身伤亡，并导致系统和工厂停产。据统计，在日常的机器设备维修中，机泵 40％～50％的工作量用于轴封的维修；离心式压缩机故障中 55％～60％来自润滑和密封系统。国外报道指出，在化工和石化等大型企业中，发生事故的前十大原因中，泄漏引发的事故排在首位。日本炼油行业的燃烧爆炸事故调查结果表明，70％以上的灾难性事故是由于泄漏造成的。世界范围内，每年因密封失效原因导致的直接经济损失达几十亿美元。

所谓泄漏，即高能物料从有限空间内部跑到外部，或者是其他物质从空间外部进入内部。这里的物料是指气体、液体、固体或者其他。泄漏的形式包括界面泄漏、渗漏和扩散。

通常将流体通过密封面间隙的泄漏称为界面泄漏，其泄漏量的大小主要与界面间隙有关，界面泄漏是单向泄漏。

在密封件两侧压差作用下，被密封流体通过密封件材料的毛细管泄漏称为渗漏。渗漏除了受介质的压力、温度、黏度、分子结构等流体状态的影响外，主要与密封材料的结构和材料有关。渗漏也是单向泄漏。

在浓度差的作用下，被密封介质通过密封间隙或密封材料的毛细管产生的物质传递叫做扩散。扩散泄漏的过程是：密封件吸收液（气）体；介质通过密封件扩散；介质从密封件的另一侧析出。扩散过程是双向进行的，介质泄漏量比较小。

密封技术所要解决的就是防止或减少泄漏。能够防止或者减少泄漏的装置和措施称为密封。装置中起密封作用的零部件称为密封件，放置密封件的部位称为密封箱或密封室。较复杂的密封，特别是带有辅助系统的，称为密封装置。

因此，重视密封技术的科学研究，加强密封的管理、开发和应用，可提高设备效率，节省成本，保护环境，保证机器设备安全、可靠、长期正常运转，保证石油化工装置的连续正常生产，促进生产发展和效益提高。

二、密封的分类

密封的分类方法很多。根据密封部位结合面的状况可把密封分为动密封和静密封两大类。密封部位的结合面有相对运动的密封称为动密封，动密封可分为旋转密封和往复密封两种基本类型，如阀门的阀杆与填料函，泵、压缩机等的螺旋杆、旋转轴或往复杆与机体之间的密封等。密封部位的结合面相对静止的密封称为静密封，如各种容器、设备和管道法兰接合面间的密封，阀门的阀座、阀体以及各种机器的机壳接合面间的密封等。静密封主要有垫片密封、胶密封和接触密封三大类。静密封也可根据工作压力分为中低压静密封和高压静密封。中低压静密封常采用材质较软，接触面较宽的垫片密封；高压静密封则可用材料较硬，接触宽度很窄的金属垫片。胶密封是用具有粘接和密封功能的材料（密封胶）进行的密封。

根据密封面的类型，密封又可分为接触型密封和非接触型密封两大类。借密封力使密封面贴合靠紧，甚至嵌入以减少或消除间隙的各类密封统称为接触型密封。密封面间预留固定的装配间隙，无需密封力压紧密封面的各类密封统称为非接触型密封。

静密封一般均为接触型密封，动密封既有接触型的，也有非接触型的。

一般接触型密封比较严密，但因受摩擦磨损限制，适用于密封面线速度较低的场合。非接触型密封与此相反，一般说来密封性较差，常在线速度较高时采用。

密封的种类与应用范围见表 1-1。

表 1-1　密封的种类与应用范围

种　类			真空（绝对压力）/MPa	压力（表压）/MPa	工作温度/℃	线速度/(m/s)	泄漏率/(mL/h)	使用期限
接触型	软填料密封		1.33×10^{-3}	31.38	$-240 \sim 600$	20	$10 \sim 1000$	—
	成型填料	挤压型	1.33×10^{-7}	98.07	$-45 \sim 230$	10	$0.001 \sim 0.1$	半年～1年
		唇形	1.33×10^{-9}					
	橡胶油封	油封	—	0.29	$-30 \sim 150$	12	$0.1 \sim 10$	3～6个月
		防尘油封						
	硬填料密封	往复	—	294.20	$-45 \sim 400$①	—	—	3个月～1年
		旋转						半年～1年
	机械密封	普通型	1.33×10^{-7}	7.85	$-196 \sim 400$	30	$0.1 \sim 150$	半年～1年
		液膜		31.38	$-30 \sim 150$	$30 \sim 100$	$100 \sim 5000$	1年以上
		气膜	—	1.96	不限	不限	—	
非接触型	迷宫密封		1.33×10^{-5}	19.61	600	不限	大	3年以上
	浮环密封		1.33×10^{-5}	32	$-100 \sim 200$	$40 \sim 90$	大	1年以上
	动力密封	离心密封 背叶轮	1.33×10^{-3}	0.25	$0 \sim 50$	30	—	1年以上
		离心密封 甩油环 油封	—	0	不限	不限	—	非易损件
		离心密封 甩油环 防尘						
		螺旋密封 螺旋密封	1.33×10^{-3}	2.45	$-30 \sim 100$	30	—	取决于轴承寿命
		螺旋密封 螺旋迷宫密封	—			70		
	其他	磁流体密封	1.33×10^{-13}	4.12	$-50 \sim 90$	70	—	
		全封闭密封						

① 凡使用橡胶者，适用温度同成型填料。

三、密封技术进展

1. 静密封技术进展

人类很早就开始使用静密封，如食品酿造中酒桶的密封等，但直到欧洲工业革命后因对蒸汽机和锅炉等压力容器的要求才使得静密封技术得以快速发展，化学工业和石化工业等的发展进一步加快了静密封技术的进步。

现代的静密封技术已能够解决工程和生活中压力由真空到 300MPa，温度 $-180 \sim 1200℃$，直径 12m 范围内的大部分静密封问题。但是，静密封技术的影响因素十分复杂，理论研究很难，实验成本高，因此泄漏率仍不能定量确定，可靠性仍不能满足工程要求。

近年来，国内外静密封技术有了重要进展，并在不断发展，产品品种和应用也有了较大进步。

美国机械工程师协会（ASME）下的压力容器委员会（PVRC）组织的垫片性能研究，找到了垫片设计的新方法，解决了原有设计规范中设计系数不考虑泄漏率和设计参数未经实验验证的问题，使得新的设计方法更科学合理。

垫片应力主要来自螺栓预紧力，但实际上静密封结构是一对法兰、螺栓、垫片等组成的非线性静不定系统，因此对这样一个系统而言，在装配阶段螺栓力不可能全部转化为垫片应力；在操作阶段也不能一成不变。螺栓力的这种变化受许多因素支配，包括预紧工具与操作方法，温度、压力与循环，螺栓的蠕变，垫片的蠕变松弛等。其中均匀、足够的螺栓预紧力是达到长期可靠密封的重要因素，但在装配中要做到这一点非常困难。多年来，扭矩-转角控制法、拉伸控制的特殊螺栓、超声波控制螺栓伸长、计算机控制拉伸螺栓至屈服、一次同时上紧所有螺栓等新的拧紧工具、程序及控制方法不断出现，使螺栓预紧力的分散度最小可控制在 $\pm 1\%$ 以内。

1974 年以来，PVRC、CETIM（法国机械工业技术中心）等研究机构在对垫片的室温性能进行了广泛研究以后，现在重点已转移到对垫片的高温性能上，这一研究在静密封研究领域中最富成果。

一般将肉眼不能发觉的很小的泄漏称为易挥发物逸出。20 世纪 80 年代以来，在工业生产大规模发展的同时，对环境质量的要求也越来越高，来自阀门、泵和法兰的易挥发物已不能忽视。美国环保局（EPA）在"空气净化法"中，一方面把 200 种化学品列入控制对象，另一方面对泵、阀门和法兰的密封制定了易挥发物逸出量的限制规定。因此，国外有些密封件制造厂家已经把其达到这些控制规定的产品作为市场竞争的拳头产品，研究部门也把注意力转向了这一方面。

自 1906 年英国发现首例涉及石棉肺沉积病例，继而发现石棉是肺癌、间皮瘤等的病因之一，在这之后的一个多世纪以来，国外一方面越来越严格控制石棉粉尘的安全浓度，另一方面从 20 世纪 70 年代，一些工业发达国家先后制定了禁止或限制生产和使用石棉及含石棉制品的法令，因此选用代石棉材料已成为密封材料的转折点。目前各种类似石棉组成的替代物应运而生，仅就各种无机或者有机合成纤维增强材料与不同弹性体黏结压延而成的垫片板材而言，已开发的包括无机纤维、有机纤维、碳/石墨纤维等增强的橡胶基复合材料，在较广范围内替代了石棉橡胶板。随着非石棉材料的开发，可供选择的产品也越来越多。

另外，柔性石墨自 20 世纪 60 年代问世以来，因其优良的密封效果备受人们青睐且发展迅速。尤其在淘汰石棉技术的需要下，许多场合柔性石墨可以作为石棉代用品而获得广泛应用。

20世纪80年代开始，国内密封技术在性能研究、新材料开发、密封件标准化等方面均取得了进展。国内提出的密封设计方法、试验方法和紧密性准则已发展到实用阶段。除在理论研究方面之外，在实用技术、新型垫片和新材料方面也做了许多工作。

膨胀石墨缠绕垫片不仅具有石棉缠绕垫片的优点，且避免了高温下石棉脱结晶水而老化，存在"毛细"现象导致渗漏的缺点。目前我国不仅有马口铁、低碳钢、不锈钢的膨胀石墨缠绕垫，还研制了钛材、蒙乃尔合金等材料分别缠绕石墨与聚四氟乙烯的垫片，解决了高温和腐蚀性部位的密封问题。以往国内无金属包覆垫片专业生产厂家，多用手工或模具制作，质量难以保证，密封效果欠佳。现在国内密封件厂已采用自行研制的滚压机生产包覆垫片，可加工 $\phi300\sim4000mm$ 的异形和波形垫片，尤其适合制造大直径垫片和多管程换热器用垫片。其加工的垫片尺寸精度高、外观质量好、密封性能好，达到了国外同类产品的技术水平。

膨胀石墨是一种新型的密封材料，具有足够的弹性、柔软性、自润滑性和不渗透性，但强度低。为此出现了在原有垫片的两表面再复合膨胀石墨的垫片，极大地提高了密封性。为了运输、使用和安装方便，国内又相继出现了以金属网或冲压成鱼鳞片状的薄板两面复合膨胀石墨的垫片，取得了满意的密封效果，不但可用于石油化工，且用作汽车发动机的气缸垫片已获成功。

膨胀聚四氟乙烯不仅保留了聚四氟乙烯（PTFE）原有的化学稳定性好、摩擦系数低和不老化的优良性能，并且还扩大了使用温度范围，提高了抗拉强度，同时还具有一些新的特性，如多孔性、透气性和极高的韧性等。根据其制造工艺和添加剂的不同，可制成法兰密封胶带、阀杆填料盒 GFO 纤维泵用填料。其中密封胶带强度高、密封性好，尤其是对损伤或异形法兰密封的适应性强，施工简便、经济性较好。

垫片标准及技术条件是制造和选用垫片的依据，但较长时间内其制定工作未受到重视，致使我国的垫片标准一直较落后。20世纪90年代以后，国家技术监督局发布的垫片已基本包含了常用的垫片系列，如 JB/T 4704—2000《非金属软垫片》、JB/T 4705—2000《缠绕垫片》、JB/T 4706—2000《金属包垫片》。GB 150—2011《压力容器》中也包含了八角垫、椭圆垫、双锥环垫等的标准。

2. 动密封技术进展

按密封件和使用特点，常用的动密封有：机械密封、填料密封、迷宫密封、组合密封、动压密封等，其中机械密封用量占总量的80%以上，是常用的旋转轴密封，在石油化工装置的机泵设备中应用非常广泛。

1885年英国出现第一个机械密封的专利，1900年机械密封开始用于轴承密封。1908年汽轮机上开始使用机械密封。1919年出现单端面密封，1920年机械密封开始用于小型家用冷冻压缩机和汽车水泵。1930年开始用于内燃机水泵。1940年在一定程度上解决了轻烃泵密封问题。1945年出现平衡型和中间环高压高速机械密封。1957年美国西乐 Sealol 公司生产出第一个金属波纹管机械密封。1960年出现热流体动力楔机械密封。1963～1969年静压密封、流体动压密封在工业上应用。1977年出现各种密封的组合机械密封和螺旋槽干运转气体密封并开始工业应用。2000年非接触（表面改性技术）机械密封得到发展。我国于20世纪50年代开始在炼油厂离心油泵上使用机械密封，60年代初开始自制并推广应用机械密封。目前，我国已制定了机械密封国家标准，产品实现了系列化，有专业制造厂和专门研究机构。

机械密封的适用范围相当广泛，目前水平是单级密封压力从 $10^{-3}Pa \sim 35MPa$ 范围内可安装使用，使用温度最高可达 1000℃，机器的转速可达 50000r/min，pv 值达 1000MPa · m/s。

高速旋转机械的轴封，常采用迷宫密封、液体浮环和液体机械密封。其中，迷宫密封泄漏量大，液体浮环和液体机械密封需要一套复杂的供油系统，且寿命短、易封油污染。

磁力传动密封泵是没有轴封结构和无泄漏的新型密封技术。它通过隔离套将泵轴与动力轴隔开而不直连，由泵轴与动力轴上的永久磁铁来传递动力与扭矩，省去了联轴器，使动密封变成了静密封。这对输送特殊介质，尤其是有毒介质会更安全。

填料密封在工业应用中占有一定比例，其主要用于阀杆、搅拌轴和往复机械的轴封。当前所用填料的品种和规格多种多样，但仍采用传统方法，即单一材料一圈圈装填与拆卸。整个填料受力很不均匀，装卸不便。为此已开发采用不同材料组合、受力均匀的集装式填料，这对填料密封而言，是一个突破性的变革，很有发展前途和推广价值。

3. 密封材料

随着密封技术的发展，人们对密封材料提出了越来越严格的要求，从而推动和促进了各种新型密封材料和工艺的发展。为了保证密封具有良好的密封性能及长久的使用寿命，除了应具有合理的密封机构及制造工艺外，更重要的是应具有良好的密封性能材料。因此，对密封装置来说，如果结构是先导，工艺是保证的话，材料则是基础。也就是说，密封材料是保证密封性能和使用寿命的关键所在。密封技术的进步与密封材料的发展一直是紧密联系在一起的。现代工程对密封的要求，在很大程度上是对密封材料的要求。具体要求包括：

① 密封材料的允许使用温度范围。

② 减摩性和耐磨性。

③ 对介质作用的稳定性。

④ 工艺性和经济性。

常见的密封材料被分为固体密封材料和液体密封材料两大类。固体密封材料包括非金属密封材料和金属密封材料两类。非金属密封材料主要包括：陶瓷密封材料；石墨密封材料；橡胶密封材料；树脂型高分子密封材料；聚合物基密封材料；无机非金属密封材料；皮革、石棉、毛毡等其他非金属密封材料。金属密封材料主要包括：黑色金属密封材料（铸铁、碳钢及合金钢）和有色金属密封材料（铜及铜合金、铝及铝合金、其他有色金属及合金）。

液体密封材料主要包括胶黏剂和磁流体密封材料。胶黏剂分为树脂基胶黏剂、橡胶型胶黏剂和无机胶黏剂。磁流体密封材料分为油基磁流体密封材料、水基磁流体密封材料、二酯基磁流体密封材料和氟碳基磁流体密封材料等。

对密封材料越来越苛刻的要求，使单一材料往往难以满足要求。把一些不同性能的材料组合起来，取长补短，开发研制新型复合材料，显然代表着密封材料的发展趋势。新型复合密封材料开发的大致趋势包括：

① 开发强度可与钢材相比，且兼有弹性的复合密封材料。

② 能持续耐热 500℃以上，强度在 1000MPa，且容易加工的纤维增强复合密封材料。

③ 开发机械性能和耐热性能超过铝合金，并可进行塑性加工的树脂基纤维增强复合密封材料。

④ 开发高硬度、低脆性密封材料。

⑤ 开发强度高于钢，弹性比橡胶好，且可焊接的材料。

⑥ 开发纤维增强的新型陶瓷材料。

在密封材料的开发方面，也可以采用喷涂新的热固性塑料及喷镀有色金属粉末的方法以满足某些特殊情况下的密封要求。

密封材料开发的另一个趋势是液体密封材料的研制。这里面包括两部分内容，一方面是开发耐高温密封胶、耐低温密封胶、无机胶、瞬干胶、无溶剂胶、低毒胶、水基胶、低温固化高温使用的密封胶以及其他高性能、耐久性优异的新型密封胶；另一方面就是开发磁流体密封材料，这对于解决其他密封材料难于解决的密封难题是非常有效的。

不断涌现的新型密封材料会极大地促进密封技术的发展，同时，现代工程对密封技术所提出的越来越高的要求，也会刺激密封材料的加速开发。可以预见，随着科学技术的进步，密封材料的开发和密封技术将会迎来令人鼓舞的进步。

四、化工生产与密封技术

化工生产过程具有易燃、易爆、剧毒、高温、高压、强腐蚀性等特点，因而较其他工业部门有更大的危险性。表现为：

① 化工生产使用的原料、半成品和成品种类繁多，绝大部分是易燃、易爆、有毒、有腐蚀性的危险化学品。生产中对这些原材料、中间产品和成品的储存、运输都提出了特殊的要求。

② 化工生产过程技术复杂、多样。化工产品生产过程除主要的化学反应，还包括高温高压或低温下进行的分解、化合和聚合等。

③ 化工生产有明显制约性。化工生产过程往往在大量生产一种产品的同时，还会有许多联产品和副产品，这些联产品或副产品多是气态和液态的中间产品，稳定性差、难保存、易变质，在生产和使用之间，在时间和空间上，存在很强的制约性。如果生产的各个环节衔接不好，不仅造成资源浪费，且易发生泄漏，污染环境，危害社会。

④ 化工生产过程有严格的比例性和连续性。生产过程的比例性、连续性是现代大工业生产的共同要求。化工生产的比例性是由化工生产的工艺原理所决定的。化工生产主要是装置的连续生产，要求设备长周期运行，任何一个环节出现故障，都可能使生产过程中断，造成损失。

因此，化工生产对密封主要有下列要求。

① 密封可靠、安全性高。化工生产过程中的物料大多为易燃易爆、有毒物质，发生泄漏不但造成经济损失，而且还会引起人身中毒、污染环境，甚至引发重大安全生产事故，因此要求密封件的密封可靠、泄漏量少，甚至无泄漏，保证安全生产。

② 密封件耐腐蚀。化工生产中的介质大多具有腐蚀性，因此密封件应有耐介质腐蚀的能力。

③ 使用寿命长。为了保证化工生产连续进行，密封件必须具有尽可能长的使用寿命，一般使用期至少应保证一个生产周期。

④ 安装调整方便。如在化工企业机泵上采用集装式机械密封产品，不仅可以缩短设备检修周期，调高生产效率，还可避免更换密封过程中人为因素造成的密封损坏。

⑤ 密封件品种多样，便于选取。为满足化工生产对密封的多种要求，应有多种结构的密封或多种密封形式相结合的组合式密封结构。

⑥ 经济性。成本低、能耗和运转费用少、使用维修方便。

五、密封的评价指标与密封管理

（一）密封的评价指标

衡量密封性能好坏的主要指标是泄漏率、使用寿命和使用条件（压力 p、线速度 v、温度 t）。表 1-2 列出了目前流体密封能达到的单项最高技术指标。

表 1-2　流体密封的单项最高技术指标

项　目	动密封	静密封
压力（或真空度）p	$10^{-10}\text{mmHg}\sim10^{3}\text{MPa}$	$10^{-1}\text{mmHg}\sim10^{4}\text{MPa}$
温度 t	$-240\sim600℃$	$-240\sim900℃$
线速度 v	接触式密封$<150\text{m/s}$	
泄漏率 q	0.1mL/h	
工作寿命 L	10 年	

当出现流体泄漏时，常用"密封度"来比较和评价密封的有效性。密封度用被密封流体在单位时间内通过密封面的体积或质量泄漏量，即泄漏率来表示。因此，往往将泄漏量为零，说成"零泄漏"。虽然理论上静密封可能做到零泄漏，实际上要做到零泄漏不仅技术上特别困难，而且出于经济考虑，只是对非常昂贵、有毒、腐蚀或易燃易爆的流体才要求将泄漏量降低到最低限度。事实上，泄漏量为"零"只是相对某种测量泄漏仪器的极限灵敏度而言，不同的测量方法，仪器的灵敏度范围不同。"零"泄漏只是超越了仪器可分辨的最低泄漏量，即难以觉察出来的很微量的泄漏。因此密封度是一个相对的概念，保证机器设备没有泄漏应指密封装置能有效地满足设计或生产所允许的泄漏率，称"允许泄漏率"。允许泄漏率应根据具体情况决定，没有统一的规定。有时出于按泄漏率大小对密封件进行质量评定的需要，例如对于法兰连接用的垫片密封，采用目测的分级准则，它基本上是定性的方法，如表 1-3 所示。

表 1-3　泄漏的分级与定义

泄漏级别	定　义	泄漏级别	定　义
0	无泄漏迹象	4	形成滴珠且沿垫片周边以 5min 或更长时间滴漏 1 滴
1	可目视或手感湿气,但没有形成滴珠		
2	局部有滴珠形成	5	以 5min 或更短时间滴漏 1 滴
3	沿整个垫片周边有滴珠形成	6	形成线状滴漏

在化工厂中，还存在大量只凭听、看直觉不能发现的易挥发有机化合物从接头处"逸出"。因其泄漏量非常小，通常要用敏感的气体检漏仪，如有机蒸气分析仪测量逸出气体的体积浓度，以百万分率表示。随着现代工业装置的大型化和国家或地区对环境保护要求更趋严格，一些工业发达国家已把控制"逸出"问题提到日程上，提出了"零逸出"的新概念，即将允许泄漏率控制到 10^{-6}（体积分数）量级，例如目前美国炼油厂把 10000×10^{-6} 作为零逸出水平，而化工厂则对阀门和法兰规定为 500×10^{-6}，机器（如泵、压缩机）为 1000×10^{-6}；在美国某些地方，新的规定将阀门、法兰、抽样系统和压力释放阀的逸出限制在 100×10^{-6}，对泵和压缩机为 500×10^{-6}。

(二) 密封管理

石油和化工企业的密封管理是提高企业管理水平，特别是设备管理水平的重要内容，是实现安全生产的保证，也是提高企业经济效益的重要手段。

1. 密封管理措施

① 建立健全规章制度。建立健全密封管理规章制度是搞好密封管理的前提，密封管理规章制度应体现全过程管理，从设计、选型、制造、采购、安装、交付使用、维修、改造直至报废全过程，都应有明确的规定。

② 加强密封管理的基础工作。密封管理的基础工作主要是建立健全密封技术档案、统计台账、维修劳动定额、维护检修规程的制订等工作。在具体工作中要认真核对密封管理原始点数，要有统一的原始记录、统计报表格式、内容和计算泄漏率的办法，记录要求全面、准确、及时，有条件的企业应在原有的基础上，增加维修费用和运行状态记录，向现代化管理发展。大型企业的密封管理基础工作可以实行分级管理，并要有明确的分级管理细则。

③ 加强密封信息管理。密封信息管理是一项重要工作，其内容包括系统建立、信息分类、信息处理及计算机的应用。为确保上述工作的完成，要有健全的信息反馈系统控制密封管理全过程。要抓好经济和技术管理反馈，主管部门要有信息反馈形式，如信息卡，用以沟通工段、车间、管理部门（机动科）之间的信息传递。同时应加强密封件使用单位、采购单位、制造单位之间的联系，以利密封管理。

④ 加强培训，提高密封维修、管理水平。通过培训教育，使全体职工明确密封管理的意义和目的，在培训方法上可以有多种形式。工厂和车间要实行两级教育，使领导、技术人员、维修和操作工人懂得密封和密封系统的工作原则、结构和维修基本知识。维修和操作工人的密封维修技术考核要和技术考核一并进行。密封管理的技术人员要不断学习密封新技术和检测新技术，并推广应用。有条件的企业可编写密封管理、维修应知应会，要形成人人重视密封管理的局面。

⑤ 推广密封管理新技术、新材料、新结构。化工生产介质和工况复杂多样，消除泄漏的工作会出现反复。见漏就堵、常查常改不间断是必要的，更重要的是根据本企业生产特点，采用先进的密封技术、密封结构、密封材料，在技术进步的基础上不断提高密封应用水平，从根本上解决泄漏问题，以取得好的效益。这也是密封管理现代化的重要标志。

2. 密封保证体系

密封管理是设备管理的重要组成部分，是化工企业不可缺少的管理内容，在企业内部必须形成可靠的保证体系。做到从上至下，人人有专职，事事有人管，办事有标准，工作有依据。

① 企业领导必须把密封管理纳入企业的方针、目标，纳入自己的工作日程。在工作标准中要有明确的职责管理内容。

② 企业设备管理部。企业机动部门要建立本企业机械设备、管道、电气设备及仪表设备的密封档案、密封原始数据及泄漏控制指标等管理数据。同时要负责组织制订机械设备、管道、电气设备及仪表设备的各级责任制，各单位争创及巩固无泄漏计划，并积极组织实施。机动部门还要负责本企业密封技术管理和国产化工作，研究各种密封的新技术、新材料、新结构，并积极推广应用。企业设备管理部门应对基层单位的泄漏情况进行抽查和进行大检查，要把检查情况纳入企业考核内容。

③ 生产车间。车间应负责本单位的设备，管线，电气，仪表静、动密封点的统计、检查及整改工作，要以工作岗位为单位建立密封档案。各岗位、工段负责管理的范围要有明显

标志。车间要将密封点的管理落实到个人，设备管理人员组织检查密封点的泄漏情况，并报企业设备管理部门（机动科）。

车间要坚持常查、常改。暂时解决不了的（如需停车解决）要编入计划解决。同时发动职工广泛采用新的密封技术、材料、结构，不断降低泄漏率，巩固无泄漏成果。加强对密封档案管理，随密封点的变化定期修改密封档案。

④ 专职设备管理岗位职责。负责本单位静、动密封点的统计上报，并建立健全密封档案，提出本单位密封点管理的具体分工意见。负责研究解决技术上的改进和提高，推广应用新型密封结构、技术、材料。参加车间组织静、动密封情况的检查，并提出消除泄漏计划，实施和验收。

⑤ 工段长、班长职责。负责组织操作工人消除管理范围内的静、动密封点的泄漏。并负责本工段或本班的泄漏统计工作。

⑥ 操作工职责。负责管理范围内的密封点，按巡回检查制的要求，定时、定点进行巡回检查和消除泄漏点。对发现和消除的泄漏点要记录在交接班记录本上。

⑦ 检修工职责。对其管辖范围内的密封点，进行巡回检查。并询问和查阅操作工人交接班记录，及时消除泄漏点，暂时解决不了的报设备管理人员。

3. 密封点统计方法

（1）统计范围。全厂设备除机动设备的连续运转部分属于动密封范畴另作统计外，其余所有设备、管路、法兰、阀门、丝堵、接头，包括机泵上的油标、附属管线、工艺设备冷却器、加热炉外露涨口、电气设备的变压器、油开关、电缆头、仪表设备的孔板、调节阀、附属引线以及其他所有设备结合部位，均作静密封点统计。

（2）计算方法。有一个静密封接合处，就算一个密封点。例如：一对法兰，不论其规格大小，均算一个密封点；一个阀门一般算四个密封点，如阀体另有丝堵或阀后紧接放空，则应多算一点；一个丝扣活接头算三个密封点等。

（3）静密封的检验标准。检验时，达到以下要求，即认为合格。

① 设备和管路。用眼睛观察，不结焦，不冒烟，无渗迹，无泄痕。

② 仪表设备及分引线。用肥皂水试漏，关键部位无气泡，一般部位允许每分钟不超过5个气泡。

③ 电气设备。变压器、油开关、油浸绝缘电缆头等结合部位，用眼睛观察无渗漏。

④ 氢气系统。高温部位关灯检查，无火苗；低温部位用10mm宽、100mm长薄纸条试漏，无吹动现象。

⑤ 瓦斯、氨、氯等易燃易爆或有毒气体系统。用肥皂水试漏，无气泡，或用精密试纸试漏，不变色。

⑥ 氧气、氮气、空气系统。用10mm宽、100mm长薄纸条试漏，无吹动现象。

⑦ 蒸汽系统。用肉眼观察，不漏气，无水垢。

⑧ 酸、碱等化学物料系统。用肉眼观察无渗迹，无泄痕。

思考及应用题

一、单选题

1. 化学工业中的密封问题表现出（   ）特性。

A. "广泛性、危害性"　　　B. "广泛性"　　　C. "危害性"　　　D. "普通性"

2. 下列密封中属于静密封的是（　　　）。

A. 离心泵的密封环与叶轮外缘之间　　　B. 活塞压缩机的活塞环与气缸镜面之间

C. 离心式压缩机机壳两端的浮环密封　　　D. 高压容器的密封

3. 下列密封中属于动密封的是（　　　）。

A. 离心泵的轴封装置　　　B. 化工容器的法兰密封面与垫片之间

C. 高压容器中的强制密封　　　D. 高压容器中的自紧密封

4. 在密封装置的密封方法中通过在泄漏通道中增设做功元件的密封类型是（　　　）。

A. 间隙密封　　　B. 迷宫密封　　　C. 螺旋密封　　　D. 浮环密封

5. 在密封装置的密封方法中通过增加泄漏通道的流动阻力的密封类型是（　　　）。

A. 间隙密封　　　B. 动力密封　　　C. 螺旋密封　　　D. 浮环密封

二、多选题

1. 密封结构的泄漏形式主要有（　　　）。

A. 渗透泄漏　　　B. 界面泄漏　　　C. 扩散　　　D. 压差泄漏

2. 密封结构的主要性能指标有（　　　）。

A. 泄漏率　　　B. 功耗　　　C. 使用条件　　　D. 寿命

3. 泄漏率是指单位时间内通过（　　　）的流体总量。

A. 主密封　　　B. 辅助密封泄漏　　　C. 端盖　　　D. 密封腔体

4. 采用堵塞或隔离泄漏通道的方式实现密封的结构有（　　　）。

A. 垫片密封　　　B. 软填料密封　　　C. 机械密封　　　D. 螺旋密封

5. 化工生产过程中装置的泄露造成的危害有（　　　）。

A. 物料流失　　　B. 能源浪费　　　C. 危及人身安全　　　D. 污染环境

三、判断题

1. 衡量密封性能好坏的主要指标是泄漏率、寿命、转速。（　　　）

2. 静密封主要有直接接触密封、垫片密封和胶密封三大类。（　　　）

3. 密封装置的泄漏只是或多或少，或轻或重而已。（　　　）

4. 渗透泄漏是由于浓度差造成的。（　　　）

5. 渗透泄漏是由于压力差造成的。（　　　）

四、简答题

1. 什么是泄漏？

2. 泄漏形式主要有哪几种？它们之间主要异同点是什么？

3. 产生泄漏的主要原因是什么？

4. 简述目前密封的主要方法。

5. 密封大致可以分为哪几类，它们的定义分别是什么？

6. 衡量密封性能好坏的主要指标有哪些？

第二章

垫片密封及应用

第一节　概　述

垫片密封通常是指由容器、管道等的连接件和垫片组成的静密封的一种主要结构形式。

随着现代工业特别是石油化学工业、原子能工业的发展，对垫片密封提出了新的要求，垫片密封的发展越来越受到人们的重视。化工企业中，垫片密封随处可见。例如，设备上的人孔、手孔、视孔、大盖法兰连接处、各种工艺线、仪器仪表接管与设备、机泵、阀门法兰等连接处，都有这类结构。在化工设备中，垫片密封占静密封的很大部分。

垫片的应用范围极其广泛，垫片需要的预紧载荷也各不相同，如低压水泵薄法兰用的垫片需要的压紧载荷较低，而压力容器和管道法兰垫片需要较大的压紧载荷和刚性较好的连接结构。对后者通常有标准可查，而相对于特殊要求的垫片密封，则没有标准的连接尺寸，如法兰厚度、螺栓尺寸、螺栓间距等，这就需要考虑专门的设计。

一、垫片密封的结构

垫片是一种夹持在两个独立连接件之间的材料或材料的组合，其作用是在预定的使用寿命内，保持两个连接件间的密封。垫片必须能够密封结合面，使密封介质不渗透和不被密封介质腐蚀，并能经受温度和压力等的作用。

典型的垫片密封结构，一般由连接件、垫片和紧固件等组成，如图 2-1 所示。垫片工作正常或失效与否，除了取决于设计选用的垫片本身性能外，还取决于密封系统的刚度和变形、结合面的粗糙度和不平行度、紧固载荷的大小和均匀性等。

二、垫片密封的泄漏途径

通常密封流体在垫片结合处的泄漏情况如图 2-2 所示。

一是两连接表面（即密封面），从机械加工的微观纹理来看存在粗糙度和变形，其与垫片之间总是存在泄漏通道，由此产生的流体泄漏称为界面泄漏，其泄漏量占总泄漏量的 $80\%\sim90\%$。

二是对非金属材质而言，从材料的微观结构来看，本身存在微小缝隙的毛细管，具有一定压力的流体通过这些毛细管渗漏出来，称为渗透泄漏，占总泄漏量的 $10\%\sim20\%$。

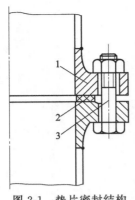

图 2-1　垫片密封结构

1—法兰；2—垫片；3—螺栓螺母

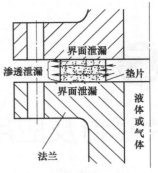

图 2-2　垫片泄漏形式

当夹紧垫片的总载荷因各种原因减少到几乎等于作用在连接件端部的流体静压力，导致密封面的分离。这时若增加密封面的压力，则对于机械完整性很差的垫片，如操作期间材料发生劣化，则沿垫片径向作用的流体压力会将其撕裂，引起密封流体的大量泄漏，称为吹出泄漏，该泄漏属于一种事故性泄漏。

对于渗透泄漏通常可采用不同材料的复合或机械组合形成不渗透性结构，或者使用较大的夹紧力使材料更加密实，减少以至消除泄漏；而界面泄漏和事故性泄漏通常与垫片材料的性质、接头的机械特征、密封面的性质与状态、密封流体的特性以及紧固件夹紧程度有关，这些因素也是解决垫片密封设计、安装、使用以及失效分析等问题的关键。

三、垫片密封原理

垫片密封是靠外力压紧密封垫片，使其本身发生弹性或塑性变形，以填满密封面上的微观凹凸不平来实现密封的。也就是利用密封面上的比压使介质通过密封面的阻力大于密封面两侧的介质压力差来实现密封。垫片密封包括初始密封和工作密封两个过程。

① 初始密封。即垫片用于对两个连接件密封面产生初始装置密封和保持工作密封。在理论上，如果密封面完全光滑、平行，并有足够的刚度，它们可直接用紧固件夹持在一起，不用垫片即可达到密封的目的（即直接接触密封）。但在实际生产中，连接件的两个密封面上存在粗糙度，也不是绝对平行的，刚度也是有限的，加上紧固件的韧性不同及分散排列，因此垫片接受的载荷是不均匀的，为弥补不均匀的载荷和相应变形，在两连接密封面间插入一垫片，使之适应密封面的不规则性，以达到密封的目的。显然，产生初始密封的基本要求是使垫片压缩，在密封面间产生足够的压紧力，即垫片预紧应力（也称初始密封比压），以阻止介质通过垫片本身渗漏，同时保证垫片对连接件有较大的适应性，即垫片压缩后产生弹性或塑性变形，能够填塞密封面的变形及其表面粗糙而出现的微观凹凸不平，以堵塞介质泄漏的通道。

② 工作密封。当初始垫片应力加在垫片上之后，必须在装置的设计寿命内保持足够的压紧应力，以维持允许的密封度。因为当接头受到流体压力作用时，密封面将被迫发生分离，此时要求垫片能释放出足够的弹性应变能，以弥补这一分离量，并且留下足以保持密封所需的工作（残留）垫片应力。此外，这一弹性应变能还要补偿装置在长期运行过程中，任何可能发生的垫片应力的松弛。因为各种垫片材料在长期的应力作用下，都会发生不同程度的应力降低。此外，接头不均匀的热变形，例如连接件与紧固件材料的不同，热膨胀系数

不同，引起各自的热膨胀量不同，导致垫片应力的降低或升高；或者紧固件因受热引起蠕变导致应力松弛而减少作用在密封垫片上的应力等。

总之，任何形式的垫片密封，首先要在连接件的密封面与垫片表面之间产生一种垫片预紧力，其大小与装配垫片时的"预紧压缩量"以及垫片弹性模量等有关，而其分布状况与垫片截面的几何形状有关。从理论上说，垫片预紧应力愈大，垫片中储存的弹性应变能也愈大，因而可用于补偿分离或松弛的余地也就愈大，当然要以密封材料本身最大弹性变形能力为极限。就实际使用而言，垫片预紧应力的合理取值取决于密封的材料与结构、密封要求、环境因素、使用寿命及经济性等。

第二节 法兰密封

一、法兰密封面形式

中低压设备和管道的法兰连接密封，其法兰密封面的形式、大小与垫片的形式、使用场合及工作条件有关。常用的法兰密封面形式有全平面、突面、凹凸面、榫槽面和环连接面（或称梯形槽）几种，如图 2-3 所示。其中以突面、凹凸面、榫槽面最为常用。

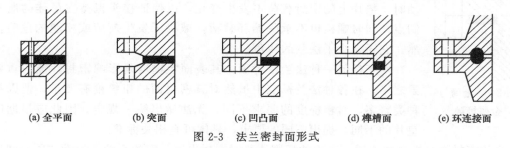

(a) 全平面　　(b) 突面　　(c) 凹凸面　　(d) 榫槽面　　(e) 环连接面

图 2-3 法兰密封面形式

对全平面的法兰，垫片覆盖了整个法兰密封面，由于垫片与法兰的接触面积较大，给定的螺栓载荷下垫片上的压缩应力较低，因此全平面法兰适用于柔软材料垫片或铸铁、搪瓷、塑料等低压法兰的场合。

对于突面法兰，尽管为了定位通常需要垫片的外径延伸到与螺栓接触，但起密封作用的仅是螺栓圆以内法兰凸面与垫片接触的部分，因此相对同样螺栓载荷下的全平面法兰而言，它能产生较高的垫片应力，适用于较硬垫片材料和较高压力的场合。突面结构简单、加工方便、装拆容易，且便于进行防腐衬里。压紧面可做成平滑的，也可以在压紧面上开 2～4 条，宽×深为 0.8mm×0.4mm，截面为三角形的周向沟槽。这种带沟槽的突面能较为有效地防止非金属垫片被挤出压紧面，因而适用范围更广。一般完全平滑的突面适用于公称压力 PN ≤2.5MPa 的场合，带沟槽后容器法兰可用至 6.4MPa，管法兰甚至可用至 25～42MPa，但随公称压力的提高，适用的公称直径相应减小。各种非金属垫片、包覆垫、金属包垫、缠绕式垫片等均可用于该密封面。

凹凸形密封面法兰是由一凹和一凸两法兰相配而成的，垫片放于凹面内。其优点是安装时易于对中，能有效地防止垫片被挤出，并使垫片免于遭受吹出。其密封性能好于突面密封面，可适用于 PN ≤6.4MPa 的容器法兰和管法兰。但对于操作温度高、密封口直径大的设备，使用该种密封面时，垫片仍有被挤出的可能，此时可采用榫槽面法兰或带有两道止口的凹凸面法兰等加以解决。各种非金属垫片、包覆垫、金属包垫、缠绕式垫片、金属波形垫、金属平垫、金属齿形垫等适用于该密封面。

榫槽形密封面法兰比凹凸形密封面法兰的密封面更窄，它是由一榫面和一槽面相配合而成的，垫片置于槽内。由于垫片较窄，压紧面积小，且因受到槽面的阻挡，垫片不会挤出压紧面，受介质冲刷和腐蚀的倾向少，安装时也易于对中，垫片受力均匀，密封可靠。可用于高压、易燃、易爆和有毒介质等对密封要求严格的场合，当公称压力 PN 为 20MPa 时，可用于公称直径 DN 为 800mm 的场合。当压力更低时，则可用于直径范围更大的场合，但该种密封面的加工和更换垫片比较困难。金属或非金属平垫、金属包垫、缠绕式垫片都适用于该种密封结构。

环连接面法兰是与椭圆形或八角形的金属垫片配合使用的。它是靠梯形槽的内外锥面和金属垫片形成线接触而达到密封的，具有一定的自紧作用，密封可靠。适用于压力和温度存在波动、介质渗透性大的场合，允许使用的最大公称压力为 70MPa。梯形槽材料的硬度值比垫圈材料硬度高 30~40HB。

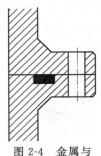

图 2-4 金属与金属接触

图 2-4 所示是在单面法兰上开一环形凹槽，内装垫片，螺栓预紧后，两法兰直接接触。这种结构的主要特点是将垫片压缩到预定厚度后，继续追加螺栓载荷直至两法兰面直接接触。所以当存在介质压力和温度波动时，垫片上的密封载荷不发生变化，以保证接头保持在最佳的泄漏控制点，同时螺栓也不承受循环载荷，减少了发生疲劳或松脱的危险。显然，它还减少了法兰的转角。

对于任何一种法兰密封面，其表面粗糙度是影响密封性能的重要因素之一。在各种法兰标准中虽然对其密封面的粗糙度有要求，但因垫片种类繁多，对粗糙度的要求不同，无法做出统一规定。因此应根据所用垫片的不同，提出不同的要求，具体可查相关标准。

法兰密封面在机械加工后，表面的切削纹路对密封也有一定的影响，通常有同心圆和螺旋形线两种。显然前者对密封是有利的，但不容易做到。但绝不允许有横跨内外的径向划痕，以免形成直接泄漏的通道。

二、垫片的种类

垫片的种类多种多样，按其构造的主体材料分为非金属、半金属和金属垫片三大类。

1. 非金属垫片

非金属垫片质地柔软、耐腐蚀、价格便宜，但耐温和耐压性能差。多用于常温和中温的中、低压容器或管道的法兰密封。

非金属垫片包括橡胶垫、石棉垫、石棉橡胶垫、柔性石墨垫和聚四氟乙烯垫等。

① 橡胶垫。制作橡胶板垫片的主要材料有天然橡胶、丁腈橡胶、氯丁橡胶等，另外，氟橡胶等特种橡胶也开始应用。橡胶因具有组织致密、质地柔软、回复性好，容易剪切成各种形状，且便宜、易购等特点而被广泛使用于容器和管道密封中。但它不耐高压，容易在矿物油中溶解和膨胀，且不耐腐蚀。在高温下容易老化，失去回复能力。

② 石棉垫。石棉材料有温石棉和蓝石棉两种。温石棉耐热、耐碱性好，抗拉强度高，耐酸性能较差，大多数石棉橡胶板由它制造；蓝石棉不仅耐热性能好，而且耐酸性能也好，故多被用于制造耐酸石棉橡胶板。石棉板正常使用温度在 550℃ 以下。直径较大的低压容器

可使用石棉带或石棉绳。在使用石棉绳时，通常浸渍水玻璃。酸、碱、溶剂等介质也可用此类垫片。

③ 石棉橡胶垫。石棉橡胶垫是由石棉、橡胶和填料经压制而成的。一般石棉纤维占 60%～85%。根据其配比工艺、性能及用途不同，主要有高压石棉橡胶垫，中、低压石棉橡胶垫和耐油石棉橡胶垫。

石棉橡胶垫有适宜的强度、弹性、柔软性、耐热性等性能，用它制作垫片，既方便又便宜，因此在化工企业中，尤其是在中小型化工企业中得到广泛应用。

④ 柔性石墨垫。柔性石墨是一种新颖的密封材料，具有良好的回复性、柔软性、耐温性，在化工企业中得到迅速推广和应用。

⑤ 聚四氟乙烯垫（简称 PTFE）。聚四氟乙烯以其耐化学性、耐热性、耐寒性、耐油性优越于现在任何塑料而有"塑料之王"之称，它不易老化，不燃烧，吸水性近乎为零，其组织致密，分子结构无极性，用作垫片，接触面可做到平整光滑，对金属法兰不黏着。除受熔融碱金属及含氟元素气体的侵蚀外，它能耐多种酸、碱、盐、油脂类溶液介质的腐蚀。

聚四氟乙烯垫片包括纯聚四氟乙烯、填充聚四氟乙烯或膨胀聚四氟乙烯等。

2. 半金属垫片（又称金属复合垫片）

非金属材料虽具有很好的柔软性、压缩性和螺栓载荷低等优点，但它的主要缺点是强度不高，回复性差，不适应高压、高温场合，所以结合金属材料强度高、回复性好、经受得起高温的特点，形成将两者组合结构的垫片，即为半金属垫片。

半金属垫片是用不同材料的金属薄板把非金属材料包裹起来压制成型的。金属材料在外层，可耐高温；非金属材料在内层，使垫片具有良好的弹性和回复性。这样组合后的垫片可满足高温和较高压力的使用要求。

半金属垫片主要有金属包覆垫片、金属缠绕垫片、金属波纹复合垫片、金属齿形复合垫片等。

① 金属包覆垫片。该垫片是以非金属为芯材，外包厚度为 0.25～0.5mm 的金属薄板。按包覆状态，可分为全包覆、半包覆、波形包覆、双层包覆等。

金属薄板根据材料的弹塑性、耐热性、耐蚀性选取。主要有铜、镀锌铁皮、不锈钢、钛、蒙乃尔合金等。使用较多的是铜、镀锌铁皮和不锈钢。

作为金属包垫的芯材，耐热性是主要考核指标。一般采用石棉板或低橡胶石棉板、耐高温性能好的碳纤维或瓷质纤维及柔性石墨板材等。

金属包垫的另一特点是能制成各式异形垫片。可以满足各种热交换器管箱和非圆形压力容器密封的需要，而其他复合垫片却不能。

② 金属缠绕垫片。金属缠绕垫片是由薄金属波形带与石棉或柔性石墨等非金属带交替绕成螺旋状，将金属带的始末端点焊接制成。国外也称作螺旋垫片。

3. 金属垫片

在高温高压及载荷循环频繁等苛刻操作条件下，各种金属材料仍是密封垫片的首选材料，常用的材料有铜、铝、低碳钢、不锈钢、铬镍合金钢、钛、蒙乃尔合金等。为了减少螺栓载荷和保证结构紧凑，除了金属平垫尽量采用窄宽度外，各种具有线接触特征的环垫结构则是其优选的形式。

金属垫片的截面形状有平形、波形、齿形、八角形、透镜形等。

① 平形金属垫片。平形金属垫片使用时分宽垫片和窄垫片两种。宽垫片因预紧力要求

大，易引起螺栓和法兰变形，压力超过 1.96MPa 时在光滑面的法兰上很少使用。窄垫片容易预紧，可在压力 6.27～9.8MPa 的管道上使用。

② 波形金属垫片。波形金属垫片的金属板厚度一般为 0.25～0.8mm。垫片厚度一般为波长的 40%～50%。适宜于光滑密封面、压力 3.43MPa 的管道上使用。

③ 齿形金属垫片。齿形金属垫片多用于 6.27～9.8MPa 的管道上。齿顶距约 1.5mm，齿顶、齿根角均为 90°。其密封性能比平形密封垫片好，压紧力也比平形垫片小。

各种非金属垫片、金属垫片及半金属垫片，由于其结构不同，性能不同，承载的温度和压力不同，所适用的工作范围也不同。在选择和使用垫片时，要充分考虑其特点和使用场合的不同。各种非金属垫片、半金属垫片及金属垫片的适用范围见表 2-1～表 2-3。

表 2-1　常用非金属软（平）垫片

类　型	适用条件		
	最高温度/℃	最大压力/MPa	介质
纸质垫片	100	0.1	燃料油、润滑油等
软木垫片	120	0.3	油、水、溶剂
天然橡胶	100	1.0	水、海水、空气、惰性气体、盐溶液、中等酸、碱
丁腈橡胶（NBR）	100	1.0	石油产品、脂、水、盐溶液、空气、中等酸、碱、芳烃等
氯丁橡胶（CR）	100	1.0	水、盐溶液、空气、石油产品、脂、制冷剂、中等酸、碱等
丁苯橡胶（SBR）	100	1.0	水、盐溶液、饱和蒸汽、空气、惰性气体、中等酸、碱等
乙丙橡胶（EPDM）	175	1.0	水、盐溶液、饱和蒸汽、中等酸、碱等
硅橡胶（MQ）	230	1.0	水、脂、酸等
氟橡胶（FKM）	260	1.0	水、石油产品、酸等
石棉橡胶垫片	150	4.8	水、水蒸气、空气、惰性气体、盐溶液、油类、溶剂、中等酸、碱等
聚四氟乙烯垫片（纯车削板）	260（限 150）	10.0	强酸、碱、水、蒸汽、溶剂、烃类等
聚四氟乙烯垫片（填充板）	260	8.3	
聚四氟乙烯垫片（膨胀带）	260（限 200）	9.5	
聚四氟乙烯垫片（金属增强）	260	17.2	
柔性石墨垫片	650（蒸气） 450（氧化性介质） 2500（还原性、惰性介质）	5.0	酸（非强氧化性）、碱、蒸汽、溶剂、油类等
无石棉橡胶垫片（有机纤维增强）	370（连续 205）	14	视黏结剂（SBR、NBR、CR、EPDM 等）而定
无石棉橡胶垫片（无机纤维增强）	425（连续 290）		

表 2-2　半金属垫片

类　　型		适用条件		断面形状
		最高温度①/℃	最大压力/MPa	
金属缠绕垫片	填充 PTFE(有约束)	290	42(有约束) 21(无约束)	
	填充 PTFE(无约束)	150		
	填充柔性石墨(蒸汽介质)	650		
	填充柔性石墨(氧化性介质)	500		
	填充白石棉纸	600		
	填充陶瓷(硅酸铝)	1090		
金属包覆垫片	内石棉板	400	6	
	内石墨板	500		
金属包覆波形垫片	内石棉板	400	4	
	内石墨板	500		

① 取金属带或非金属填充带材料（非金属材料）的使用温度。

表 2-3　金属垫片

类　　型		适用条件		断面形状
		最高温度/℃	最大压力/MPa	
平形金属垫片	铝	430	50	
	碳钢	540		
	铜	320		
	镍基合金	1040		
	铅(有约束)	200		
	铅(无约束)	100		
	蒙乃尔合金(蒸汽工况)	430		
	蒙乃尔合金(其他工况)	820		
	银	430		
	0Cr19Ni9(304)不锈钢	510		
	0Cr17Ni12Mo2(316)不锈钢	680		
	0Cr23Ni13(309S)不锈钢	930		
波形金属垫片	铝	430	7	
	碳钢	540		
	铜	320		
	镍基合金	1040		
	铅(有约束)	200		
	铅(无约束)	100		
	蒙乃尔合金(蒸汽工况)	430		
	蒙乃尔合金(其他工况)	820		
	银	430		
	0Cr19Ni9(304)不锈钢	510		
	0Cr17Ni12Mo2(316)不锈钢	680		
	0Cr23Ni13(309S)不锈钢	930		

类　　型		适用条件		断面形状
		最高温度/℃	最大压力/MPa	
齿形金属垫片	铝	430	15	
	碳钢	540		
	铜	320		
	镍基合金	1040		
	铅（有约束）	200		
	铅（无约束）	100		
	蒙乃尔合金（蒸汽工况）	430		
	蒙乃尔合金（其他工况）	820		
	银	430		
	0Cr19Ni9（304）不锈钢	510		
	0Cr17Ni12Mo2（316）不锈钢	680		
	0Cr23Ni13（309S）不锈钢	930		
金属环形密封环（八角形或椭圆形环）	铝	430	70	
	碳钢	540		
	铜	320		
	镍基合金	1040		
	铅（有约束）	200		
	铅（无约束）	100		
	蒙乃尔合金（蒸汽工况）	430		
	蒙乃尔合金（其他工况）	820		
	银	430		
	0Cr19Ni9（304）不锈钢	510		
	0Cr17Ni12Mo2（316）不锈钢	680		
	0Cr23Ni13（309S）不锈钢	930		
金属中空O形密封环	金属中空O形密封环	815	230	

三、垫片的选择及保管

垫片的选择应根据工作系统的温度、压力以及被密封介质的种类、化学性能（如腐蚀性、毒性、易燃易爆性、污染性等）、物理性能（密度、黏度等）和密封面的形状等考虑。一般要求垫片材料不污染工作介质、具有良好的变形能力和回弹力；垫片的耐用温度应大于操作温度；要有一定的机械强度和适当的柔软性；在工作温度下不易变质硬化或软化。同时，应考虑介质的放射性、热应力以及外力等对法兰变形的附加影响；检修更换垫片是否容易，垫片现场加工是否可能；经济性以及材料来源等。

在垫片的使用中，压力和温度二者是相互制约的，随着温度的升高，在设备运转一段时间后，垫片材料发生软化、蠕变、应力松弛现象，机械强度也会下降，密封的压力随之降低，反之亦然。

1. 垫片材料的选择

选择垫片材料要考虑以下因素。

（1）考虑易挥发有机物的逸出要求。从健康和环境保护的角度出发，严格控制易挥发有机物的逸出，减少来自法兰接头的泄漏成为优先考虑的因素。因此，出现了多种密封性能更好的材料，包括无石棉材料的垫片。由于它们具有不同的性能和局限性，正确选择、安装、使用和维护这类垫片，以得到最佳的性能变得尤其重要。

（2）密封介质。垫片应在全程工作条件下不受密封介质的影响，包括抗高温氧化性、抗化学腐蚀性、抗溶剂性、抗渗透性等，显然垫片材料对介质的化学耐蚀性是选择垫片的首要条件。

（3）温度范围。所选用垫片应在最高和最低的工作温度下有合理的使用寿命。为了在工作条件下保持密封，垫片材料应能耐受蠕变，以降低垫片的应力松弛。室温下，大多数垫片材料没有大的蠕变，不影响密封性能，但随着温度的升高（超过100℃），蠕变变得严重。因此最容易区分垫片质量的优劣是垫片在不同温度下的蠕变松弛性能。除了短期能耐受最高或最低的工作温度外，还应考虑允许连续工作温度的影响，通常该温度低于最高工作温度而高于最低工作温度。

（4）工作压力。垫片必须能承受最大的工作压力。这种最大工作压力可能是试验压力，因为它可能是最大工作压力的 1.25～1.5 倍。对于非金属材料的垫片，在选择其最大工作压力的同时，要考虑垫片所能承受的最高工作温度，尤其如饱和水蒸气，因其蒸汽压力越高，其蒸汽的温度也越高。用于真空操作的垫片也需作特殊考虑，如一般真空可采用橡胶黏结纤维压缩垫片；对于较高真空可采用橡胶 O 形环或矩形模压密封条；对于很高真空，需采用特殊的密封材料和结构形式。

（5）法兰密封面粗糙度。法兰密封面粗糙度是影响密封性能的重要因素之一，但不同形式的垫片和应用场合，对粗糙度有不同的要求，应具体情况具体分析。

（6）其他考虑。还有许多影响选择垫片材料和结构形式的因素如下。

① 循环载荷。若温度或压力存在频繁波动，则必须选择有足够回弹能力的垫片。

② 振动。若管线有振动，则垫片必须能经受反复的高循环应力作用。

③ 污染介质。如密封介质是饮用水、血浆、药品、食品、啤酒等，要考虑垫片材料本身的化学物质是否会对介质造成污染，这时应采用符合食品和医药卫生要求的 PTFE 或橡胶等材料。

④ 磨损。某些含悬浮颗粒的介质会磨损垫片，导致缩短垫片的使用寿命。

⑤ 法兰腐蚀。某些金属（如奥氏体不锈钢）有应力腐蚀的倾向，应保证垫片材料不含会引起各种腐蚀的超量杂质，如核电站不锈钢耐酸法兰用的柔性石墨垫片中的氯离子含量要求不超过 50×10^{-6}，总硫含量不超过 450×10^{-6}。

⑥ 安全性。如密封高度毒性的化学品，则要求垫片具有更大的安全性，如对缠绕垫片而言，则选用带外环形式，使之具有很高的抗吹出能力等；此外，对石油炼厂，还有防火的要求。

⑦ 经济性。虽然垫片材料相对比较便宜，但决定垫片的品质、类型和材料时，应计及到泄漏造成的物料流失、停工损失以及发生重大破坏造成的经济后果，所以应综合考虑垫片

的性能与价格比。

2. 垫片尺寸选择的一般原则

① 尽可能选择薄的垫片。垫片要求的厚度与其形式、材料、直径、密封面的加工状况和密封介质等有关。例如对大多数非金属垫片而言，随垫片厚度减少，其抵抗应力松弛的能力会增加；薄的垫片其周边暴露于密封介质的面积也少，沿垫片本体的渗漏也随之减少。为保证垫片必须填补法兰密封面的凹凸和起伏不平的要求，垫片的最小厚度取决于法兰表面的粗糙度、垫片的压缩性、垫片应力、法兰的偏转程度等。如果法兰是平行的，则对非金属平垫片，其最小厚度可由下式计算。

$$t_{min} = 2 \times 法兰粗糙度的最大深度 \times 100/C \tag{2-1}$$

式中 C——给定垫片应力下的压缩率，%。

② 尽可能选择较窄的垫片。在同样的螺栓载荷下，垫片越窄，垫片应力就越高，密封压力也就越高；但垫片应不至于被压裂或压溃，同时要考虑具有必需的径向密封通道长度和足够的吹出抗力。一般的板状垫片通常可根据公称直径和公称压力选取，如图 2-5 所示，并按照实际法兰和使用情况做适当的修改，例如法兰密封面粗糙度低，或密封介质黏度低，则增加宽度。

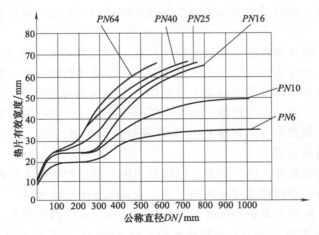

图 2-5 垫片宽度选择参考

③ 不要让垫片内圆伸进管道内；也没有必要过分增加垫片的外径。前者会导致管内介质冲刷垫片，不但污染介质，增加流动阻力，还会因垫片材料被介质浸胀而损坏受压缩部分的垫片；后者会因受环境的腐蚀，同样损害垫片。对于密封面为突面或全平面的法兰，当垫片仅位于螺栓孔中心圆内时，通常出于安装定位的需要，将垫片外径（或外环外径）取为螺栓孔中心圆直径减去螺栓孔（或螺栓）直径。

3. 垫片的保管

除橡胶垫片外，其他各种垫片不允许弯折和在直径方向受挤压。垫片尽可能呈包装状态保管，不得淋雨或置于温度过高的地方，以防浸胀或老化。一般石棉橡胶板的储存期限为两年，耐油石棉橡胶板储存期限为一年半，并应存放在 10～30℃ 的室内，防止曝光照射而氧化。若石棉橡胶板长期置于 10℃ 以下的环境中，还会产生不同程度的失弹、发脆等现象。

四、垫片的加工、安装技术

1. 垫片的加工

① 加工方法。对于自行加工的垫片，首先应检查原材料是否符合相应的标准。

加工石棉橡胶垫时，应使用专门的切制工具，如垫片割刀、圆盘切割机等。操作应在平台上进行，不允许用扁铲及锤子制作。用锤击的方法容易损坏组织。在垫片宽度窄的部位，尽可能平行于石棉纤维方向切割，以防断裂。内、外缘应整齐、无裂口。垫片厚度不够时，不允许多层叠合制作使用。

金属垫片加工时，须严格按照技术要求，保证其精度。金属垫片一般用切割金属薄板的方法制成，表面光洁度取决于板材表面的光洁程度，要使用经过冷轧的钢板。环形垫在搭接处的焊接必须经检验，焊接区的硬度应与垫片基本一致。用铝板、铜板作垫片应"淬火"处理，这样材料变软，有利于压紧。

② 加工技术要求。非金属软垫、金属包垫、缠绕垫的尺寸偏差见表 2-4。

表 2-4　垫片尺寸极限偏差　　　　　　　　　　　　　　　　　mm

项目	公称直径			
	10～40	50～250	300～1200	1300～3000
垫片外径	0 −1.0	0 −1.5	0 −1.5	0 −2.0
垫片内径	+1.0 0	+1.5 0	+1.5 0	+2.0 0
垫片厚度	±0.3	±0.3	±0.3	±0.6

缠绕垫片的金属带材厚度为 0.15～0.2mm，硬度为：镀锌 08 钢带 100～130HB、镀锌 15 钢带 150～160HB、0Cr13 钢带 120～190HB、1Cr18Ni9Ti 钢带 140HB。

带材表面不允许有粗糙不平、裂纹、凹坑、锈皮、划伤等缺陷。钢带不允许有接头。填充非金属带厚度 0.4～1mm。缠绕后应紧密结合，层次均匀，无断裂、重叠、空隙、弯曲等缺陷。垫片由自由状态压缩至规定值，无脱焊及松散现象。

制作金属包垫时应尽量采用整张金属板。若因直径大，金属板宽度不够时，允许拼接，拼接处数目一般以 2～3 处为宜。拼接处需打磨平整，不允许有径向贯通伤痕。垫片的翻边包覆宽度一般为 4～5mm。

包垫金属薄板厚度：31 镀锌铁皮 0.25～0.4mm；铜（T2）0.5mm；08 黑铁皮 0.35～0.5mm；铝（L2）0.4～0.5mm；0Cr13 不锈钢板 0.35～0.5mm；1Cr18Ni9Ti 不锈钢板 0.35～0.5mm。

2. 垫片安装技术

垫片的精心设计和合理选择对垫片的有效工作固然重要，但是，经过详细计算和合理选择过的垫片，如果在实际应用中安装不好，也不可能指望它起到密封作用，达到预期的密封效果；安装好管理不好，垫片的使用寿命也会缩短。因此，合理安装垫片，是达到有效密封最关键的一步。同时在运行中，对那些容易泄漏的接头，有针对性地、有重点地经常维护、加强管理，也是保证设备和管路系统稳定可靠运行所必不可少的措施。

（1）安装前，应检查法兰的形式是否符合要求，密封面的粗糙度是否合格，有无机械损伤、径向刻痕和锈蚀等。

(2) 对螺栓及螺母进行下列检查：螺栓及螺母的材质、形式、尺寸是否符合要求；螺母在螺栓上转动应灵活自如，不晃动；对于螺纹不允许有断缺现象；螺栓不允许有弯曲现象。

(3) 对垫片进行检查：垫片的材质、形式、尺寸是否符合要求，是否与法兰密封面相匹配。垫片表面不允许有机械损伤、径向刻痕、严重锈蚀、内外边缘破损等缺陷。

(4) 安装椭圆形、八角形截面金属垫圈前应检查垫圈的截面尺寸是否与法兰的梯形槽尺寸一致，槽内表面粗糙度是否符合要求。在垫圈接触面上涂红铅油，检查接触是否良好。如接触不良，应进行研磨。

(5) 安装垫片前，应检查管道及法兰安装质量是否有下列缺陷。

① 偏口（管道不垂直、不同心、法兰不平行）。两法兰间允许的偏斜值如下：使用非金属垫片时，应小于 2mm；使用半金属垫片、金属垫片时，应小于 1mm。

② 错口（管道和法兰垂直，但两法兰不同心）。在螺栓孔直径及螺栓直径符合标准的情况下，不用其他工具可将螺栓自由地穿入螺栓孔为合格。

③ 张口（法兰间隙过大）。两法兰间允许的张口值（除去管子预拉伸值及垫片或盲板的厚度）为：管法兰的张口应小于 3mm；与设备连接的法兰应小于 2mm。

④ 错孔（管道和法兰同轴，但两个法兰相对应的螺孔之间的弦距离偏差较大）。螺栓孔中心圆半径允许偏差为：螺孔直径≤30mm 时，允许偏差为±0.5mm；螺孔直径＞30mm 时，允许偏差为±1.0mm；相邻两螺栓间弦距的允许偏差为±0.5mm。

任何几个孔之间弦距的总误差为：$DN≤500mm$ 的法兰，允许偏差为±1.0mm；$DN＝600～1200mm$ 的法兰，允许偏差为±1.5mm；$DN＝1300～1800mm$ 的法兰，允许偏差为±2mm。

(6) 两法兰必须在同一中心线上并且平行。不允许用螺栓或尖头钢钎插在螺孔内对法兰进行校正，以免螺栓承受过大剪应力。两法兰间只准加一张垫片，不允许用多加垫片的办法来消除两法兰间隙过大的缺陷。

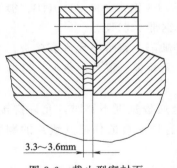

3.3～3.6mm

图 2-6 截止型密封面

(7) 垫片必须安装准确，以保证受压均匀。对于大直径垫片，最好由二人以上安装。为防止垫片压缩过度，应该边测量边拧紧螺栓。尤其对基本型的缠绕垫片必须格外注意。否则在开始使用时，会造成缠绕垫压散现象。一般 4.5mm 厚的缠绕垫压至 3.3～3.5mm 为宜。对带内、外环的缠绕垫，压缩厚度可在 3.6～3.7mm 的范围内，极限值不低于 3.1mm。为此，法兰面可采用截止型结构，如图 2-6 所示。该结构的优点在于能防止过度压紧和压偏。其缺点在于不能二次压紧，须测量螺栓压紧力。

(8) 为防止石棉橡胶垫粘在法兰密封面上不便于清理，可在垫片两面均匀涂上一层薄薄的密封糊料或石墨涂料。石墨可用少量甘油或机油调和。金属包垫、缠绕垫表面不需要涂石墨粉，有的单位在安装八角垫、椭圆垫时，也在其表面涂一层鳞状石墨涂料，但高温下曾出现过因使用涂料而在法兰沟槽外发生腐蚀的现象。

(9) 安装螺栓螺母时，螺栓上钢印的位置应便于检查。螺栓的螺纹部分涂抹石墨粉或二硫化钼。

(10) 拧紧螺母应按照图 2-7 所示的顺序进行。

(11) 拧紧 M22 以下的螺母可使用力矩扳手。M10～M16 的螺栓采用 1.5～2.0MPa·m

的力矩扳手，M18～M22 的螺栓采用 2.5～3.0MPa·m 的力矩扳手，M27 以上的螺母，应采用液压扳手。

高压设备螺栓的拧紧，提倡使用液压拉伸器。一般高压设备的大盖、人孔的螺栓直径比较粗大，以往采用人工锤击或吊车、卷扬机拉动长柄扳手拧紧螺栓，劳动强度大、工作效率低、用力不均匀，往往造成螺栓力不足或过大。而液压拉伸器是上紧螺栓较为理想的装置。液压拉伸由三部分组成：高压油泵、油压传送管和拉伸器头。高压油泵一般为手动泵。油压传送管为高压橡胶管。国内已研制出最高压力为 150MPa 的液压拉伸器并投入小批量生产。

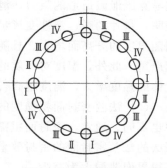

图 2-7　螺栓拧紧顺序

液压拉伸器使用方便，高压油泵和油管可通用，只需要根据高压螺栓直径大小配套一定数量的拉伸器即可。高压螺栓端部适当加长，这样均匀地施加螺栓力，还有利于减轻劳动强度、缩短检查周期。对于中、小型化工企业具有实用价值。

（12）无论使用何种工具，拧紧螺栓必须多次进行。一般中、低压设备分 2～3 次拧紧，高压设备分 4～5 次拧紧。例如，对于尿素装置高压设备，检修规程有如下规定：第一周期，油压为终压的 8%；第二周期，油压为终压的 21%；第三周期，油压为终压的 41%；第四、第五周期油压为终压的 66%、100%。

（13）一般对操作温度超过 300℃的设备，在升温运行了一段时间后，需进行热紧。这是因为垫片在压缩状态下会产生应力松弛现象。如某种石棉橡胶垫，初始压紧应力为 30MPa，升温至 300℃并运转 10h 后，压紧应力下降为 18MPa；而常温下，10h 后下降为 26MPa。一般在通入介质后的 1～2h 内，压紧应力的下降占总下降值的 70%～80%。2h 后下降变得缓和。

（14）换装垫片时，对那些输送易燃介质（例如氢、液化天然气和液化石油气）的管道，应使用安全工具，以免因工具与法兰或螺栓相碰，产生火花，导致火灾。安全工具的材料为铍铜合金，它是含铍 0.6%、含钴 2.5%的铜合金，在 6.4MPa·m 的冲击能量之下，在沼气（甲烷）中仍不产生火花，且具有作为工具使用的强度和硬度。

五、影响法兰密封的因素及垫片选用原则

1. 影响法兰密封的因素

法兰密封泄漏主要是密封面间泄漏。由垫片毛细管作用而发生渗漏的可能性很小。垫片靠外力压紧后，垫片本身产生弹性变形与塑性变形，填满密封面上微小的凹凸不平的间隙，使介质通过密封面的阻力大于密封两侧的压差时，即达到密封。但受到外界条件影响时，密封受到破坏，从而产生泄漏。影响密封的因素主要有以下几个方面。

（1）被密封介质物理性能的影响。采用同样的密封连接形式，在同样的工况条件下，气体的泄漏率大于液体的泄漏率，氢气的泄漏率大于氮气的泄漏率。这主要是由于被密封介质的物理性能参数不同造成的。在被密封介质的物理性质中，黏度的影响最大。黏度是流体内摩擦力的量度，对于黏度大的介质，其泄漏阻力大，泄漏率就小；对于黏度小的介质，其泄漏阻力小，泄漏率就大。

（2）工况的影响。垫片密封的工况条件包括介质的压力、温度等。不同的压力、温度下，其泄漏率的大小不同。密封面两侧的压力差是泄漏的主要推动力，压力差越大，介质就

越易克服泄漏通道的阻力，泄漏就越容易。温度对连接结构的密封性能有很大的影响，研究表明，垫片的弹、塑性变形量均随温度升高而增大，而回复性能随温度升高而下降，蠕变量则随温度的升高而增大。且随着温度的升高，垫片的老化、失重、蠕变、松弛现象就会越来越严重。此外，温度对介质的黏度也有很大的影响，随着温度的升高，液体的黏度降低，而气体的黏度增大，温度越高，泄漏越容易发生。

（3）法兰密封面粗糙度的影响。相同的垫片预紧应力下，法兰密封面粗糙度不同，泄漏率也不同。通常，密封面粗糙度越小，泄漏量越小。研磨过的法兰密封面的密封效果要比未研磨的法兰密封面的密封效果好。这主要是由于粗糙度小的密封表面，其凹凸被填平，从而使得界面泄漏大为减少。

（4）垫片压紧应力的影响。垫片上的压紧应力越大，其变形量就越大。垫片的变形一方面有效地填补了法兰密封面的不平度，使得界面泄漏大为减少；另一方面使得垫片本身内部毛细孔被压缩，泄漏通道截面减小，泄漏阻力增加，从而泄漏率大大减小。但如果垫片的压紧应力过大，则易将垫片压溃，从而失去回弹能力，无法补偿由于温度、压力引起的法兰面分离，导致泄漏率急剧增大。因此要维持良好的密封，必须使垫片的压紧应力保持在一定的范围内。

（5）垫片几何尺寸的影响。

① 垫片厚度的影响。在同样的压紧载荷、同样的介质压力作用下，泄漏率随垫片厚度的增加而减小。这是由于在同样的轴向载荷作用下，厚垫片具有较大的压缩回弹量。在初始密封条件已经达到的情况下，弹性储备较大的厚垫片比薄垫片更能补偿由于介质压力引起的密封面间的相对分离，并使垫片表面保留较大的残余压紧应力，从而使泄漏率减少。但不能说垫片越厚，其密封性能越好。这是因为，垫片厚度不同，建立初始密封的条件也不同，由于端面上摩擦力的影响，垫片表面呈三向受压的应力状态，材料的变形抗力较大；而垫片中部，受端部的影响较小，其变形抗力也较小，在同样的预紧载荷下，垫片中部较垫片表面更易产生塑性变形，此时，建立初始密封也越困难，故当垫片厚度达到一定数值以后，密封性能并无改变，甚至恶化。此外，垫片越厚，渗透泄漏的截面积越大，渗透泄漏率也就越大。

② 垫片宽度的影响。在一定的范围内，随着垫片宽度的增加，泄漏率呈线性递减。这是因为，在垫片有效宽度内介质泄漏阻力与泄漏通道的长度（正比于垫片宽度）成正比。但不能说垫片越宽越好，因为垫片越宽，垫片的表面积就越大，这样要在垫片上产生同样的压紧应力，宽垫片的螺栓力就要比窄垫片大得多。

2. 垫片选用原则

由于影响法兰密封的因素较多，因此选用垫片时，必须对各种垫片的密封性能、操作条件以及密封面的形式、结构的繁简、装卸的难易、经济性等因素进行全面分析。其中操作条件（压力、温度、介质）是影响密封的主要因素，是选用垫片的主要依据。如：在真空条件下操作的换热器，不允许使用橡胶石棉垫片；临氢装置中的换热器，应选用金属垫片、缠绕式垫片或金属包垫片。垫片用金属材料的抗氢和耐腐蚀性能，应等于或高于密封面材料的性能。设计温度≥450℃时，应采用稳定型不锈钢；低于 425℃时，可采用非稳定型不锈钢。在有腐蚀的条件下，根据电化学腐蚀原理，若选用对法兰材料呈阳性的垫片材料，则垫片受腐蚀；若选用使法兰材料对垫片呈阳性的垫片材料，则法兰受腐蚀。采用哪一种垫片材料要根据使用方法和垫片种类来决定。

表 2-5 列出了法兰密封常见失效形式、可能的原因和防范措施。

表 2-5 法兰密封常见失效形式、可能的原因和防范措施

故 障		原 因	防 范 措 施
设计方面	垫片应力不足	螺栓预紧载荷不够	增加螺栓直径和数量
			改换强度较高的螺栓材料
		垫片太薄	改换较厚垫片
		垫片过宽	减小垫片面积
		垫片选择不当	改换装配应力较小的垫片
	垫片应力过高	螺栓预紧载荷太大	减小螺栓数量
			更换强度较低的螺栓材料
		垫片太厚	改换较薄垫片
		垫片过窄	增加垫片面积
		垫片选择不当	改换装配应力较大的垫片
装配方面	垫片压缩不足	螺栓紧固转矩不够	附加紧固转矩
		紧固步骤不正确	按照正确步骤紧固螺栓
		垫片材料过硬	改换较软垫片材料或选用较厚垫片
		垫片受热应力松弛	正确选择垫片或用碟形弹簧或"热预紧"
		螺纹啮合不良	保证紧固件良好的配合质量
		螺纹长度不够	保证足够的螺纹有效长度
密封面方面	不平整	法兰太薄	法兰应具有足够的刚度,改换较柔软的垫片
		两法兰不平行或不同心	控制平行度和同心度要求
	损伤	外来的机械性损伤或清洁密封的磨损	保证密封面清理干净,没有过深的凹坑或径向贯穿的通道等缺陷
		垫片尺寸不正确	防止伸入法兰孔或超出突面,保证垫片对中就位
	腐蚀或污染	旧垫片未清除干净	清理密封面上残留的垫片
		垫片选择不当	选择不腐蚀密封面的垫片材料
	纹理不正确	连续切削纹理的沟纹过深	高压场合建议采用同心圆切削纹理
垫片方面	回复性不足	重复使用旧垫片	不建议使用旧垫片
		垫片选择不当	选用回复性较高的垫片
	材料变质或腐蚀	材料与密封介质和温度不相容	改换耐腐蚀的垫片
		装配垫片应力过大	改换承压能力高的垫片
	垫片过度延伸或挤出	使用不恰当的密封胶	建议用防黏处理的垫片材料
		垫片材料冷流性太大	改换蠕变松弛低的垫片材料
	压溃或压碎	垫片材料压溃强度低	改换承压能力高的垫片
		法兰结构上对压缩无限制措施	改进法兰设计,限制过分压缩垫片
	尺寸不正确	设计与制造错误或超差	正确合理设计,按标准尺寸要求制作

六、高温法兰防漏措施

化工设备中，垫片因高温而泄漏。这种现象在设备开、停车或操作温度波动大的情况下尤为严重。例如，不少中、小型化肥厂的换热器，在正常操作时不漏，可是升温、降温过程中往往泄漏严重。

因高温而导致泄漏的主要原因有：法兰、螺栓、垫片的弹性模量降低，材料发生蠕变；非金属垫片发软或变硬；金属垫片塑性增加，回弹能力降低；法兰挠曲和螺栓伸长现象加剧以及由于两者温差而产生附加力等。高温法兰可采用下列几种方法来防止泄漏。

（1）采用弹性螺栓。对高温法兰连接螺栓材质已引起人们的足够重视，而螺栓的结构往往会被忽视。国外引进的高压或高温设备中，早已使用了弹性螺栓。一般当设计温度超过300℃，或许用工作压力大于 4MPa 时，应当采用弹性螺栓。

在一些苛刻的工况条件下之所以规定使用弹性螺栓，主要原因有下面几个。

① 在工作条件下，螺栓除受拉伸外，还受弯曲、扭转以及冲击载荷。为使整个法兰连接系统的变形不至于过多地由螺栓的螺纹部分承担，势必要将螺栓设计成具有细缩颈、弹性好并能产生较大变形的结构。由于缩颈部分直径较螺纹根径小，所以应力最高。另外，使用液压拉伸器上紧螺栓，也要求它具有缩颈结构。

② 在高温设备的升温阶段，法兰与螺栓之间有较大的温差。从内部加热时，螺栓温度低于法兰，故两者的膨胀程度不一致。由于它们相互约束，不能自由膨胀，必然产生附加的温差载荷。

（2）防止垫片挤出。在中、低压高温法兰中，如采用凹凸法兰和纯铝平垫时，应将法兰设计成带两道止口的形式。对于非平盖法兰，可在铝垫片的内圈侧另加一厚度稍薄的钢垫圈，以防止铝垫片被挤出并承受部分预紧力。当温度升高或因波动导致铝垫片放松时，钢圈释放出弹性势能，这样减少了对铝圈密封比压的影响。

（3）采用高回弹性垫片。在高温情况下，尽可能采用回弹性能好的垫片，如带内外环的柔性石墨缠绕垫。

第三节　高压密封

高压设备密封在石油化工行业中应用较广，其结构比较复杂，制造要求也高，与中、低压设备和管道密封相比，有以下几个特点。

① 为使垫片达到足够的预紧密封比压和操作密封比压，以保证密封性能而又不至于将垫片压溃，一般常采用金属垫片，且垫片与密封面的接触面甚窄，有时近乎线接触。

② 为减小包括主螺栓在内的密封件尺寸，密封面的直径应尽可能地小，密封面应尽量靠近筒体内壁处，且往往采用筒体端部法兰，并配以双头螺柱结构，以尽可能地减小端部法兰的直径。

③ 为达到预期的密封性能，较多地采用自紧式或半自紧式密封结构，即尽量利用操作压力对垫片构成操作密封比压。

④ 因高压设备的高压空间十分宝贵，所以密封结构应尽量少占用高压空间。

高压密封的形式很多，按其工作原理，高压密封可以分为强制式密封、半自紧式密封和自紧式密封三种结构。强制式密封是依靠螺栓的拉紧力来保证顶盖、密封元件和筒体端部法兰之间具有一定的接触压力（或密封比压）来达到密封的。这种密封要求有大的螺栓力，以保证工作状态下垫片与顶盖、筒体端部之间有可靠的密封性能。半自紧式密封是依靠螺栓预紧力使密封元件产生弹性变形并提供建立初始密封的比压力，当压力升高后，密封面的接触应力也随之上升，从而保证密封性能。自紧式密封是通过自身的结构特点，使垫片、顶盖与筒体端部之间的接触应力随工作压力升高而增大，并且高压下的密封性能更好。这种密封可不用大直径的螺栓，建立初始密封所需的螺栓力比强制式密封时的螺栓力要小得多。

按密封材料性能，高压密封又可分为使密封元件产生塑性变形的塑性密封，使密封元件产生弹性变形的弹性密封。

目前，压力容器和高压管道常见的密封形式有如下几种。

① 强制密封：如平垫密封、卡扎里密封、透镜垫密封、齿形垫片密封；

② 半自紧密封：如双锥环密封、八角环垫密封、椭圆环垫密封；

③ 自紧密封：伍德密封、空心金属O形环密封、C形环密封、B形环密封、三角垫密封等。

一、强制密封

（一）平垫密封

平垫密封结构如图2-8所示，它是由筒体端部、金属平垫片、顶盖和主螺栓组成的。是最常见的强制密封，这种结构与中、低压容器密封中常用的法兰垫片密封相似，只是将非金属垫片改成金属垫片，将宽面密封改成窄面密封。通过预紧螺栓力的作用，使垫片发生变形而填满密封面不平处，以达到密封的要求。平垫片的位置要尽量靠近筒体内壁，以减小介质对顶盖的总压力、主螺栓的直径和法兰的尺寸。为避免垫片向外侧流动，垫片应放在榫槽或梯形面中。为改善密封性能，有的平垫密封面上开有2～3条三角形截面的沟槽。沟槽的深度和宽度为1mm。

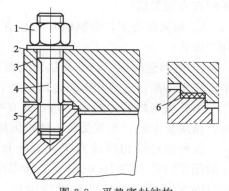

图2-8 平垫密封结构
1—主螺母；2—垫圈；3—顶盖；4—主螺栓；5—筒体端部；6—平垫片

这种密封一般仅适用于温度不高、压力不大和直径较小的高压容器。当容器直径大，压力和温度高（200℃）或温度、压力波动较大时，所需预紧力大，密封性能差，螺栓较粗，结构粗笨，每次检修几乎都要更换垫片，这种密封结构就不再适合了。但其制造、安装方便，使用历史久远，在小直径（小于800mm）、压力低于32MPa、温度低于200℃的设备上使用比较成熟。

平垫密封所用的材料主要有退火铝（15～30HBS）、退火铜（30～50HBS）、10钢。

（二）卡扎里密封

卡扎里密封属于强制式密封，有外螺纹卡扎里密封、内螺纹卡扎里密封和改进卡扎里密封三种形式。

内螺纹卡扎里密封占高压空间多，笨重，螺纹受介质影响，工作条件差，拧紧时不如外螺纹卡扎里密封省力，在较小直径的高压设备上使用较为合适。

外螺纹卡扎里密封是一种较好的强制式高压密封结构，国内用得也比较广泛，通常直接

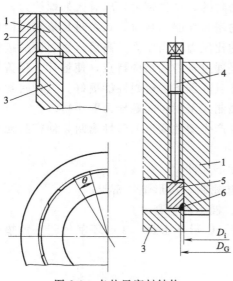

图 2-9　卡扎里密封结构

1—顶盖；2—螺纹套筒；3—筒体端部；4—预紧螺栓；5—压环；6—密封垫

简称为卡扎里密封，其结构如图 2-9 所示。它是通过拧紧预紧螺栓，使压环紧压垫片，并贴紧顶盖和筒体端部而建立初始密封的。操作过程中若发现螺栓有松动现象，可以继续上紧，因而密封可靠。这种密封结构中无主螺栓，紧固件是一个带有上、下锯齿形螺纹的长套筒，其中下段螺纹为连续的，它和容器筒体端部螺纹相啮合，而顶盖以及与顶盖连接的上半段套筒开有 6 个间隔为 θ（10°～30°）凹凸槽的间断螺纹，安装时，先套好下段螺纹，然后将顶盖放入套筒内。由于上、下两段螺纹可以设计成反向的，即一为右旋螺纹，一为左旋螺纹，这样，只需将顶盖的凸部装入套筒的凹部并旋转 θ 角度，就可将顶盖和筒体压紧。

卡扎里密封结构的优点主要是：

① 紧固件采用锯齿形螺纹的长套筒，从而省去了大直径的主螺栓；

② 凹凸槽的锯齿形螺纹套筒装拆方便（一般还配有专用工具）；

③ 相同压力下，套筒轴向变形小于螺栓轴向变形，所以，安装时所需预紧力较小，有利于安装；

④ 所用垫圈很窄，容易达到密封比压，密封可靠，加工精度要求不高，安装和拆卸也比金属平垫片方便。

卡扎里密封结构的缺点是：大直径的锯齿形螺纹加工困难，精度要求高，尤其是筒体螺纹损坏后很难修复。

这种密封结构较适宜于大直径和较高压力的场合使用。一般用于内径 $D_i \geqslant 1000\text{mm}$，工作温度 $t \leqslant 350℃$，压力 $p_i \geqslant 30\text{MPa}$ 的场合。卡扎里密封结构中，压环材料要求用强度高、硬度高的钢材，推荐采用 35CrMo、35 和 45 优质碳钢。密封垫片材料与金属平垫密封中的平垫材料相同。

改进卡扎里密封（图 2-10）同时采用主螺栓和预紧螺栓，主要是为改善套筒螺纹锈蚀给拆卸带来困难的情况。它的端面上螺栓较多，显得拥挤和笨重，不如其他两种卡扎里密封那样具有快速装拆的优点，但主螺栓无需拧得太紧，所以装拆时较为省力。与平垫密封相比，在操作温度和压力波动较大时，仍有良好的密封性能，但与双锥环密封相比，改进卡扎里密封无明显优越性，还增加了制造上的困难。

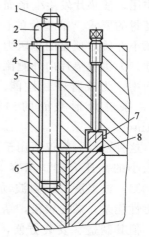

图 2-10　改进卡扎里密封结构

1—主螺栓；2—主螺母；3—垫圈；4—顶盖；5—预紧螺栓；6—筒体端部法兰；7—压环；8—密封垫

（三）透镜垫密封

在高压管道连接中，广泛使用透镜垫密封结构，如图 2-11 所示。透镜垫两侧的密封面均为球面，与管道的锥形密封面相接触，初始状态为一环线。在预紧力作用下，透镜垫在接触处产生塑性变形，环线状变为环带状。

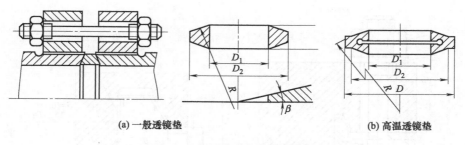

(a) 一般透镜垫　　　　　　　　　　　(b) 高温透镜垫

图 2-11　高压管道的透镜垫密封

透镜垫密封性能好，但由于它属于强制式密封，结构较大，密封面为球面与锥面相接触，易出现压痕，零件的互换性较差。

（四）齿形垫片密封

高压管道的连接也可采用齿形垫片的密封结构。齿形垫片通常用 08、10、0Cr13、0Cr18Ni9 材料制造，上下表面加工有多道同心三角形沟槽，如图 2-12（a）所示。螺栓预紧后，垫片三角形的尖角处与上下法兰密封面相接触，产生塑性变形，形成多个具有压差空间的线接触密封。与平垫密封相比，其所需要的压紧力大大减小。为提高连接的密封性能，可在金属齿形垫片的上下表面覆盖柔性石墨或聚四氟乙烯制成的齿形组合垫片，如图 2-12（b）所示。齿形垫片密封的设计可按化工行业标准中的 HG/T 20611—2009《钢制管法兰用具有覆盖层的齿形组合垫（PN 系列）》或 HG/T 20632—2009《钢制管法兰用具有覆盖层的齿形组合垫（Class）系列》的规定进行。当公称直径为 300mm 时，最大公称压力为 25.0MPa，小直径的齿形组合垫片最大公称压力可达 42.0MPa。

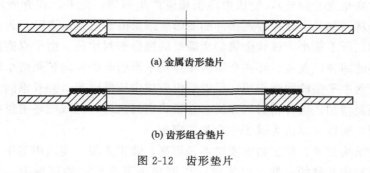

(a) 金属齿形垫片

(b) 齿形组合垫片

图 2-12　齿形垫片

二、半自紧密封

（一）双锥环密封

双锥环密封结构如图 2-13 所示。它保留了主螺栓，采用软钢或不锈钢制作双锥面密封垫，两个 30°锥面是密封面，它是由筒体端部、金属双锥环、软金属垫片、平垫圈、托环和主螺栓组成的。双锥环置于筒体与顶盖之间，借托环将双锥环托住，以便装拆，托环用螺钉固定在顶盖的底部，通常密封面上还放有 1mm 左右的金属软垫片，靠主螺栓使软垫片发生塑性变形而达到初始密封。为了增加密封的可靠性，在双锥环的密封面上还开有 2～3 条深约 1mm、半径为 1～1.5mm 的半圆形槽或三角形槽。

双锥环在安装时，其内侧面和顶盖支承面处于间隙状态。预紧时，主螺栓使衬于双锥面

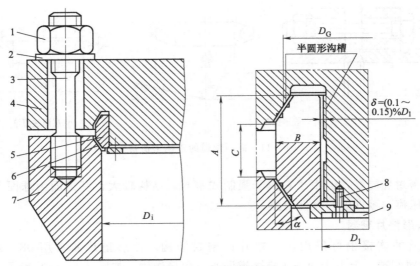

图 2-13　双锥环密封结构

1—主螺母；2—垫圈；3—主螺栓；4—顶盖；5—双锥环；
6—软金属垫片；7—筒体端部；8—螺栓；9—托环

上的软金属和平封头、筒体端部的锥面相接触并压紧以保证两锥面的软金属衬垫上达到足够的预紧密封比压；同时，双锥环本身受到径向压缩，使双锥环的内侧面和顶盖支承面间的间隙 δ 值消失而贴合在一起（为保证密封，两锥面上的比压要达到足够的、使该软金属垫所需的预紧密封比压值）。当介质压力上升，介质进入双锥环与顶盖的环形间隙，使螺栓等连接件发生变形（主要是螺栓伸长），受压锥环也相应产生回弹；此外，在介质压力作用下，双锥环向外扩张，从而弥补了螺栓等连接件的变形所带来的密封比压下降。为保证良好的密封性，两锥面上的比压不能小于该软金属垫所需要的操作密封比压。由于双锥面上的密封比压是由金属双锥环的回弹以及金属环在介质内压作用下所引起的径向扩张两个因素引起的，前者相当于平垫密封中平垫的回弹作用；后者则由介质内压所引起，并且锥面上的密封比压随介质压力的升高而增加，这种密封机理属于自紧式密封机理，但双锥环密封有强制式和自紧式密封两种机理，所以可以认为属于半自紧式密封。

　　双锥环密封结构简单，加工精度要求不是很高，装拆方便，能适用于压力与温度波动的场合。双锥环材料应有好的韧性，以使它在压缩状态下有足够的回弹力，常用材料有 25、35、20MnMo、15CrMo、1Cr18Ni9Ti 等。双锥环密封适合于设计压力为 6.4～35MPa，温度为 0～400℃，内径为 400～2000mm 的高压容器。国外曾将双锥环密封成功应用于 ϕ2800mm 的缠绕式高压容器以及压力为 196MPa 的高压聚乙烯反应器中。

（二）八角环、椭圆环密封

　　八角环、椭圆环密封在石油化工行业中应用较为广泛。八角环、椭圆环密封的结构如图 2-14（b）、(c) 所示，垫片安装在法兰面的梯形环槽内，当拧紧连接螺栓时，受轴向压缩与上、下梯形槽贴紧，产生塑性变形，形成一环状密封带，建立初始密封。升压后，在介质压力作用下，使八角环或椭圆环径向扩张，垫片与梯形槽的斜面更加贴紧，产生自紧作用。但是，介质压力的升高同样会使法兰和连接螺栓变形，造成密封面间的相对分离、垫片密封比压下降。因而，八角环与椭圆环密封可以认为是半自紧式密封连接。

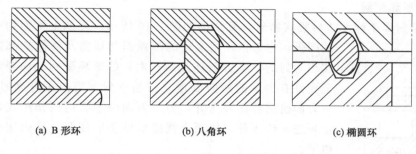

(a) B 形环   (b) 八角环   (c) 椭圆环

图 2-14 B 形环、八角环、椭圆环密封

三、自紧密封

(一) 伍德密封

伍德密封是一种使用得较早的自紧式高压密封结构，如图 2-15 所示，它是由顶盖、筒体端部、牵制螺栓、牵制环、四合环、拉紧螺栓、楔形压垫等元件组成的。其中楔形压垫为关键零件，其外锥面上开有 1～2 条约 5mm 深的环形沟槽，即增加了楔形压垫的柔度，使之更易与密封面贴合，又减少了密封面的接触面积，提高了密封比压。该密封的密封面均有较高的粗糙度要求，需经研磨，以保证密封可靠。

伍德密封中的四合环是由四块元件组成的圆环，每块元件上均有一螺孔。

伍德密封安装时依次放入顶盖、楔形压垫、四合环和牵制环，再由牵制螺栓将顶盖吊起并压紧楔形压垫和封头之间的线接触面（实为一狭窄环带），达到预紧密封。也可以通过拧紧拉紧螺栓而使四合环向外扩张，使楔形压垫压紧在顶盖的球面上而达到预紧密封。当介质内压升高后，顶盖向上浮动，使顶盖球面部分和楔形压垫间的压紧力增加，保证密封，并且介质压力越高，楔形压垫上的密封比压越大，密封越可靠，所以，伍德密封属轴向自紧式密封。

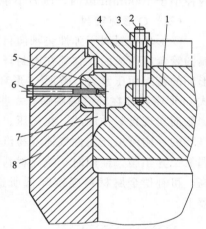

图 2-15 伍德密封结构

1—顶盖；2—牵制螺栓；3—螺母；4—牵制环；5—四合环；6—拉紧螺栓；7—楔形压垫；8—筒体端部

该密封的主要优点是：①全自紧式密封，压力和温度波动时不会影响密封的可靠性；②介质产生的轴向力经顶盖传给楔形压垫和四合环，最后均由筒体承担，无需主螺栓并使筒体和端部的锻件尺寸大大减小，装拆方便；③由于顶盖是圆弧面，组装时顶盖即使有些偏斜，升压过程也可自行调整，不至于影响密封的效果。

其缺点主要是结构复杂、笨重、零件多，加工精度要求高，顶盖占据高压空间较多。

伍德密封的适用范围是：$D_i \leqslant 1000mm$，$t \leqslant 350℃$，$p_i \geqslant 30MPa$。

楔形压垫材料一般采用 20、20CrMo、1Cr18Ni9Ti、0Cr18Ni9；顶盖材料要求比压垫材料硬，常用的材料有 14MnMoVB、18MnMoNb、20MnMo。要求抗氢的场合可用 12Cr3NiMoA、20CrNiMoA、24CrMnNi。顶盖圆弧处表面粗糙度要求不低于 $Ra1.6\mu m$。

（二）C 形环密封

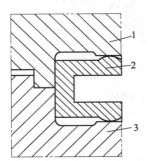

图 2-16 C 形环密封的
局部结构
1—顶盖或封头；2—C 形
环；3—筒体端部

C 形环密封属于弹性垫自紧式密封，其结构如图 2-16 所示。环的上下面均有一圈突出的圆弧，它是依靠两突出的圆弧面与顶盖及筒体端部的线接触而实现密封的。当拧紧连接螺栓时，C 形环受到轴向弹性压缩，甚至允许有少量的屈服以建立初始密封，当内压升高时顶盖上浮，一方面密封环回弹张开，另一方面由于有内压作用在环的内腔而使环进一步张开，使原来线接触处仍旧压紧，且内压力越高压得越紧。

C 形环应具有适当的刚性，刚性过大虽然回弹力会增大，但受压后张开困难而使得自紧作用不够。同时 C 形环预紧时的压缩量，即顶盖与筒体端部之间在放置 C 形环后仍保留的轴向间隙也是一个重要的设计参数。间隙过大，则下压量过大，将使 C 形环压至屈服；间隙过小，下压量过小，将使 C 形环预紧力不足。C 形环密封的优点是预紧力较小并能严格控制；结构简单、紧凑；无主螺栓，加工方便；特别适用于快开连接，但由于使用大型设备的经验不足，一般只用于内径小于 1000mm 以内，压力小于 32MPa，温度在 350℃ 以下的场合。

（三）O 形环密封

O 形环密封属于弹性垫轴向自紧密封，结构如图 2-17 所示，空心金属 O 形环是无缝金属圆管弯制而成的。它放在密封环槽内，预紧时由预紧件将 O 形环压紧，其回弹力即为 O 形环的密封面压紧力。普通 O 形环所能达到的密封比压和真空度较低，故使用不多。自紧式 O 形密封环在环的内侧钻有一些小孔，它是靠 O 形环本身的弹性回弹和环截面受内压后膨胀而实现自紧作用的。在高压、超高压设备中采用这种结构，能获得较好的密封效果。充气环的环内可填充惰性气体或易汽化的固体材料（可形成 3.5～10.5MPa 的压力），如干冰、偶氮二异丁腈。使用时，填充材料受热升华，气体膨胀产生压力，温度越高，管内压力也越高，可补偿金属材料强度降低所造成的密封下降，所以这种结构宜用于有高温介质的容器上。

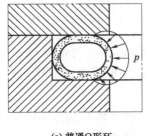
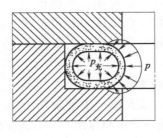
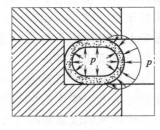

(a) 普通O形环　　　　　　　(b) 充气O形环　　　　　　　(c) 自紧O形环

图 2-17 O 形环密封的局部结构

O 形密封环的结构简单预紧力小，密封可靠，使用成熟。可用于 $D_i \leqslant 500 \sim 1000 \text{mm}$，$t \leqslant 350℃$（充气环可用到 $400 \sim 600℃$），$p_i \leqslant 280 \text{MPa}$（个别甚至达到 $350 \sim 700 \text{MPa}$）的场合，这种密封结构的缺点是对接焊比较困难，环身也不易达到精度要求，尽管如此，它仍是一种很有发展前途的密封结构。

O 形环常用奥氏体不锈钢小管（直径不超过 12mm）制成，为改善密封性能常在 O 形环外表面镀银。常用的预紧件为螺栓、卡箍或紧固件。

（四）三角垫密封

三角垫密封是径向自紧式密封，其结构如图 2-18 所示，将三角垫置于筒体法兰和顶盖的 V 形槽内，考虑到密封效果，三角垫的内径最好要比顶盖及法兰槽的直径略大些。当拧紧连接螺栓时，三角垫受径向压缩与上、下槽贴紧，并有反弹的趋势。在三角垫上、下两端点产生塑性变形，建立初始密封。

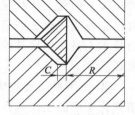

图 2-18　三角垫密封

升压后，介质压力的作用使刚性小的三角垫片向外弯曲，两斜面与上、下 V 形槽的斜面贴紧，压力越高，贴得越紧，并由原先的线接触变为面接触，此即三角垫自紧作用之所在。

三角垫的材料一般采用 20 钢或 1Cr18Ni9Ti。为防止上、下槽错动而造成环与槽表面擦伤，可在垫片外表面镀 0.05mm 左右的铜或在沟槽底部加垫一层铜箔或银箔。

三角垫和法兰、顶盖的沟槽加工后，其外表面不允许有刻痕、刮伤等缺陷。

三角垫密封结构比较精细，尺寸紧凑，开启方便，预紧力小，接触面小，密封性能优良，可用于压力、温度有波动的场合。但是三角垫和上、下法兰沟槽的加工精度要求极高，大直径的三角垫密封加工较为困难。

三角垫密封的适用范围：$D_i < 1000mm$，$t \leqslant 350℃$，$p_i > 10MPa$。但也有用于 $D_i > 1000mm$，$p_i = 20 \sim 35MPa$ 的场合。

（五）B 形环密封

B 形环要求在密封槽内有一定的过盈量，这样使制造与安装的要求大大提高，如图 2-14（a）所示。B 形环是依靠工作介质的压力而使密封垫片径向压紧，以产生自紧作用并达到密封目的的；这种密封结构在石油化工工业中较早使用，从中低压到高压以至在高温下都有较好的密封性能，但其自紧作用较小。

第四节　垫片密封应用

一、管道密封垫片的分类与应用

1. 不同材质垫片的适用场合

非金属垫片是应用最广泛的垫片，也是人们最常见、最熟悉的垫片。它们广泛应用于水、空气、水蒸气、油等常见流体中。使用温度一般在 200℃ 以下，最佳工作压力 2MPa 以下。金属垫片主要应用的工作条件为高温、高压管系。根据金属材料的不同，工作环境可以从 -200℃ 一直到 1000℃，压力可达 100MPa 以上。金属垫片可做成不同的形状以满足各种连接要求，如在合成氨和二氧化碳萃取等工况，常用八角形或椭圆形垫片。金属与非金属混制垫片，由于其既有金属的强度高和耐用性好的特点又具有非金属的柔性好、成本低等优势，是近年来用量增加较快的一类，越来越被人们所接受，尤其是设备法兰的应用极为普遍。介质的特殊性，如强腐蚀性、强渗透性以及高温、高压下性质的变化，要求人们使用适合于特种工作状况的垫片。因此，一方面要选择高性能的材料，如聚四氟乙烯、石墨，另一方面是加工成特殊形状和混炼成组合材料，如波齿形、石棉石墨压缩垫片。

2. 管道密封垫片应用中的误区

对某省 11 个行业近 50 家企业的密封垫片应用现状进行了调研，发现了管道密封垫片应用中存在的几个主要问题。

① 万能垫片——石棉橡胶垫片。在大多数小型企业，只要提到管道密封垫片，不论何种流体、何种工作状况人们的第一选择，甚至是唯一的选择就是石棉橡胶垫片。他们不知道自己企业生产化工产品的性质和工作条件，万能的石棉垫片是否适合自己的生产体系，甚至当技术人员提出换其他类型的密封垫片时，个别企业管理者对还有比石棉垫片更好的提出质疑。

② 使用最便宜的垫片降低工厂成本。这种情况多发生在小型的精细化工企业。大多数精细化工产品生产的条件比较苛刻，操作温度、压力很高，使用的介质也比较特殊，并且产品要达到很好的纯度。因此生产的密封性、清洁性、连续生产的能力等都要求很高。为了满足这些工况的要求，必须使用特种垫片。例如：高温导热油管系，导热油在高温情况下渗透性很强，最适合的垫片是柔性石墨垫片和石棉石墨压缩垫片，但这种垫片的成本是同规格耐油石棉橡胶垫片的几倍或十几倍，企业管理者认为买个垫片花这么多钱不值，买便宜的，坏了再换。单个垫片的成本是少了，但密封不住，管道经常泄漏，需要停车更换，跑、冒、滴、漏的损失以及开停车的成本大大超过了使用性能优良垫片的费用，但由于没有衡量损失的尺度，也就没有人关注了。好的垫片不但给生产带来方便，也给企业带来效益。

某橡胶厂 20 世纪 80 年代初从日本引进的橡胶防水卷材连续硫化生产线，用 0.8MPa 以上的水蒸气来硫化橡胶。随设备带来的蒸汽管线密封垫片在这套设备运行的十多年中一直没有换过，密封良好。这条连续的生产线，产品质量稳定，并达到国际水平。运行良好的供热系统给主生产线提供了稳定的、持续的工作条件，能够保证产品的优良质量。随设备带来的垫片一定很贵，但十多年没有更换，总成本必然很低。同是这个厂其他生产线的蒸汽管线垫片更换频繁，给产品质量和生产管理都带来了麻烦，还增加了成本。

③ 无时间过问管道密封垫片。企业往往把管道密封垫片作为低值易耗品管理。当然从它占有企业成本的角度上看，它的确是很小的，但从安全生产上看，它是关键的。在管道系统中，管道密封垫片是最薄弱的地方，工厂的跑、冒、滴、漏 90% 以上的原因是管道密封垫片不适合。可是在企业很少有领导关注低值易耗品，企业领导不重视，管道密封垫片在企业就没有地位，这就是企业跑、冒、滴、漏难以杜绝的主要原因之一。

3. 应用密封垫片注意事项

① 首先企业要对自己生产产品使用的原料、中间产品、催化剂、成品都涉及哪些化工产品，它们的特性，如易燃、易爆、毒性、腐蚀性等都了解清楚。

② 明确自己产品生产过程的工况如何，工作压力、工作温度、管道及其管道元件、连接件的材质、连接面形式等。

③ 企业要搞好安全生产，保持良好的经济效益，重视设备、原料、产品市场等的同时也必须重视管道密封。时代在发展，科技在进步，新的产品在不断出现，新的工况条件在不断产生，要在变化了的环境中搞好安全生产，取得好的效益，企业管理者一定要重视管道密封。充分了解和正确使用管道密封垫片在安全生产多了一份保证的同时又给企业降低了生产成本。

二、高压导气管法兰齿形密封垫片的失效

1. 设备概况

某汽轮机是亚临界 300MW 系列机型之一，型号为 N300-16.7/537/537-4 型（合缸），为一次中间再热两缸两排凝汽式汽轮机。新蒸汽压力 16.7MPa，温度 537℃，最大新蒸汽流量 1025t/h。该机组主蒸汽及再热蒸汽系统采用单元制，从锅炉高温过热器出来的主蒸汽，经过两根主蒸汽管和两个电动阀门进入高压主汽调节阀，然后再由四根高压主汽导管进入高压缸。齿形密封垫片材质为 1Cr18Ni9Ti，法兰材质为 12Cr1MoV。

2. 齿形垫片断裂情况

投运一年后，运行中发现高压导气管与高压外缸连接法兰处有漏气声，经停机检查发现法兰齿形密封垫片断裂。该垫片规格为 $\phi 68mm \times 38mm$，厚度 4mm，外圈无齿部分裂开 7 块。齿形部分沿径向断裂处向两侧裂开，一侧延伸 158mm，另一侧延伸 240mm；此外，外边缘有宽约 24mm 的区域已裂成几块。齿形部分有一处沿周向开裂，最大断裂处宽 7mm，长 110mm。宏观观察：断口处无明显塑性变形迹象，并有一层黑色氧化物覆盖，断口呈现脆性断裂的特征。

3. 齿形垫片材质取样试验

① 化学成分分析。对失效垫片进行化学成分分析，分析结果表明磷（P）含量较高，脆性较大。

② 显微组织分析。选取齿形垫片断口处制备金相试样，进行微观组织分析。金相组织为奥氏体孪晶，并有少量碳化物，微观上有方形 TiN 夹杂物存在，TiN 成分在电子探针分析中得到了证实，在许多晶粒内可以看到明显的孪晶、滑移线存在，组织呈现敏化状态。显微组织中有很多微观裂纹。从宏观上分析，这些裂纹是沿径向扩展的，从而可以判断在开裂的过程中垫片受到了周向拉应力的作用。裂纹的扩展为沿晶和穿晶混合方式。

③ 维氏硬度分析。从失效的垫片取样，经过磨制进行维氏硬度试验，分析结果表明垫片硬度均超出标准规定的上限。

4. 齿形垫片断口分析

① 宏观检验。断口处无明显塑性变形迹象，并有一层黑色氧化物覆盖，断口呈现典型脆性断裂带特征。

② 能谱分析。为了分析腐蚀产物的性质，对断口进行了电子能谱微区成分分析。试验数据显示齿形螺纹表面和断口表面有腐蚀产物，腐蚀产物中 Cu、Ca 的含量较高。

③ 微观扫描电镜分析。通过扫描电子显微镜的观察，发现断口表面存在着一层致密的腐蚀产物，它们掩盖了断口的真实形貌特征，用物理及化学方法对断口表面多次清洗后，再次进行扫描电镜观察。断口面具有明显的沿晶形貌，并可见方形 TiN 夹杂。齿形部分断口上不仅有沿晶形貌，并有密集的滑移线和较多的 TiN 夹杂物；除裂源区有微区塑性变形外，断口大部分区域呈现沿晶断裂特征。

④ 电子探针微区成分分析。为了进一步分析晶内和晶界上各元素的分布情况，选取经磨制和侵蚀的金相试样以及断口试样进行电子探针试验分析。结果表明：基体的微区成分与化学成分基本一致。断口上的铬质量百分含量仅为 10.34%，贫铬较为严重，二次裂纹开裂处铬质量百分含量为 9.25%，较正常含量下降很多，其贫铬现象相当严重。

5. 水汽品质检测情况

该机组凝汽器在试运行期间一直存在泄漏现象，导致凝结水给水硬度严重超标。机组移交电厂后凝汽器也多次产生泄漏，凝结水给水硬度多次超标。由此可以看出，凝结水硬度不合格持续时间较长。

6. 分析

① 化学成分分析和电子探针试验分析的结果证明该齿形垫片的成分符合相关标准要求，没有错用材料。

② 硬度试验结果显示该齿形垫片的硬度值已超出相关标准的上限，结合金相显微组织分析与断口扫描电子分析的结果，可以推断，硬度指标的超标是由于加工硬化的作用而导致的。引起齿形垫片加工硬化的原因可能是由于机械加工后未进行有效的去应力退火以及装配过程中的预紧力不当，同时由于在启停过程中的不均匀冷热交替，产生了较大的热应力。

③ 显微组织为单一的奥氏体组织，可以看到孪晶和滑移线，晶界和晶内均有碳化物存在，方形的 TiN 夹杂物分布不均匀，在靠近断口的附近存在大量的微观裂纹。

④ 扫描电镜分析显示，断口微区形貌具有典型的脆性断裂特征，冰糖状的沿晶断裂形貌占据了很大比例。在某些区域可见方形 TiN 夹杂物。对于含钛的 18-8 型奥氏体不锈钢，必须避免大量的 TiN 夹杂物的存在，Ti 作为一种稳定化元素，其作用在于当构件处于敏化状态时，它可以同 C 结合形成 TiC 从而阻止 Cr 与 C 的结合，大量 TiN 的存在削弱了 Ti 的这一稳定化作用，从而降低钢的抗晶间腐蚀性能以至萌生裂纹。

⑤ Cr 是制造不锈钢的主要合金元素，不锈钢的耐腐蚀性能主要是由 Cr 的含量决定的。当铁-铬合金中铬的质量百分含量达到 12.5% 可使合金的电极电位由 $-0.56V$ 跃增至 $+0.2V$，这时就可以抵御一般性的腐蚀介质，如需在更加恶劣的介质下工作，就需要增加 Cr 含量使其质量百分含量达到 25% 以上。电子探针试验分析证明断口上以及二次裂纹附近存在严重的贫铬现象，而贫铬会导致此处不锈钢的耐蚀性能大大降低。

⑥ 运行初期有较长一段时期汽水品质不良，从客观上为垫片的应力腐蚀过程提供了条件。

⑦ 1Cr18Ni9Ti 是一种塑性较佳的奥氏体不锈钢，其屈强比很低。如果在一段时间发生超应力破坏，断口应呈现明显的塑性变形特征。而对失效垫片的宏观检验和断口扫描电镜分析显示：仅裂源处具有微区塑性变形迹象，断口的大部分区域呈现典型的脆性断裂特征。因此可以推断：垫片的失效过程是由两个阶段组成的，首先在机组启停时，工作应力、装配应力、内部残余应力与热应力叠加，瞬时超过材料的强度极限，造成齿形垫片某一微区开裂，开裂处应力集中而后微裂纹在综合应力状态下扩展，最终导致垫片开裂。垫片工作状态应为三向应力，故开裂的方向呈多向性。

7. 总结

综合以上各项试验分析的结果，可以看出：齿形垫片的开裂为典型的脆性开裂，其中裂纹主要沿晶扩展，部分沿滑移线穿晶扩展。齿形垫片有内应力存在，内应力存在的主要原因是机械加工后的残余应力未得到有效释放；同时 TiN 的存在削弱了 Ti 作为稳定化元素的作用；一段时间内汽水品质不良为齿形垫片的应力腐蚀提供了必要条件。齿形垫片失效的主要原因是由于瞬时应力峰值过线和应力腐蚀共同作用造成的。

要在运行中避免齿形垫片的失效，需从两个方面加以考虑：首先，应要求制造厂改善齿形垫片的热处理工艺，加强热处理工艺（特别是最终热处理工艺）控制，从而保证垫片强度和在运行中的耐蚀性能。其次，应在运行中保持合格的汽水品质。

三、喷油泵结合面密封垫片的改进

喷油泵部件与部件之间的贴合处简称结合面，结合面形状有平面、凹槽、圆柱面、螺纹等结构。平面结合面渗漏大部分是由于部件的平面不平、表面粗糙度值高、严重磕伤、碰毛及结合面之间的密封垫片材质不好而引起的。

1. 原采用防止结合面渗漏的方法

① 在两结合面的任一平面上涂覆适当直径的密封胶条，将密封部位围成一个闭合的胶圈，然后对准装配好。

② 在两结合面的平面之间加一个密封垫片，紧定螺钉达到规定的力矩值进行压紧。

③ 在两结合面的平面之间加一个密封垫片的同时，再在密封垫片两面涂覆适当直径的密封胶条，将密封部位围成一个闭合的胶圈，然后对准装配好。

④ 在装配前把密封垫片浸没在润滑油中 2h，让密封垫片稍有膨胀后再装配在两部件的结合面中。

⑤ 大部件与小部件两结合面的密封，一般在小部件的平面上开一条环形封闭凹槽，在凹槽里装橡胶圈。

在工艺流程中，喷油泵出厂前密封试验是道关键检查工序。从喷油泵的呼吸口或润滑油进油螺套处引入 0.05MPa 的压缩空气，将喷油泵浸入 JB-1 校泵油中，历时 15s，各结合处及铸件不允许有漏气现象；采用原来的措施，喷油泵的结合面处密封性能改善，但仍有相当数量的渗漏，有时返工量较大会影响生产；甚至到用户那里还有渗漏现象，造成较大影响。

表 2-6 是某厂 2002 年 1～5 月份 Ⅰ 号泵在低压密封实验时的故障统计情况。可以看出 Ⅰ号泵密封试验最高的故障率是发生在序号 4～6 三个结合面处，占 72.02%。只要解决 Ⅰ号泵上述三个结合面渗漏就能大幅度提高装配一次合格率。

表 2-6　1～5 月份 Ⅰ 号泵在低压密封实验时的故障统计

序号	故障项目	1月	2月	3月	4月	5月	合计	故障率/%
1	拉杆孔漏	59	70	30	37	99	295	7.66
2	调速器后壳砂眼	36	20	7	18	17	98	2.55
3	调速器前壳砂眼	8	9	13	11	10	51	1.32
4	调速器前壳与后壳结合面漏	326	205	38	188	268	1025	26.62
5	三角法兰与下体结合面漏	254	418	113	53	120	958	24.88
6	调速器前壳与下体结合面漏	176	154	128	156	176	790	20.52
7	法兰螺钉漏	19	23	9	26	23	100	2.60
8	法兰油封漏	25	33	5	17	41	121	3.14
9	上下体结合面漏	24	36	13	74	97	244	6.34
10	上下体螺钉漏	8	10	10	20	2	50	1.30
11	错漏装	0	1	0	0	3	4	0.10
12	其他	23	15	24	18	34	114	2.96
	合　计						3850	

2. 选用预涂胶密封垫片来防止结合面渗漏

选择喷油泵密封试验时返工量较大的品种（Ⅰ号泵）做试验。先把密封垫片两面沿四周边缘涂覆一胶条（胶条位置可制成模板），称预涂胶密封垫片。

将三角法兰与下体、调速器前壳与下体、调速器前壳与后壳的三个结合面密封垫片的四周及拉杆孔周围涂覆胶带。

在装配后密封试验时渗漏情况要比原来的密封方法好，但仍有相当数量返工，不能彻底解决渗漏现象。螺孔用直线过渡；调速器前壳与下体、调速器前壳与后壳两结合面之间的密封垫片同样在上面没有紧定螺钉进行紧固，结合面所受到的压力上面小下面大，把密封垫片涂胶条改为只放置上半部分来弥补。

把三个预涂胶密封垫片一起装配在Ⅰ号泵的各个结合面中，按工艺要求进行密封试验，分别小批试装 500 台、1000 台、3000 台，经过三批预涂胶密封垫片试装，Ⅰ号泵的三个结合面都没有渗漏现象，满足了喷油泵密封性能的要求，大大减少了返工量；且预涂胶密封垫片深受装配工人的欢迎。经过两个月批量投入生产，共装配试验Ⅰ号泵 31817 台，在三个结合面处都能达到百分百不渗漏。以上预涂胶密封垫片的方法也已在 AW 泵、PW 泵上推广应用。

3. 总结

喷油泵部件之间结合面因紧定螺钉分布不均匀，使结合面承受的紧固力不等，可采用在密封垫片上布置部分预涂胶条，来确保密封性能，以保证结合面之间的密封。涂胶条无需形成封闭环。

预涂胶条一般采用直径为 1.5mm，材料为氟橡胶，且胶条逐渐过渡至紧固孔边缘的方式制成。

思考及应用题

一、单选题

1. 下述密封结构中，（　　）是自紧密封。

A. 平垫密封 　　　　 B. 卡扎里密封 　　　　 C. 伍德密封 　　　　 D. 机械密封

2. 下述密封结构中，（　　）是半自紧密封。

A. 平垫密封 　　　　 B. 卡扎里密封 　　　　 C. 伍德密封 　　　　 D. 双锥环密封

3. 密封垫片在检修时，必须认真检查密封面有无伤痕、蚀坑、裂纹等缺陷，尤其是（　　），虽然很浅，但最容易造成泄漏。

A. 蚀坑 　　　　 B. 径向划痕 　　　　 C. 锈蚀 　　　　 D. 油污

4. 垫片密封的泄漏形式中占密封装置泄漏量最大的形式是（　　）。

A. 界面泄漏 　　　　 B. 渗透泄漏 　　　　 C. 扩散 　　　　 D. 都一样

5. 在法兰的密封面形式中比较常用的密封面是（　　）。

A. 全平面 　　　　 B. 凹凸面 　　　　 C. 榫槽面 　　　　 D. 环连接面

6. 具有良好的耐高温、耐高压性能的垫片是（　　）。

A. 半金属垫片 　　　　 B. 复合垫片 　　　　 C. 非金属垫片 　　　　 D. 金属垫片

7. 具有良好的弹性和回复性，可耐高温和较高压力的垫片是（　　）。

A. 半金属垫片 　　　　 B. 石棉垫片 　　　　 C. 非金属垫片 　　　　 D. 金属垫片

8. 质地柔软、耐腐蚀、价格便宜，但耐温和耐压性能差的垫片是（　　）。

A. 半金属垫片 　　　　 B. 复合垫片 　　　　 C. 非金属垫片 　　　　 D. 金属垫片

9. 由薄金属波形带与石棉或柔性石墨等非金属带交替绕成螺旋状，将金属带的始末端点焊接制成的垫片是（　　）。

A. 编织垫片　　　　　B. 金属包覆垫片　　　　C. 金属缠绕垫片　　　D. 模压垫片

10. 平垫密封的适用条件说法错误的是（　　）。

A. 温度不高　　　　　B. 压力不大　　　　　　C. 低压容器　　　　　D. 直径较小

二、多选题

1. 垫片密封按照材料分有（　　）。

A. 金属垫片　　　　　B. 非金属垫片　　　　　C. 合成垫片　　　　　D. 半金属垫片

2. 下列密封结构属于自紧式密封的是（　　）。

A. 双锥环密封　　　　B. O形环密封　　　　　C. 平垫密封　　　　　D. 伍德密封

3. 下列密封结构属于轴向自紧式密封的是（　　）。

A. 三角垫密封　　　　B. O形环密封　　　　　C. C形环密封　　　　　D. 伍德密封

4. 垫片材料的选择应考虑因素有（　　）。

A. 密封介质　　　　　B. 密封温度　　　　　　C. 工作压力　　　　　D. 法兰表面粗糙度

5. 垫片尺寸选择的一般原则是（　　）。

A. 尽可能选择薄的垫片　　　　　　　　　　　B. 尽可能选择较窄的垫片

C. 垫片内外径尺寸要合理　　　　　　　　　　D. 尽可能选择金属垫片

三、判断题

1. 换装垫片时，对输送易燃易爆的管道应采用不锈钢工具，防止工具与法兰或螺栓相碰，产生火花。（　　）

2. 为了防止石棉橡胶垫粘在法兰密封面上不便清理，可在垫片两面均匀涂上一层薄薄的石墨涂料。（　　）

3. 在垫片密封中，通常垫片材料的硬度比法兰材料高。（　　）

4. 垫片密封过程包括初始密封和工作密封两部分。（　　）

5. 在垫片密封中，界面泄漏占泄漏总量的80%～90%。（　　）

6. 在自紧式密封中，随着密封介质压力的升高，密封效果将逐步恶化。（　　）

7. 1886年奥地利工程师理查德克林格发明第一块石棉橡胶板垫片。（　　）

8. 垫片是一种夹持在两个独立连接件之间的材料或材料的组合。（　　）

9. 金属包垫是以金属为芯材，外包厚度为0.25～0.5mm的非金属薄板。（　　）

10. 双锥环密封是最早出现的自紧式密封形式。（　　）

四、简答题

1. 简述垫片密封的结构和密封原理。

2. 常用的法兰密封面形式有哪几种？并简述它们的主要特点。

3. 根据垫片构造的主体材料可以把其分为哪几类？各有何特点？

4. 选择垫片材料时应考虑哪些因素？

5. 与法兰密封相比，高压设备的垫片密封主要特点是什么？

6. 根据工作原理，把高压垫片密封分为哪几类？

第 ③ 章

胶密封及应用

第一节 概　　述

主要起密封作用的胶黏剂称为"密封胶"，亦称液体垫片（填料）或高分子液体密封剂。它能较容易地填充在法兰、阀门、弯头、接头、插口、筒体及接合面较复杂的螺纹连接等连接部分的间隙中，形成均匀、连续、稳定、剥离的黏性、黏弹性薄膜，阻止流体介质泄漏，起到类似密封垫片和填料的作用。

密封胶既不像涂料涂在机械产品表面起保护作用，又不像黏合剂靠胶的结合力将设备各部件粘接在一起，而是作为一种密封填料，加在设备各部件的接合面之间或泄漏点处起密封作用。密封胶具有流动性，不存在固体垫片和填料起密封作用时必须要有的压缩变形，因而没有内应力、松弛、蠕变和弹性疲劳破坏等导致泄漏的因素。

密封胶一般呈液态或膏状，具有较好的密封性能，又有良好的耐热、耐压、耐油、耐化学试剂等特性，使用方便，价格便宜，因此在机械行业应用广泛。采用密封胶进行密封的技术称为胶密封技术。带压注剂密封技术为带压堵漏，即不停车堵漏技术的一种。所谓不停车堵漏是指在发现生产系统中的介质泄漏后，在无需停车和降低操作压力及温度的情况下所进行的堵漏作业。带压注剂密封亦称注胶堵漏，它是通过注胶枪将密封胶注入在泄漏点周围预先设置好的护胶卡具内，待密封胶固化后堵塞泄漏通道，实现密封目的的。

过程工业生产系统中的各种设备、管道、阀门、法兰、换热器、透平、管接头、铆合接头、螺纹接头及焊缝等发生介质（如蒸汽、空气、煤气、天然气、油、水、酸液、碱液以及其他各种工艺流体介质）泄漏是经常的现象，特别是大型石油、化工工业的生产系统，它们多在高温高压，所接触介质或易燃易爆，或是有毒有腐蚀性等较为特殊的工况条件下运行。因此，若介质发生泄漏轻则浪费能源，污染环境，重则危及生产，造成人身伤亡及设备损坏的严重事故。对这样的问题，以往的措施常常是进行停车检修，因此造成巨大的经济损失。如大型化肥企业每停车一天的产值损失将在百万元以上，并且往往是一旦停车就不是一天即能恢复正常生产的，其损失会更大。或者是采用打卡子、压铅、补焊等方法，但它们又有很大的局限性。如果说从节约能源、提高经济效益的基本观点出发，开发安全、可靠、高效、快速的不停车密封技术，就具有更加现实的价值，并将为这些企业带来可观的经济效益。

粘接密封通常是指将密封胶涂覆在连接的接合面处，或对泄漏点，如管道、容器上的孔洞、裂纹进行涂胶贴补，待胶固化后形成一定的粘接强度，从而阻止流体介质的泄漏，起到密封的作用。

第二节 带压注剂密封技术

一、注剂式带压密封基本原理

注剂式带压密封首先是按要求设计并加工制造出适合于密封堵漏的夹具，且安装于泄漏部位，然后以专用的注剂工器具，向已装好密封夹具的泄漏处机械注入法注入密封注剂。适量的密封注剂在足够大的注入压力下从外围开始采用包围式的方法向泄漏点依次注入，使密封注剂填满堵漏夹具的所有空隙，注入的密封注剂在短时间内固化，并形成密实而坚韧的填充物，由此承受密封介质的温度和压力作用，达到带压密封目的。

图 3-1 为注剂式带压密封原理示意图。假设生产系统中的介质是具有一定压力和温度的蒸汽，并从泄漏口 F 处向外面大量喷出。为了用密封注剂在此"筑起"一层密闭的"墙"而封住外泄的蒸汽，则需要提供一个容纳密封注剂的空间 G，这就是施工人员所要设置的为把泄漏点控制在其间的夹具，该夹具空隙不但能容纳适量的密封注剂，同时还需承受密封注剂注入与蒸汽漏出而产生的压力及温度。为使密封注剂能顺利注入而且还不至于在腔体空间 G 处形成巨大压力，于是在夹具上设置了一些蒸汽排放接头 E，如果法兰带压密封用夹具，则法兰的每两个螺栓之间就设置一个排放接头。当这些接头未用注入密封注剂时是排放接头，而按程序注射到此接头时，它就成了注入密封注剂的接头，如图 3-1（b）所示。图 3-1（a）中，为带压设备密封。密封注剂正从注剂接头 C 处注入，而接头 E 正在排放蒸汽。旋塞 D 设置在排放接头后面，打开就可排放蒸汽，注入密封注剂后即可关闭。注剂枪系统和夹具系统在注剂接头处连接。注剂枪 A 的枪体内充入密封注剂（涂黑处），并通过外设高压

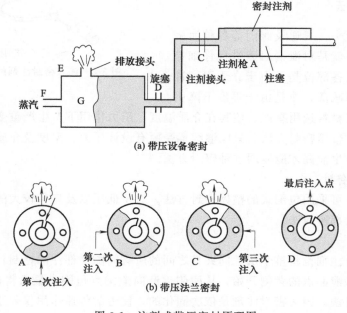

图 3-1　注剂式带压密封原理图

液压泵供给动力，推动柱塞并挤压密封注剂打开旋塞（装于注剂枪上），密封注剂通过已开启的旋塞 D 进入夹具腔体空间 G 内，再通过各个注剂接头，使密封注剂充满整个空间 G，从而形成坚实的整体，并最终封住泄漏口 F，达到带压带温密封的目的。

图 3-1 (b) 是法兰密封原理及程序图，图中是一个正在发生泄漏的四螺栓孔法兰，中间断口圆环是一个已破损的垫片，密封介质正从裂口处大量喷出。为了使生产继续正常进行而不停车，采用带压密封就是一个紧急而有效的措施。处理程序是：首先按图 3-1 (b) 中 A 所示从泄漏点的背面（而不是直接正对泄漏点）注入密封注剂，这样就不会使注入的密封注剂被强大压力的介质流冲掉，在各个排放接头都打开排放时，漏出的介质流仍能保持原有的喷出方向，不会在夹具内增压，这样即可在背对泄漏点的方向上顺利地注入密封注剂，并充分固化；第二次注入方式如图 3-1 (b) 中 B 所示；第三次注入位置如图 3-1 (b) 中 C 所示，从图 3-1 (b) 所示的程序看，是从三方面注入包围泄漏点，以缩小泄漏空间，形成坚固的密封圈；第四次注入直对泄漏点，如图 3-1 (b) 中 D 所示，因此泄漏点空间小，注入密封注剂后能对其迅速封死，更大直径的法兰带压密封采用此法，也按相同的操作程序从泄漏点的后背面开始，并逐渐从两侧围向泄漏点，注入次数也许多些，最后封住泄漏点，达到完全密封的目的。

二、带压密封所用的注剂工器具

注剂式带压密封所用的工具比较简单，无需动火就可实施操作过程，因此可以避免在易燃易爆区施工产生火花。带压密封工程施工作业的注剂工器具包括注剂枪、液压泵、液压胶管、压力表、快换接头、注剂阀、注剂接头、C 形卡具、紧带器、防爆工具等。如图 3-2 所示为注入密封注剂的主要工具。

三、密封方法

对于法兰、弯头、三通及阀门等各种泄漏的密封，首要任务就是对泄漏原因进行仔细检查、分析，譬如其各部位是否由于介质强烈冲刷、腐蚀而使壁厚减薄，或是由于强度下降引

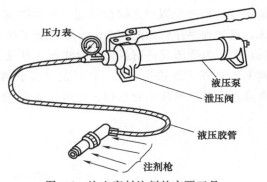

图 3-2　注入密封注剂的主要工具

起失效，再者由于材料选用有误，使其在介质温度、压力作用下产生严重变形等，这些情况下不宜采用注剂式带压密封方法。只能继续承受原有设计压力、温度及介质作用，同时具备原有强度的部件发生泄漏才能应用这种密封方法。

（一）法兰的密封

法兰泄漏时，可采用包围式的整体密封方法。对于低压以及直径较大的法兰密封也可采用针对泄漏处的局部密封法。

1. 整体密封

即用液压泵及注剂枪将整个法兰同夹具之间的所有间隙全部注满密封注剂，如图 3-1 所示。注射时，先从泄漏点的背侧开始，从两侧逐渐向泄漏点包围，最后将泄漏点全部封堵。使用整体密封注射法，因为密封注剂是依次固化的，使力的传递作用仅限于局部范围，所以作用于法兰的载荷增加较小。

2. 局部密封

即用特制的 U 形金属隔片将泄漏部位隔开，再向被隔开的局部区域范围注射密封注剂，以此封住发生泄漏的部位。这种局部注射密封法只限于低压法兰，特别是较大直径的低压法兰使用，如图 3-3 所示。

3. 法兰密封的程序

（1）选择密封注剂型号和用量。根据法兰压力与温度以及所泄漏介质的性质选择合适的密封注剂，确定密封注剂的用量。理论上该用量一般与需填充的体积相等。

（2）选定夹具的形式、注剂接头的安装位置和数量。根据法兰的使用压力、温度、法兰面间隙及螺栓分布情况，确定夹具形式以及注剂接头的安装位置与数量。夹具主要起到防止注入的密封注剂从缝隙挤出和相应的承压作用。

夹具主要有以下三种形式。

① 钢带。由不锈钢扁带加铝带（厚度大约为 1.2～1.5mm）组成，借助专门的拉紧器将钢带紧密地箍紧在法兰缝隙外围，如图 3-4 所示。这种钢带适用于压力不大于 2MPa，法兰间隙不大于 8mm 且外圆平齐的法兰密封。

② 金属丝或条（如软铜线或条）。用手或简单工具将金属丝或条紧密地填入法兰缝隙，并用錾子錾填缝隙而密封，如图 3-5 所示。这种方法适用于压力小于 2.5MPa，法兰间隙小于 5mm 的法兰密封。

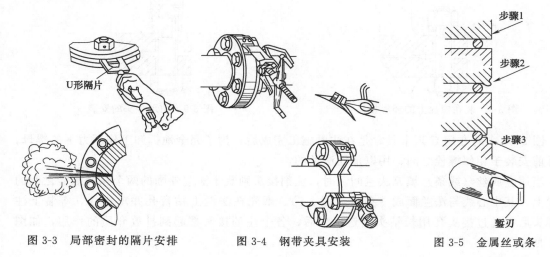

图 3-3　局部密封的隔片安排　　　图 3-4　钢带夹具安装　　　图 3-5　金属丝或条

③ 金属环形夹具。它是根据法兰的使用温度、压力及各部位尺寸而设计的具有足够机械强度的夹具，其按角度标记安装在被密封的法兰缝隙外围。这种夹具可以是两个剖分的半环，也可是剖成几块组合而成，如图 3-6 所示。它适用于压力大于 2MPa，两法兰面间隙大于 8mm 或法兰间隙虽然小于 8mm，但法兰上不适宜钻入孔的法兰密封。

（3）装设注剂接头。注剂接头是将注剂枪与法兰或夹具进行连接（它们之间均采用螺纹连接）并向内注入密封注剂的部件。接头上装设一个小型旋塞阀。注射施工前将旋塞阀打开，以排放泄漏介质。密封注剂注射后关闭旋塞阀，达到封闭状态。因此，注剂接头既起到注入作用，也起排放作用，如图 3-7 所示。注剂接头的形式有长接头、拐接头、耳形接头、环形接头、角形接头以及根据现场实际需要而设计制造的其他接头等。

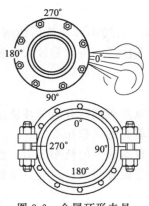

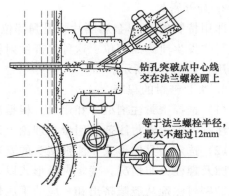

图 3-6　金属环形夹具

图 3-7　注剂接头

当采用钢带密封时，钢带已将法兰外围封闭，所以注剂接头就安装在法兰各个螺栓的一端。安装时，拆下一个螺母，将注剂接头的一端装入螺栓（对环形接头再将螺母拧入，压在其下；对于角形接头则直接与螺栓螺纹连接，装于头部），而另一端则与注剂枪连接，这样，密封注剂通过注剂接头的环形空隙，再经过螺纹连接的环周缝隙注入法兰面之间的所有间隙，如图 3-8、图 3-9 所示。

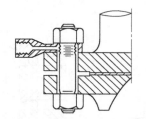

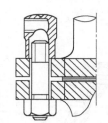

图 3-8　装在螺栓上的环形接头

图 3-9　角形接头的安装

图 3-10 中的专用 C 形卡具，是在注射施工完成后，为了完全地拆卸工作压力下的螺母，在拆前安装于相邻螺栓之间，用以加固法兰的。

当用金属丝（或条）填充法兰间隙时，注剂接头则装于法兰外围的两个相邻螺栓之间的位置上，其中心线与法兰面成一夹角（图 3-7）。事先在法兰上钻盲孔并攻螺纹，等装上注剂接头后再通过接头孔用长钻头钻透。之后，各个注剂接头都起到排放介质的作用，如图 3-11 所示。

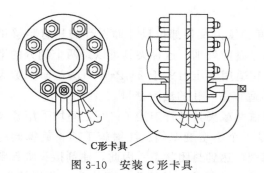

C形卡具

图 3-10　安装 C 形卡具

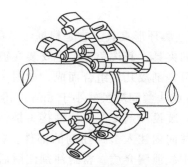

图 3-11　注剂接头的安装

对于环形金属夹具，由于其在设计制造时已考虑了连接螺纹，带压密封操作时只需将注剂接头直接拧上即可。

（4）密封注剂的注入。夹具装好后连接液压泵、注剂枪及注剂接头，并将选好的密封注剂注入注剂枪体内。如果环境温度较低，此时密封注剂较硬，难以流动，不易注入，而需将其加热到 50～60℃，增加它的流动性。

如前所说，注射密封注剂时从泄漏点背侧开始，从两侧交替向泄漏点合围。密封注剂用量按密封间隙的容积分别由每个接头均匀注入。密封注剂的固化时间即是每个接头注入的时间间隔。最后在泄漏点注入并一次堵死。此时，泄漏一旦停止，应终止注射，以免密封注剂注入管道或设备中。如果一次密封未成功，还需在相应接头处钻透并重新注入密封注剂。

单点注射密封注剂时，液压泵的压力不大于 34.5MPa；多点连续注射时，压力不大于 20.7MPa，或在高压情况下不超过系统压力 6.9MPa。注射时，如果液压泵上的压力表压力指示只升不降，则表示密封注剂已注射完毕，关上液压泵。

注射完毕后，每个注剂接头的旋塞均应在结束带压密封操作时关闭，不拆卸夹具，让其一直保持到系统大修。拆下后的注剂接头可再用，夹具或法兰上的螺孔应拧上金属丝堵。

（二）管道、三通及弯头的密封

管道、三通及弯头的带压堵塞密封方法，除夹具采用盒式夹具外，密封注剂的选用及注射方法均与法兰密封相同。

盒式夹具是按照使用压力、温度及介质而设计制作的承压护料夹具。它将产生泄漏的三通、弯头、直管或焊口的泄漏部位完全包起来。操作时，选择管件上的平滑表面作为与夹具接头部位的密封面。然后，向夹具与管件密封面的沟槽中注入密封注剂。注剂接头的安装位置必须根据夹具结构的大小、方便注射操作等实际情况加以考虑确定。

（三）阀门填料的密封

① 装设注剂接头。首先将产生泄漏的填料函壁厚进行测量，然后在其壁上打一与注剂接头孔尺寸相配的盲孔，并攻螺纹，再装上注剂接头，打开旋塞后用长钻头将盲孔钻透，如图 3-12 所示。此时应对填料函的壁厚及连接注剂接头的螺纹强度加以考虑，如阀门过小，填料函壁厚太薄，则不能直接装设注剂接头，而需要采用专用的 C 形卡具。

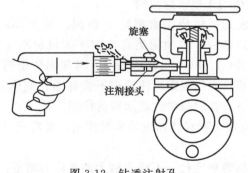

图 3-12 钻透注射孔

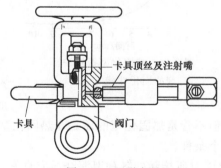

图 3-13 C 形卡具

② C 形卡具。C 形卡具本身即是一个带注剂接头的专用卡具，如图 3-13 所示。将此卡具卡在填料函外侧，并通过顶丝注射嘴的内孔用长钻头将阀门填料函钻透，然后再注入密封注剂。采用 C 形卡具，这样既能保证填料函强度，同时也简化了装设注剂接头的程序，因而特别适用于小型阀门填料函的密封。

③ 对其他特殊形状部位的泄漏（如斜三通或阀体等），可根据实际需要设计制造相应的

专用夹具。

阀门填料函密封之后，如果阀门开闭频繁，工作一段时间后仍可能发生泄漏，但只需将注剂枪接上再注射一次，立即消除泄漏，非常简便。

第三节 密封注剂

密封注剂是实现带压密封的重要物质，它是由有机与无机材料再配以适当的注剂，经专用设备加工而成的，并能在一定温度下，借助夹具而起到直接密封各种泄漏介质的作用。其质量的好坏，将直接关系到带压密封的效果。所以，密封注剂是带压密封能否成功的关键所在。

一、密封注剂的品种与性能

用于带压密封的密封注剂型号很多，而且用于生产密封注剂的原材料各异，因而各种密封注剂在受热状态下的特性也不相同，根据这种特性的不同，可将其分为热固化型与非热固化型两大类。

1. 热固化型密封注剂

其组成为：橡胶类有机材料＋无机材料＋助剂，如 RGM-1、RGM-2、RGM-3、RGM-4、RGM-5。这类密封注剂是一种在一定温度下经过一定的时间后，由于组成物中固化剂的作用，致使密封注剂具有一定强度、弹性、耐热性以及耐工艺介质等性能的密封注剂。其固化性能与固化时间、温度的关系曲线如图 3-14 所示。此图显示了一种密封注剂在 150℃，经过大约 2min 时间后，其曲线陡降，而黏度急剧增大，即表示开始固化。大约 6min，曲线变化明显减缓，这说明固化接近尾声，并且之后曲线逐渐趋于不再变化，此时说明固化基本完成。

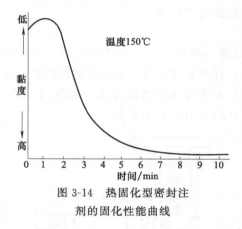

图 3-14 热固化型密封注剂的固化性能曲线

2. 非热固化型密封注剂

其组成为：树脂类有机物＋助剂，如 FGM-1、FGM-2、FGM-6；或油脂类有机物＋无机材料＋助剂，如 FGM-3、FGM-4、FGM-5。与热固化密封注剂不同，非热固化型密封注剂中不含有固化剂成分，而是靠本身具有的各种性能起密封作用。

但不管是热固化型的还是非热固化型的密封注剂，要起到相应的密封作用，都需满足以下几个条件。

① 对所接触的各种泄漏介质有良好的化学、物理稳定性，不应有过大的膨胀与增重。

② 具有良好的施工工艺性能，即在注入前经软化后具有良好的流动性，以利于注射；注入夹具后，又能在短时间内迅速固化，以此获得良好的密封。

③ 利于清除，对金属无腐蚀，也不损伤原来的密封面；在工作温度及压力下，应具有一定的机械强度和弹性，以保证其良好的密封性能；具有较长的寿命（一般不少于一年），直至设备正常工作到检修期。

④ 在一定的库存条件下，密封注剂应具有较长的存放期（一般不少于一年），以防发生

变质而影响正常使用。

国外注剂式带压密封技术开发较早，20 世纪 70 年代一些工业发达国家已将该技术广泛应用于各个领域，而且可供选用的密封注剂型号也日渐增多。国内对此项技术的研究虽然起步较晚，但发展迅速，如今已在大型石化、火电、炼油及其他一些工业领域得以推广使用。同时，不同型号的密封注剂也有了相应的生产。表 3-1 列出了英国弗曼奈特公司和我国沈阳橡胶工业制品研究所研制生产的部分密封注剂及其型号对照，它们可以满足石油、化工、电力等工业的常规使用要求。

表 3-1 国内外密封注剂型号对照及适用范围

序号	密封注剂型号 国产产品 国外产品	被密封介质	使用温度/℃	使用参考压力/MPa
1	RGM-1 FSC-1B	空气、低压蒸汽	0～280	
2	RGM-2 FSC-2A	蒸汽、水、烃类	120～300	
3	RGM-3 FSC-3A	蒸汽、水、酸及化学品	120～325	
4	RGM-4 FSC-4A	热油及化学品	250～400	
5	RGM-5 FSC-2B	蒸汽、水、烃类	120～300	
6	RGM-6 FSC-1/2A	蒸汽、水	0～280	
7	RGM-7 FSC-2C	蒸汽、高温烃	250～540	≤34.3
8	FGM-1 FSC-5A	低温酸及化学品	≤240	
9	FGM-2 FSC-5B	低温酸及化学品	≤240	
10	FGM-3 FSC-7A	高压蒸汽	250～550	
11	FGM-4 FSC-6A	蒸汽、水	250～540	
12	FGM-5 FSC-7B	高压蒸汽	0～540	

二、密封注剂的选用

密封注剂选用的主要依据是被密封介质的温度和性质，如果选择不合适，就达不到预期的密封效果，或者根本就是失败。密封注剂的具体选用情况参见表 3-1。

我国化工行业标准 HG/T 20201—2007《带压密封技术规范》中规定，选用密封注剂时遵循以下原则。

（1）选用的密封注剂，其质量指标必须符合表 3-2 的规定。

表 3-2 密封注剂的质量指标

项　　目		指　　标
注射压力/MPa	25℃	≤30
	50℃	≤28
热失重①/%		≤25
溶胀度②/%		−5～10
溶重度③/%		−5～10

① 在试验条件下，密封注剂使用温度范围内质量损失变化的百分率。
② 在试验条件下，密封注剂在规定时间内浸泡于化学介质后的体积变化的百分率。
③ 在试验条件下，密封注剂在规定时间内浸泡于化学介质后的质量变化的百分率。

（2）当根据泄漏介质的化学性质选择密封注剂时，应符合下列规定。

① 泄漏介质应在密封注剂使用说明书规定的耐介质范围内。

② 混合物泄漏介质的每一组分，都应包含在密封注剂使用说明书规定的耐介质范围内。

③ 未固化的密封注剂与泄漏介质不发生溶解和破坏。

④ 非热固化型密封注剂在泄漏介质温度条件作用下，不得发生溶解和破坏。

（3）当根据泄漏介质系统的温度选择密封注剂时，应符合下列规定。

① 泄漏介质的温度，应在密封注剂使用说明书规定的适用温度范围内。

② 宜选用在泄漏介质系统温度下可完全固化的热固化型密封注剂品种。

③ 低温泄漏介质应选择玻璃化转变温度低的密封注剂品种。

（4）当根据夹具安装间隙选择密封注剂时，选用的密封注剂除应符合以上原则外，尚应选择注射压力低的密封注剂。

选择时还需要注意到，一般情况下，耐高温的密封注剂比一般的密封注剂价格高 2～3 倍。所以，就价格方面而言，若装置系统温度较低时，应尽可能不选用耐高温的密封注剂。还有，对于使用在食品、电力等方面的密封注剂，需考虑密封注剂是否有污染和是否应具有电绝缘性能等。

三、密封注剂的使用方法

我国化工行业标准 HG/T 20201—2007《带压密封技术规范》中规定，密封注剂的使用方法如下。

（1）密封注剂的规格应与注剂枪的注剂腔规格配套。

（2）当环境温度或泄漏介质系统的温度低于密封注剂的注射温度要求时，应对密封注剂采取预热措施，或对注剂枪、注剂阀、夹具采取加热措施。

（3）密封注剂的预热温度应低于其固化温度。

（4）对密封注剂可按下列方法进行预热。

① 选用密封注剂预热仪进行预热。

② 可将密封注剂放在水中进行预热。

③ 可将密封注剂放置在温度低于密封注剂固化温度的设备壁面上预热。

④ 可用蒸汽直接对密封注剂进行预热。

（5）注剂工器具可按下列方法加热。

① 可放置在有一定温度的现场设备壁面上加热。

② 现场有蒸汽或热风等连续热源的，可对夹具、注剂阀及注剂枪的注剂腔部分直接加热。

（6）当泄漏介质温度高于 475℃时，应选择水、空气或饱和水蒸气等对注剂枪的注剂腔部位进行降温处置。

第四节　带压密封的安全施工

一、施工中的受力影响

1. 法兰钻孔产生的附加应力

如果采用钢带或者软金属丝作护料夹具时，要在法兰周围钻孔以安装注剂接头。而钻孔将对法兰产生局部的附加应力，据有关资料介绍，因为钻注入孔而引起的平均应力值约为原螺栓孔的 10%，所以局部应力值接近原孔应力值。当法兰直径愈大时，产生的这种附加应力愈小。所以，一般认为钻注入孔而引起的附加应力对法兰强度影响并不大，常可忽略不计。

2. 密封注入力的影响

密封注剂是通过液压泵工作时产生的高压注入两法兰密封面之间并充满垫片与夹具之间空隙的，密封注剂在内压和注入压力的作用下，最终使螺栓的受力增大。某些情况下，螺栓应力增加的幅度可达密封前的 30% 左右。

二、安全施工注意事项

① 带压密封是在生产系统仍在运行，系统中有温度、压力、泄漏介质或易燃、易爆、腐蚀性强、有毒，甚至会有大量介质喷出等情况下进行的，施工时有一定的危险，因而要求施工人员比较熟悉生产状况，并需经过严格训练。

② 施工前，技术人员必须根据实际情况制定严密而完整的施工方案，设计制造适用的具有足够强度的夹具，并慎重选择理想的密封注剂。

③ 操作时，合理确定注入孔位置，使用正确的钻孔方法和注射工艺方法，不能盲目加大注入压力，否则会使装置紧固件产生附加应力并急剧增大。

④ 所有的泄漏形式并非都可以采用带压密封技术对其密封。如因为紧固件损坏造成连接部位泄漏，焊接缺陷造成焊缝的大面积泄漏，连接件失去连接强度或零部件被严重腐蚀、出现裂纹、装配不当、螺栓材质低劣或其材质不明引起的泄漏等，一般情况下不能采用这类密封方法。

⑤ 对于反复注射的密封，次数多达五次以上而仍不能密封时，需对情况做出重新评估。对材料级别较低的（如软钢等）紧固件（包括连接件），应考虑其连接强度可能达不到要求，特别是这种材料作为螺栓材质的四螺栓法兰连接而进行带压密封施工时，需引起重视，一般只许注射一次。

⑥ 装设夹具及填隙凿作业时，要注意不能增加法兰面的附加力。填隙只能在夹具上进行。

⑦ 阀门带压密封时，要求对填料函壁上钻孔，其孔眼不得通过任何有应力集中的地方。

⑧ 密封注剂注射时，从距离泄漏点最远的一处开始注射，并且是在所有排放接头（也

是注剂接头）都打开的情况下进行。在各注射点密封注剂固化并充分热膨胀后，才可在最终注射点注射。

⑨ 在密封易燃、易爆介质泄漏时，应采用无火花工具施工，并且实施惰性气体保护措施，以防火灾和爆炸事故的发生。

⑩ 施工人员应注意防高温与深冷、防高压与超高压、防火、防爆、防毒、防灼伤、防噪声等，使用专用工作服及防护用品。

第五节　带压粘接密封技术

一、密封胶的分类及其特性

1. 密封胶的分类

密封胶指用于机械结合面起密封作用的一种胶黏剂，亦称液态垫片。密封胶一般呈液态或膏状。密封胶通常可按化学成分、应用范围、固化特性、强度及涂膜特性予以分类。

（1）按化学成分分类。即按基料所用的高分子材料予以分类。

树脂类：如环氧树脂、聚氨酯等；

橡胶类：如丁腈橡胶、聚硫橡胶等；

混合类：如聚硫胶和酚醛树脂、氯丁胶和醇酸树脂等；

天然高分子类：如虫胶、阿拉伯胶等。

按照该分类，则可根据高分子材料的性能，推测密封胶的耐热性、机械强度及对应介质的稳定性。

（2）按应用范围分类。可分为耐热类、耐压类、耐油类以及耐化学腐蚀类等。该分类对用户较为方便。

（3）按照强度分类。有结构类和非结构类。

结构类：胶层有较高的强度和承载能力，主要用于耐压密封。

非结构类：强度不高，承载能力较小，主要用于低压密封。

（4）按固化特性分类。有固化密封胶、非固化密封胶和厌氧型密封胶。

固化密封胶固化方法有以下几种。

① 一元系加热催化固化法：加热状态下实现固化过程，固化过程中密封胶组成发生化学变化，固化时间取决于配方和固化过程。

② 一元系水蒸气催化固化法：将密封胶置于水蒸气的环境中，经化学变化实现固化。相对湿度增加通常会加速固化过程。

③ 二元系固化法：室温下将密封胶与固化剂或催化剂混合，使之发生化学变化而实现密封胶的固化。

④ 溶剂挥发固化法：使用时因密封胶中的溶剂挥发而固化，无化学变化。

⑤ 水乳化固化法：将密封胶置于水中使之乳化，乳化后水蒸发过程即为固化过程。

非固化密封胶是软质凝固性密封胶，施工后仍保持不干性状态。

厌氧型密封胶以丙烯酸酯为主，添加少量引发剂、促进剂和稳定剂配制而成。胶液在空气中不固化，在隔绝空气即无氧情况下发生聚合遂从液态转变为坚韧结构的固态。油、水和有机溶剂均可促进固化。

（5）按涂膜特性分类。有不干性粘接型密封胶、半干性黏弹型密封胶、干性固化型密封胶和干性剥离型密封胶。

① 不干性粘接型密封胶：一般以合成树脂为基体，成膜后长期不固化，保持粘接性和浸润性，基体材料为聚醋酸乙烯酯和有机硅树脂，部分以聚酯树脂、聚丁二烯及聚氨酯树脂为基体。

② 半干性黏弹型密封胶：其介于不干性和干性密封胶之间，溶剂迅速挥发后成软皮膜，其黏弹性均保持在剥离之前。

半干性黏弹型密封胶一般采用柔韧而富有弹性的线型合成树脂作基体，主要有聚氨酯树脂、石油树脂和聚四氟乙烯树脂，部分采用聚丙烯酸酯和液体聚硫橡胶为基体。

③ 干性固化型密封胶：胶液涂覆后，溶剂迅速挥发而固化，膜的黏弹性及可拆性较差。

干性固化型密封胶的基体主要有酚醛树脂、环氧树脂和不饱和聚酯等热固性树脂，部分采用天然树脂（如阿拉伯胶）等。

④ 干性剥离型密封胶：液态胶涂覆后，溶剂挥发成膜，快干并可剥离。

干性剥离型密封胶一般以合成橡胶或纤维素树脂等为基体，主要有氯丁橡胶和丁腈橡胶，部分采用纤维素树脂（如乙基纤维素）和聚酰胺树脂（如醇溶性共聚尼龙）。

2. 密封胶的特性

密封胶的特性是通过它的固化特性、化学性能、温度性能、耐天候性能、力学性能、耐磨性、黏附性、动载荷性能、电性能、色泽稳定性、可燃性、毒性、可修复性、可回用性以及对生产工艺的适应性等进行综合评价的。

① 密封胶的固化特性。固化型密封胶其固化时间、温度、固化方式和相对湿度等是固化过程的主要影响因素。

固化型密封胶的固化时间随着基体材料的固化方式、温度和相对湿度不同而不同，可从不足几小时到几天甚至几星期。

加入催化剂虽可加速固化，但却缩短了密封胶的有效期。相对湿度对一元系密封胶固化时间的影响比对二元系的影响明显。

密封胶大多采用室温固化方法，提高温度不但可缩短某些密封胶的固化时间，而且可提高其工作强度。

以热塑性树脂为基体的密封胶通过加热软化，固化过程中不发生化学变化。以热固性树脂为基体的密封胶，热影响很小，固化时伴有化学变化。

② 温度性能。包括密封胶的工作温度极限、承受温度变化的能力及温度变化频率。密封胶的长期工作温度一般为$-93.6 \sim 204.6 \, ℃$，有些硅酮密封胶可在$260 \sim 371 \, ℃$范围内连续工作数小时。

密封胶的温度性能可根据其热收缩系数、弹性模量（随温度而变化）、延展性的降低和弹性疲劳来估计。

③ 化学性能。密封胶因化学腐蚀而分解、膨胀和脆化。这种化学腐蚀往往又会污染被密封的工作介质。微量水分也会使密封胶耐化学腐蚀性发生变化。密封胶的可透气性也影响化学性能。因此，要求密封胶对所密封的介质有良好的稳定性。

④ 耐天候性能。耐天候性能是评价密封胶优劣的一个重要指标，因为密封胶常在日光、冷热和某种自然环境中使用。因此，应根据实际需要选择耐天候性能好的密封胶，防止其早期龟裂老化。

⑤ 力学性能。主要指标为抗拉强度、延展性、可缩性、弹性模量、抗撕裂性、耐磨及动态疲劳强度性能等。

密封胶力学性能的选择取决于工况条件。如调节胀缩接头的密封胶应具备高的延展性和弹性模量；考虑耐磨性就用黏弹性固化型密封胶为好；承受动载荷的部分应选择黏弹性较大的固化型密封胶；振动情况下应选择由弹性体制成的泡沫黏弹性固化型密封胶；少数的非固化型密封胶也具有良好的减振效果。

⑥ 黏附性。它是密封胶的重要特性之一。它取决于密封胶与被密封表面的相互作用力，与胶黏剂作用相似，只是选择角度不同。密封胶根据其密封介质的能力来选择，而胶黏剂则根据其黏结能力来选择。

⑦ 电性能。包括绝缘强度、介电常数、体积电阻系数、表面电阻系数和介电损耗常数。考虑密封胶的绝缘强度时，应说明密封胶的使用条件，如温度、湿度以及与密封胶相接触的介质。

⑧ 色泽稳定性、可燃性和毒性。当对外观有一定要求时，密封胶应具备良好的色泽稳定性，而不应被环境污染。对于易燃场合必须选用阻燃密封胶。密封胶本身无毒，但有的密封胶有强烈的气味，如丙烯酸酯类和环氧树脂类密封胶等。也有的密封胶所用的催化剂有毒，如以环氧树脂为基体的干性附着型固化密封胶所使用的催化剂可导致皮炎。

⑨ 可修复性和可回用性。非固化型密封胶在使用后易于清理，而塑料和橡胶型密封胶比较困难。在回用性方面，许多密封胶特别是橡胶型密封胶在固化后不可回收利用；而有些溶剂型固化密封胶通过加入溶剂，加热或搅拌可重复使用。

⑩ 工艺性能。工艺性能好的密封胶是指储存期长、活性期适宜、流动性好、涂覆简单、施工方便、修整容易的密封材料。因此，工艺性能是选用密封胶必须考虑的重要内容。

二、密封胶的密封机理

填塞接合部分的间隙，即可获得密封，而密封胶是理想的填塞剂，它具有良好的填充性、贴合性、浸润性、成膜性、黏附性、不渗透性及耐化学性等，可较容易地把接合面间隙填塞、阻漏而获得良好的密封效果。

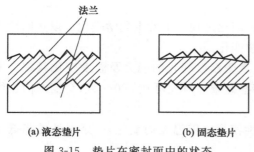

(a) 液态垫片　　(b) 固态垫片

图 3-15　垫片在密封面中的状态

如图 3-15 所示，接合部表面往往存在微观的凹凸不平，当用密封胶填充时，由于其良好的浸润能力，很容易把凹凸处填满及粘贴于接合面上，阻塞流体通道，达到密封的目的。而用无黏性的固态垫片时，即使紧固力较大，也难于填满微观的凹凸处。在紧固力的长期作用下，垫片会产生永久变形、蠕变、回弹力变小，流体介质就会从结合面处泄漏出来。

密封胶一般呈液态或膏体，由于配方不同，使用时表现的性状各异，密封机理也有不同。

1. 半干性黏弹型和不干性粘接型

这类密封胶在接合面间的最终状态为黏稠物质。众所周知，液态物质是不可压缩的，呈液膜形态的密封层发生泄漏，通常是由于内部介质压力将胶液从接合面间挤出所致。这种泄漏称为黏性流动泄漏，根据不可压缩流体的流动理论，密封层的泄漏量可按下式计算

$$Q=\frac{h^{n}}{\eta L}\Delta p$$

式中　Q——密封胶在间隙中的流量（$Q>0$ 即说明发生泄漏），m^3/s；

　　　η——密封胶的黏度，$Pa \cdot s$；

　　　L——密封间隙接合面长度，m；

　　　h——间隙大小，m；

　　　Δp——密封面内外的压差，Pa；

　　　n——常数。

由上式可以看出：密封胶的黏度 η（这里指密封胶涂覆后最终状态的黏度）越大密封性能越好；接合面间隙 h（这里指间隙名义值）越小越有利于密封；密封间隙接合面长度 L 越大泄漏越小。

不干性密封胶能长期不蒸发，不汽化，永久维持液态，且有很大的黏性和较好的浸润能力，易堵塞间隙，把它填塞在接合面内，便能长期形成液膜，得到较好的密封效果。

2. 干性固化型和干性剥离型

这类密封胶使用前均为黏稠液，涂覆后，一旦溶剂挥发，便成为干性薄层或弹性固状膜，牢固地附着于接合面上，他们在使用过程中所表现的形态与固体垫片有些相似。故可结合分析固体垫片来解释其密封机理。不同的是密封胶是靠液态时的浸润性填满密封面的凹凸不平来实现密封的。同时，还存在胶与密封面的附着作用及胶本身固化过程中的内聚力。因此，固化胶的密封是浸润、附着和内聚力综合作用的结果。

三、密封胶的选用

密封胶品种很多，只有合理选用，才能达到预期密封效果。

干性粘接型密封胶主要用于不经常拆卸的部位。由于它干、硬、缺少弹性，不宜在经常承受振动和冲击的连接部位使用，但它的耐热性较好。

干性剥离型密封胶由于其溶剂挥发后能形成柔软而具有弹性的胶膜，适用于承受振动或间隙比较大的连接部位，但不适用于大型连接面和流水线装配。

不干性粘接型密封胶可用于经常拆卸、检修的连接部位，形成的膜长期不干，并保持黏性，耐振动和冲击。适用于大型连接面和流水线装配作业，更适用于设备的应急检修。此类胶在高温下会软化，间隙大，效果不佳。与固态垫片联合使用效果较好。

半干性黏弹型密封胶干燥后具有黏合性和弹性，受热后黏度不会降低，复原能力适中，密封涂层比较理想，可单独使用或用于间隙大的接合面。此类密封胶介于干性及不干性之间，兼有二者的优点，较为常用。

密封胶虽然是一种很好的密封材料，但是选用不当，仍可造成泄漏，故合理选用密封胶是获得良好的密封效果的关键。

四、密封胶的涂胶工艺

① 预处理。预处理的目的是除去密封面上的油污、漆皮、铁锈及灰尘等。柴油、汽油是常用的清洗液，精密的或小面积机械零件可用丙酮、乙酸乙酯及香蕉水等溶剂洗刷，大的密封面常用氢氧化钠、碳酸钠、偏硅酸钠和偏磷酸钠等碱溶液清洗。

比较理想的是用三氯乙烯蒸气进行处理。漆皮可用火焰喷灯烧焦后再用除锈剂或上述方法洗涤。

② 机械处理。密封面上的金属氧化物皮层可采用机械处理的方法除去。其中以喷砂效果最佳。砂粒材质根据被处理材料的软硬程度合理选择。硬金属可用铁砂；而铝类软金属可用沙子或氧化铝。

③ 化学处理。化学处理的目的也是除去氧化膜，经化学处理后的密封面，形成致密、均匀的新氧化膜，有利于胶液浸润，加上表面极性增大，黏附力显著提高。

密封面经化学处理后，需烘干处理，烘干温度和时间要严格控制，切勿久放，烘干后应立即涂胶。

④ 预装。为了检查密封件在预处理后是否有变形而影响装配，要进行预装。对变形的密封面要进行修整，密封间隙要均匀，间隙最好在 0.1～0.2mm 之间，最大不超过 0.8mm，以适合密封装配要求。

⑤ 调胶。严格按照配方及操作顺序进行，调和要均匀。

⑥ 涂胶。在预处理后立即进行，要注意涂匀。常用的方法有手涂、喷涂、滚涂、压注、压力浸胶和真空浸胶等。单件、少量的涂胶多用手工，采用各种形状的毛刷、刮勺和滚轮，如图 3-16 所示。大面积涂覆可采用喷枪，但胶液要稀。用高黏稠胶修补缝隙可采用压注法。大批量铸件的涂胶采用压力或真空浸胶法。

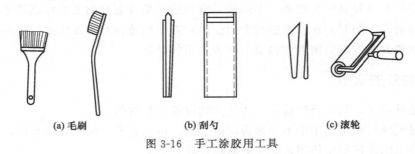

(a) 毛刷　　　　　　　　(b) 刮勺　　　　　　　　(c) 滚轮

图 3-16　手工涂胶用工具

⑦ 固化。在胶层固化过程中温度和时间起重要作用。同时需要一定的压紧力。加热温度取决于胶的固化特性。室温固化胶大多需放置 24h，才能达到较好的性能；热固化胶固化时间一般为 1～3h；厌氧胶需隔绝空气方能固化；室温固化需 24h，若加入固化促进剂数分钟即可固化。

⑧ 检验。检查胶层涂覆是否均匀，厚薄是否一致，固化是否完全充分。常用的检验方法有超声波、声发射、X 射线辐照、红外线以及全息摄影等。

⑨ 修整。修整是为了除去加压固化后挤出的多余胶边，提高外观质量，修整时勿使胶层剥离。

五、密封胶的使用注意事项

使用密封胶时要注意下列问题。

① 结合面间隙不可过大或翘曲不平。通常当间隙大于 0.2mm 时，单用密封胶难于保证密封，需与固态垫片联用。小而粗糙的结合面应选用黏度大的密封胶；大而光洁的结合面则选用低黏度的密封胶。

② 控制胶层厚度、保证胶层均匀。一般无机胶黏剂厚度为 0.1～0.2mm；有机胶黏剂厚度则为 0.03～0.1mm。胶层中的溶剂要充分挥发，采用稀释剂时应注意用量。

③ 密封胶型号选择恰当，密封胶与接触介质不应相溶。介质为气体时应选用成膜性的密封胶。选择毒性小且与工作条件相适应的胶种，当必须采用有毒胶种时应采取防护措施。

④ 多组分的胶种配制时应按比例，在规定时间内使用并一次用完，现用现配。超过有效期或变质凝固的密封胶不能使用。

⑤ 购买和使用胶种时要注意组分（量）、使用方法和储存时间。

⑥ 在振动较大的地方，不宜进行涂胶工艺。还必须避免紧固转矩不足、螺钉松动、结构不合理等。

⑦ 使用温度和压力不应超过密封胶的使用范围。

⑧ 高温固化剂要注意保持稳定的固化温度。室温固化时要注意季节以及相对湿度。热固性胶在固化后应逐渐自然冷却以免胶层收缩过快。

⑨ 应采用恒温箱、红外灯、烘道等固化加温设备。严禁用明火烤胶。尽量避免胶层长时间处于高温或日晒夜露。

六、带压粘接密封技术在石化大型装置维修中的应用

石化企业的塔、罐等大型设备，是在高温、高压下运转的。这些设备大多数的介质都是有毒、易燃、易爆的，泄漏严重威胁着安全生产。通过多年的实践，总结出带压粘接密封技术，用于石化大型装置泄漏的治理。

1. 大型装置泄漏的原因

泄漏产生的原因除了管理、操作、密封材料等原因外，材料失效也是重要的因素。由于腐蚀、裂纹、磨损等原因易造成泄漏。

① 材料本身质量问题。材料焊接中产生的气孔、夹渣或因焊接中加热熔接，金相组织发生变化形成的薄弱点，铸造中的裂纹和砂眼等。

② 材料破坏造成的泄漏。装置中高速流动的介质冲刷，颗粒对材料的磨损，液体中气泡的汽蚀，腐蚀介质的侵蚀，材料因疲劳、老化、应力变化等造成材料强度的下降。

③ 因外力和温度产生的泄漏。外力的碰撞、温度的影响等均会引起泄漏。

2. 粘接与带压密封的结合

带压密封技术中经常应用的方法是夹具注胶法。夹具注胶密封方法有广泛的应用性。但是对于大型装置和不规则形状的漏点，因夹具制作难度大，准备时间长，堵漏成本相对增加，存在着局限性。带压粘接密封技术，可解决大型装置堵漏的难题。

在选用粘接强度高、耐腐蚀的胶黏剂时，在带压密封中给粘接操作创造一个静压条件，以实现带压粘接密封。具体做法是：

① 对泄漏点选用填塞法、木楔法、嵌入法、捻压法、顶压法、引流法或缠绕法进行止漏处理。

② 对已经止住泄漏的部位进行表面处理，去除污物、锈层、油脂等。用电动工具或手工打磨，使表面呈现新金属表面，再用清洗剂进行清洗。

③ 根据实际工况选择胶粘接或修补剂进行涂胶与补强，按比例配制涂于密封表面，涂胶后必须用玻璃纤维带、铁线、钢带、钢制护套等进行加强。操作中，可根据现场情况配合使用以上方法。

3. 应用实例

（1）实例1：某公司乙二醇装置532塔发生局部泄漏。塔直径1.5m，温度150℃，压力

1MPa，介质为乙二醇，泄漏点为焊缝，纵向长度为 152.1mm。

这种工况如采用注胶的方法很困难，只能用带压粘接处理。其具体做法如下。

① 止漏。根据泄漏情况，采用顶压和捻压等方法止住介质泄漏。

② 表面处理。在保证安全的情况下对泄漏点周围进行打磨清洗。

③ 涂胶。采用国外快补胶和回天 HT757 高温修补剂进行粘接。

④ 补强。用玻璃纤维带缠绕，边涂胶边缠绕或贴补。胶层达到 10mm 后，用 3mm 钢带围卡在塔壁上或顶压在塔上。

采用这种方法堵漏，使该塔继续使用了五个月，为工厂避免了巨大的经济损失。

（2）实例 2：某公司乙醇氨装置换热器进口管发生泄漏。换热器直径 600mm，进口管直径 57mm，介质为氨气，温度 50℃，压力 0.6MPa。泄漏点为进口管与换热器接口处，这个位置制作注胶卡具难度很大，很适合带压粘接的方法。其具体方法是：

① 止漏。捻压法止漏。

② 表面处理。对泄漏点和周围进行手工打磨、清洗。

③ 涂胶。在泄漏点上涂 TL528B 快速修补剂。

④ 补强。边缠绕边涂修补剂，然后用加强钢套（两体钢套）灌满 TL528B 快速修补剂，包住泄漏点，再用钢带将钢套捆紧。

该项施工可比注胶堵漏节省 3000 多元的维修费用。

七、粘接密封技术在制碱设备上的应用

某集团（碱业）公司年产纯碱 150 万吨。其设备管道、阀门、法兰及部分塔体，由于长时间满负荷运行，加上受塔内介质的剧烈振动和内外腐蚀、材质老化等原因，常常导致塔体和管道发生破裂，造成大量蒸汽、碱液等原材料泄漏。过去通常按减量、停车的方法处理泄漏，给企业造成很大的经济损失和不必要的浪费。应用维尔新系列胶黏材料在不停车的情况下，解决管道、阀门及塔体的泄漏故障，收到的效果非常显著。

1. 法兰泄漏的修复

直径为 3.2m 的 6 号母液蒸馏塔顶部法兰密封面出现泄漏，整圈法兰上有五处泄漏，并且较为严重。经过对现场作业环境进行认真勘查后，决定采用涂胶与用堵漏专用扎带相结合的办法，在不停车的情况下，将漏点彻底消除。

① 表面清洁剂选择：选用维尔新 7648 表面处理剂，除油效果极佳，并且具有很好的阻燃防火性能。

② 修补剂选择：选用维尔新 888 钛合金修补剂，该修补剂耐温 -60～250℃，拉伸强度 17.5MPa，压缩强度 109MPa，弯曲强度 70MPa，固化后邵氏 A 硬度 100。另外还选择了维尔新 568 快速止漏扎带。

③ 施工工艺：首先将法兰泄漏处四周与表面打磨处理，再用维尔新 7648 清洗剂对泄漏处进行清洗，然后在法兰口上均匀涂上调配好的维尔新 888 钛合金修补剂，泄漏处尽量多涂一些。用维尔新 568 止漏扎带缠绕法兰口，边缠绕边填充维尔新 888 修补剂（充满泄漏处周围空隙最佳，直至高出法兰结合面），直到泄漏处不漏为止。

此方法材料费用不到 2000 元人民币，但避免了设备停产，经济效益明显。

2. 管道、塔体腐蚀泄漏处的粘补

轻灰车间一热母液洗涤塔，因长期使用和介质的腐蚀，在塔体的中下部出现长 130mm，

宽 52mm 的腐蚀漏点，因母液中含有大量的液氨，不能采用补焊的方法处理，如采用停塔处理方法，需要两天的时间，将会造成能源的极大浪费。经现场实际勘察后，采用引流修补法来修补漏点。

选用维尔新 863 高强度结构胶，该胶拉伸强度 32MPa，剪切强度 24MPa，工作温度 -60~150℃，能满足母液洗涤塔的技术要求。

施工工艺如下：

① 取厚度 5mm，长 180mm，宽 120mm 不锈钢板一块，在板的中心钻一直径 12mm 的孔，在孔上焊一 M12 的螺母，将钢板打磨处理，用清洗剂及锉刀对塔体泄漏点的周围进行处理。

② 清理后，在钢板的一侧周围和塔体泄漏处的周围均匀涂上一层 863 结构胶，待胶将要固化时，迅速将带有结构胶的钢板直接用力按在塔体涂胶处，此时，泄漏的母液从螺孔流出。

③ 待胶完全固化后，用一条涂有汉高乐泰 680 厌氧胶螺栓，迅速拧入焊在钢板上的螺母内，泄漏即止住。

此办法对塔体、储水槽等大面积多点泄漏效果非常好。用这种方法解决了轻灰车间冷凝水储水槽等多处大面积漏点。

3. 泵体腐蚀的修复

各种泵类设备长期高负荷运行，特别是介质的化学腐蚀，使泵体内出现大面积蜂窝腐蚀坑，对设备的强度和生产正常运行造成严重威胁。因泵体为铸件，补焊方法很难奏效，采用耐腐蚀性极强的维尔新 888Ⅱ型钛合金修补剂，对损坏部位进行粘接修补。维尔新 888Ⅱ型钛合金修补剂是维尔新 888 钛合金修补剂的改性产品，在保持维尔新 888 各项强度指标的前提下，其耐腐蚀及耐磨性更好，可耐强酸、强碱等大多介质的腐蚀。

操作步骤如下：首先用喷砂的方法将泵壳锈蚀层打磨处理，再用维尔新 7648 将壳体清洗干净，将调配好的修补剂刮涂在所需修补的部位，固化 12h 后即可使用。经过对高压给水、盐水、供排水等众多泵体进行修复，发现泵体表面平整光滑、密封性好，并且粘接强度高，有良好的耐热、耐腐蚀性，完全能够满足设备的安全运行要求。

采用工业修补剂对设备进行修补，具有施工简便、成本低、效果好等优点，特别适合于连续性化工生产。

思考及应用题

一、单选题

1. 带压堵漏就是（　　）密封。

A. 不停车　　　　　B. 停车　　　　　C. 降低转速　　　　D. 提高转速

2. 带压堵漏对泄漏点是以（　　）方式进行密封。

A. 反向包围　　　B. 正对注射　　　C. 侧面注射　　　　D. 正对包围

3. 密封注剂选用的主要依据是被密封介质的（　　）。

A. 价格　　　　　B. 温度和性质　C. 密封性　　　　　D. 获取难易程度

4. 不停车堵漏首先是按要求准备（　　）。

A. 填料　　　　　B. 密封液　　　　C. 密封助剂　　　　D. 卡具

5. 带压堵漏是以（　　）的方法向泄漏点注入密封剂。

A. 包围式　　　　　B. 点对点　　　　　C. 相反方向　　　　　D. 正对泄漏方向

二、多选题

1. 带压堵漏是指在（　　）的情况下，进行的密封操作。

A. 无须停车　　　　　　　　　　B. 无须降低操作压力

C. 无须降低温度　　　　　　　　D. 必须停车

2. 法兰密封可分为（　　）。

A. 整体式　　　　　B. 包围式　　　　　C. 局部式　　　　　D. 反包围式

3. 带压堵漏的安全施工时，必须做到（　　）。

A. 人员严格训练　　　　　　　　B. 预先制定方案

C. 不能增加法兰面的附加力　　　D. 合理确定注入孔位置

4. 不停车堵漏必须（　　）。

A. 制造卡具　　　　　　　　　　B. 专用注入设备

C. 选择合适的助剂　　　　　　　D. 以上说法均不对

5. 高压设备端盖螺栓紧固后，用塞尺检查端盖法兰与筒体法兰之间的间隙及水平度，对垫圈误差的规定有（　　）。

A. 铝垫圈时误差不大于 3mm　　　B. 铝垫圈时误差不大于 0.3mm

C. 钢垫圈不大于 1mm　　　　　　D. 钢垫圈不大于 0.1mm

三、判断题

1. DN500 压缩空气管道开焊，出现大的裂口，不许停车，可以用密封胶封堵。（　　）

2. 带压堵漏需要钻孔和确定注射工艺。（　　）

3. 带压密封，也称带压堵漏或不停车堵漏，是指在发现现场生产系统中的介质泄漏后，在无须停车与降低操作压力及温度的情况下而进行的密封操作，即实现不停车密封。（　　）

4. 密封注剂选用的主要依据是被密封介质的温度和性质，如果选择不合适，就达不到预期的密封效果。（　　）

5. 带压堵漏时在密封易燃、易爆介质泄漏时，无需采用无火花工具施工。（　　）

四、简答题

1. 什么是带压密封？

2. 简述注剂式带压密封的基本原理。

3. 注剂式带压密封所用的工器具主要有哪些？

4. 法兰密封的主要程序是什么？

5. 选用密封注剂时应遵循哪些原则？

6. 带压密封的安全施工注意事项有哪些？

第四章

填料密封及应用

第一节 概 述

填料密封是在轴与壳体之间用弹、塑性材料或具有弹性结构的元件堵塞泄漏通道的密封装置。填料密封属于接触密封。按照密封填料的结构特点，可分为软填料密封、活塞环密封、硬填料密封、成型填料密封（包括橡胶环形密封圈、唇形密封圈）等。按照密封轴的运动形式，分为往复轴密封和旋转轴密封。

软填料密封是一种填塞环缝的压紧式密封，又叫压盖填料密封，是世界上使用最早的一种密封装置。软填料密封结构简单、成本低廉、拆装方便，至今仍应用较广。软填料密封通常用作旋转或往复运动的元件与壳体之间环形空间的密封，如离心泵、转子泵、往复泵、搅拌机及反应釜的轴封，还有阀门的阀杆密封，管线膨胀节、换热器浮头及其他设备的密封。它能适应各种旋转运动、往复运动和螺旋运动元件的密封。

在化工设备中，主要的往复轴密封有活塞密封、活塞杆密封，唇形密封圈在往复轴的密封中也有广泛使用。

做往复运动活塞的密封主要由活塞环来实现。活塞环是依靠阻塞和节流机理工作的接触式动密封，主要密封气缸工作表面和活塞之间的间隙，防止气体从压缩容积的一侧漏向另一侧，同时在气缸内起着"布油"和"导热"的作用。广泛用作内燃机、压缩机、液压柱塞泵等的密封。

为了密封活塞杆穿出气缸处的间隙，通常用一组密封填料来实现密封。在压缩机中，极少采用软质填料，一般采用硬填料，常用的填料有金属、金属与硬质填充塑料或石墨等耐磨材料。为了解决硬填料磨损后的补偿问题，往往采用分瓣式结构。压缩机中的填料都是借助于密封前后的气体压力差来获得自紧密封的。硬填料主要分为两类，即平面填料和锥面填料。

唇形密封圈是依靠密封圈本身受到机械压紧力或同时受到介质压力的自紧作用产生的弹塑性变形而堵塞流体泄漏通道的，其截面轮廓中包含了一个或多个锐角形的带有腰部的所谓唇口。唇形密封圈广泛用于液压、气动机械的往复轴密封。

油封是旋转轴弹性体密封的一种主要形式。油封即润滑油的密封，多用于润滑油系统中作为油泵的轴承密封。其功用是把油腔和外界隔离，对内封油，对外防尘。有时也可以用来密封水或其他弱腐蚀性介质和低压往复杆或摇动球面的密封件。油封实际上也是一种唇形密封，又称为旋转轴唇形密封圈，因与其他唇形密封相比，有其明显的特点，且品种规格繁多而另列为一类。

第二节　软填料密封

一、软填料密封的基本结构及密封原理

图 4-1 为一典型的软填料密封结构。软填料装在填料函内，压盖通过压盖螺栓轴向预紧力的作用使软填料产生轴向压缩变形，同时引起填料产生径向膨胀的趋势，而填料的膨胀又受到填料函内壁与轴表面的阻碍作用，使其与两表面之间产生紧贴，间隙被堵塞而达到密封。即软填料是在变形时依靠合适的径向力紧贴轴和填料函内壁表面，以保证可靠的密封。

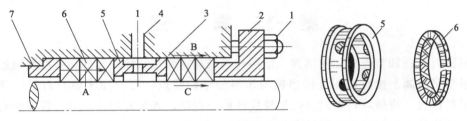

图 4-1　软填料密封

1—压盖螺栓；2—压盖；3—填料函；4—封液环入口；5—封液环；6—软填料；7—底衬套；
A—软填料渗漏；B—靠填料函内壁侧泄漏；C—靠轴侧泄漏

为了使沿轴向径向力分布均匀，采用中间封液环将填料函分成两段。为了使软填料有足够的润滑和冷却，往封液环入口注入润滑性液体（封液）。为了防止填料被挤出，采用具有一定间隙的底衬套。

在软填料密封中，流体可泄漏的途径有三条。

① 流体穿透纤维材料编织的软填料本身缝隙而出现渗漏（如图 4-1 中 A 所示）。一般情况下，只要填料被压实，这种渗漏通道便可堵塞。高压下，可采用流体不能穿透的软金属或塑料垫片和不同编织填料混装的办法防止渗漏。

② 流体通过软填料与填料函内壁之间的缝隙而泄漏（如图 4-1 中 B 所示）。由于填料与填料函内表面间无相对运动，压紧填料较易堵住泄漏通道。

③ 流体通过软填料与运动的轴（转动或往复）之间的缝隙而泄漏（如图 4-1 中 C 所示）。

显然，填料与运动的轴之间因有相对运动，难免存在微小间隙而造成泄漏，此间隙即为主要泄漏通道。填料装入填料函内以后，当拧紧压盖螺栓时，柔性软填料受压盖的轴向压紧力作用产生弹塑性变形而沿径向扩展，对轴产生压紧力，并与轴紧密接触。但由于加工等原因，轴表面总有些粗糙度，其与填料只能是部分贴合，而部分未接触，这就形成了无数个有规则的微小迷宫。当有一定压力的流体介质通过轴表面时，将多次引起节流降压作用，这就是所谓的"迷宫效应"，正是凭借这种效应，使流体沿轴向流动受阻而达到密封。填料与轴表面的贴合、摩擦，也类似滑动轴承，故应有足够的液体进行润滑，以保证密封有一定的寿命，即所谓的"轴承效应"。

　　显然，良好的软填料密封即是"轴承效应"和"迷宫效应"的综合。适当的压紧力使轴与填料之间保持必要的液体润滑膜，可减少摩擦磨损，提高使用寿命。压紧力过小，泄漏严重，而压紧力过大，则难以形成润滑液膜，密封面呈干摩擦状态，磨损严重，密封寿命将大大缩短。因此如何控制合理的压紧力是保证软填料密封具有良好密封性的关键。

　　由于填料是弹塑性体，当受到轴向压紧后，产生摩擦力致使压紧力沿轴向逐渐减少，同时所产生的径向压紧力使填料紧贴于轴表面而阻止介质外漏。径向压力的分布如图 4-2（b）所示，其由外端（压盖）向内端，先是急剧递减后趋平缓；被密封介质压力的分布如图 4-2（c）所示，由内端逐渐向外端递减，当外端介质压力为零时，则泄漏很少，大于零时泄漏较大。由此可见，填料径向压力的分布与介质压力的分布恰恰相反，内端介质压力最大，应给予较大的密封力，而此时填料的径向压紧力恰是最小，故压紧力没有很好地发挥作用。实际应用中，为了获得密封性能，往往增加填料的压紧力，即在靠近压盖端的 2～3 圈填料处使径向压力最大，当然摩擦力也增大，这就导致填料和轴产生如图 4-3 所示的异常磨损情况。可见填料密封的受力状况很不合理。另外，整个密封面较大，摩擦面积大，发热量大，摩擦功耗也大，如散热不良，则易加快填料和轴表面的磨损。因此，为了改善摩擦性能，使软填料密封有足够的使用寿命，则允许介质有一定的泄漏量，保证摩擦面上的冷却与润滑。一般转轴用软填料密封的允许泄漏率如表 4-1 所示。

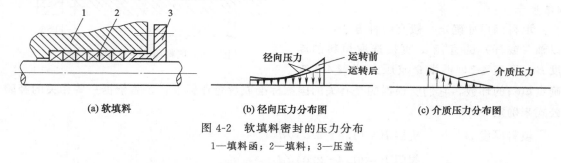

(a) 软填料　　　　　　　　(b) 径向压力分布图　　　　　　　(c) 介质压力分布图

图 4-2　软填料密封的压力分布

1—填料函；2—填料；3—压盖

表 4-1　一般转轴用软填料密封的允许泄漏率

允许泄漏率 /(mL/min)	轴径/mm[①]			
	25	40	50	60
启动 30min 内	24	30	58	60
正常运行	8	1	16	20

① 转速 3600r/min，介质压力 0.1～0.5MPa。

　　当轴做往复运动时，填料受到周期性的脉冲压力，显然受力状况与回转轴不同。如图 4-4（a）所示，当轴运动方向与压盖压紧力方向一致，内端填料压紧力增加填料受压缩，外端填料压紧力减少填料膨胀；该填料吸收介质，并充满其空隙；填料在轴向上压紧力分布变得均匀。当轴运动方向与压盖压紧力方向相反时，如图 4-4（b）所示，内端填料

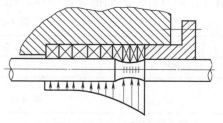

图 4-3　填料的异常磨损

压紧力减少（膨胀），外端填料压紧力增加（压缩），填料内已吸入的介质被挤压而泄漏。由受力分析可知，对于往复运动的密封，要求填料组织致密或进行预压缩，以提高密封性能。

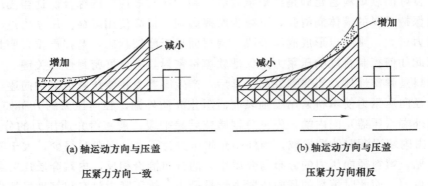

(a) 轴运动方向与压盖
压紧力方向一致

(b) 轴运动方向与压盖
压紧力方向相反

图 4-4　往复运动轴径向受力状态

二、主要参数

(一) 填料函的主要结构尺寸

填料函结构尺寸主要有填料厚度、填料总长度（或高度）、填料函总高度等，如图 4-5 所示。

填料函尺寸确定一般有两种方法：一是以轴（或杆）的直径 d 直接选取填料的厚度 B，见表 4-2，再由介质压力按表 4-3 来

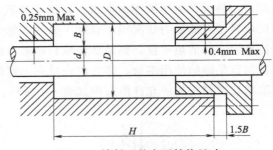

图 4-5　填料函的主要结构尺寸

确定填料的环数，它们所根据的是有关的国家标准或者企业标准；二是依据一些相关的经验公式来确定，如

填料厚度 B　　　机器 $B=(1.5\sim2.5)\sqrt{d}$

　　　　　　　　　阀门 $B=(1.4\sim2.0)\sqrt{d}$

填料函内径 D　　$D=(d\sim2B)$

填料函总高度 H　机器 $H=(6\sim8)B+h+2B$

　　　　　　　　　阀门 $H=(5\sim8)B+2B$

式中　h——封液环高度，$h=(1.5\sim2)B$。

填料函内壁的表面粗糙度 $Ra<1.6\mu m$，轴（杆）的表面粗糙度 $Ra<0.4\mu m$，除金属填料外，轴（杆）表面的硬度 $>180HBS$。

表 4-2　填料厚度与轴径的关系

轴径 d/mm	≤16	>16~25	>25~50	>50~90	>90~150	>150
填料厚度 B/mm	3	5	6.5	8	10	12.5

表 4-3　填料环数与介质压力的关系

介质压力/MPa	≤3.5	>3.5~7.0	>7.0~14	>14
填料环数	4	6	8	10

需要强调的是，填料环数过多和填料厚度过大，都会使填料对轴或轴套表面产生过大的压紧力，并引起散热效果的降低，从而使密封面之间产生过大的摩擦和过高的温度，并且其

作用力沿轴向的分布也会越不均匀，导致摩擦面特别是轴或轴套表面的不均匀磨损，同时填料也可能烧损，如果密封面间的润滑液也因此而被破坏，磨损就会随之加速，最后造成密封的过早失效，也会给后面的检修、安装、调整等工作带来很大的不便。如前所述，实际起密封作用的仅仅是靠近压盖的几圈填料，因此除非密封介质为高温、高压、腐蚀性和磨损性，一般 4～5 圈填料已足够了。

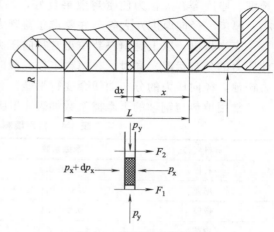

图 4-6 填料受力分析图

（二）压紧载荷与压盖螺栓尺寸

1. 填料的压紧载荷确定

如图 4-6 所示，填料受到压盖轴向压紧后，填料即进行压缩而向内端移动。在填料接触的长度方向取填料微元，其长度为 dx，填料微元受力有：轴向压力 p_x 和 $p_x + dp_x$，径向压力 p_y 和摩擦力 F_1 和 F_2。力的平衡方程式为

$$F_1 + F_2 + \pi(R^2 - r^2)dp_x = 0 \tag{4-1}$$

轴向压力 p_x 和径向压力 p_y 存在下列关系

$$p_y = kp_x \tag{4-2}$$

式中 k——侧压系数（又称柔软系数），它是径向压力 p_y 和轴向压力 p_x 的比值。

设填料内、外表面与轴表面和填料函内壁面之间的摩擦系数为 f，介质压力为 p_i，则 $F_1 = 2\pi r f p_y dx$，$F_2 = 2\pi R f p_y dx$ 与式（4-2）一起代入式（4-1）得

$$-\frac{dp_x}{p_x} = \frac{2kf}{R-r}dx$$

由密封要求，$x = L$ 处（即内端填料处），径向压力 $p_y = p_i$，并积分

$$-\int_{p_x}^{p_i/k} \frac{dp_x}{p_x} = \frac{2kf}{R-r}\int_x^L dx , \ln\frac{kp_x}{p_i} = \frac{2kf}{R-r}(L-x) , p_x = \frac{1}{k}p_i e^{\frac{2kf}{R-r}(L-x)}$$

又 $R - r = B$，则

$$p_x = \frac{1}{k}p_i e^{\frac{2kf}{B}(L-x)} \tag{4-3}$$

式中 p_x——在 x 轴向任意长度上的轴向压力，Pa；

$\quad k$——侧压系数；

$\quad p_i$——介质压力，Pa；

$\quad f$——填料与轴及填料函内壁摩擦系数；

$\quad R，r$——填料函内径与轴径，m；

$\quad B$——填料厚度，m；

$\quad L$——填料长度，m。

在压盖端部处，$x = 0$，故压盖施加的压力 p_g（单位为 Pa）为

$$p_g = \frac{1}{k}p_i e^{\frac{2kfL}{B}} \tag{4-4}$$

这就是说，压盖的压紧力与介质内压力成正比。且与填料的摩擦系数、侧压系数、填料

长度、厚度等有关，为使密封效果良好，填料的摩擦系数应小，侧压系数大，填料长度可小，厚度（径向厚度）大等，并要求压盖紧力小。在保证密封效果下，p_g 越小越好。

应当指出，以上是填料装填正常径向压力的分布情况。当填料装填不好时，将大大改变此压力的分布状况。同时，在填料工作一段时间后，由于润滑剂流失，填料体积变小。压紧力松弛，径向压力的分布曲线会变得平缓。

常用填料与钢轴的干摩擦系数如表 4-4 所示，侧压系数如表 4-5 所示。

表 4-4   常用填料与钢轴的干摩擦系数

材料名称	摩擦系数	材料名称	摩擦系数
石棉	0.25～0.4	柔性石墨	0.13～0.15
尼龙	0.3～0.5，0.05～0.1①	碳纤维浸渍四氟	0.15～0.20
橡胶	0.2～0.4	四氟纤维浸渍四氟	0.19～0.24
皮革	0.3～0.5，0.15①	石棉浸渍四氟	0.24
毛毡	0.22		

① 表示有润滑剂的情况。

表 4-5   常用填料与钢轴的侧压系数

材料	PTFE 浸渍的石棉填料	浸润滑脂的填料	石棉纺织浸渍	金属箔包石棉类	柔性石墨
侧压系数 k	0.66～0.81	0.6～0.8	0.8～0.9	0.9～1.0	0.28～0.54

由式 (4-4) 计算出压盖对软填料的压紧压力 p_s 后，即可求出截断沿轴及填料函内壁面的泄漏通道所需的螺栓压紧载荷 F'（单位为 N）

$$F' = p_g \pi (R^2 - r^2) \tag{4-5}$$

另外，装填料时将填料压实以防止软填料渗漏所需要压紧载荷 F''（单位为 N）

$$F'' = \pi (R^2 - r^2) Y \tag{4-6}$$

式中，Y 为软填料的压紧比压，单位为 Pa。柔性石墨软填料 $Y = 3.5 \times 10^6$ Pa，石棉类软填料 $Y = 4.0 \times 10^6$ Pa，天然纤维类软填料 $Y = 2.5 \times 10^6$ Pa。

2. 压盖螺栓尺寸的确定

首先要确定螺栓的载荷 F，即取 F'、F'' 中的较大者，则压盖螺栓的螺纹内径 d_b（单位为 mm）为

$$d_b = \sqrt{\frac{4F}{n\pi[\sigma]}} \tag{4-7}$$

式中 n——螺栓数目，一般为 2～4 个；

[σ]——螺栓许用应力，MPa。

三、典型的软填料结构形式

按不同的加工方法，软填料分为绞合填料、编织填料、叠层填料、模压填料等，其典型结构形式如图 4-7 所示。

① 绞合填料。如图 4-7 (a) 所示，绞合填料是把几股纤维绞合在一起，将其堵塞在填料腔内用压盖压紧，即可起密封作用，常用于低压蒸汽阀门，很少用于转轴或往复杆的密封。用各种金属箔卷成束再绞合的填料，涂以石墨，可用于高压、高温阀门。若与其他填料组合，也可用于动密封。

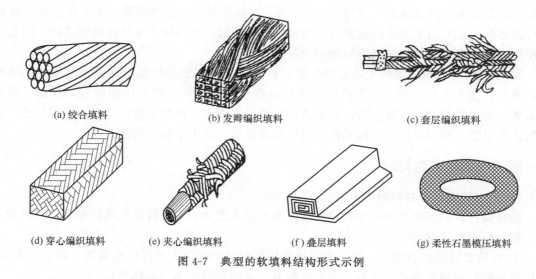

(a) 绞合填料　　　　　　　(b) 发辫编织填料　　　　　　(c) 套层编织填料

(d) 穿心编织填料　　(e) 夹心编织填料　　(f) 叠层填料　　(g) 柔性石墨模压填料

图 4-7　典型的软填料结构形式示例

② 编织填料。编织填料是软填料密封采用的主要形式，它是将填料材料进行必要的加工而成丝或线状，然后在专门的编织机上按需要的方式进行编结而成，有套层编织、穿心编织、发辫编织、夹心编织等。

发辫编织填料，如图 4-7（b）所示，其断面呈方形，由八股绞合线束按人字形编结而成。因其编结断面尺寸过大造成结构松散，致密性差，但对轴的偏摆和振动有一定的补偿作用。一般情况下只使用在规格不大的（6mm×6mm 以下）、阀门等的密封填料。

套层编织填料，如图 4-7（c）所示，锭子个数有 12、16、24、36、48、60 等，均是在两个轨道上运行。编织的填料断面呈圆形，根据填料规格决定套层。断面尺寸大，所编织的层数多，如直径为 10～50mm，一般编织 1～4 层，中间没有芯绒。编织后的填料，如需改为方形，可以在整形机上压成方形。套层填料致密性好，密封性强，但由于是套层结构，层间没有纤维连接容易脱层，故只适合低参数场合，如管道法兰的静密封或阀杆密封等。

穿心编织填料，如图 4-7（d）所示，锭子数有 16、18、24、30、36 等，在三个或四个轨道上运行编织而成，编织的填料断面呈方形，表面平整，尺寸有（6mm×6mm）～（36mm×36mm）。该填料弹性和耐磨性好，强度高，致密性好，与轴接触面比发辫式大且均匀，纤维间空隙小，所以密封性能好，且一般磨损后整个填料也不会松散，使用寿命较长，是一种比较先进的编织结构，故应用广泛，可适用于高速轴的密封，如转子泵、往复式压缩机等。

夹心编织填料，如图 4-7（e）所示，是以橡胶或金属为芯子，纤维在外，一层套一层地编织，层数按需要而定，类似于套层编织，编织后断面呈圆形。这种填料的致密、强度和弯曲密封性能好，一般用于泵、搅拌机和蒸汽阀的轴封，很少用于往复运动密封。

编织的填料由于存在空隙，还需要通过浸渍。浸渍时，除浸渍剂外加入一些润滑剂和填充剂，如混有石墨粉的矿物油或二硫化钼润滑脂，此外还有滑石粉、云母、甘油、植物油等，以提高填料的润滑性，降低摩擦系数。目前，在化工介质中使用的填料大部分浸渍聚四氟乙烯分散乳液，为使乳液与纤维有良好的亲和力，可在乳液中加以适量的表面活性剂和分散剂。经浸渍后的填料密封性能大大优于未经浸渍的填料。

③ 叠层填料。叠层填料，如图 4-7（f）所示，是在石棉或其他纤维编织的布上涂抹黏结剂，然后一层层叠合或卷绕，加压硫化后制成填料，并在热油中浸渍。最高使用温度可达

120～130℃，密封性能良好。可用于 120℃以下的低压蒸汽、水和氨液，主要用作往复泵和阀杆的密封，也可用于低速转轴轴封。当涂覆硬橡胶时，还可用于水压机的活塞杆。因它含润滑剂不足，所以在使用时必须另加润滑剂。

④ 模压填料。模压填料主要是将软填料材料经过一定形状的模压制成相应形状的填料环而使用。图 4-7（g）所示为柔性石墨带材一层层绕在芯模上然后压制而成，根据不同使用要求，将采用不同的压制压力。这种填料致密、不渗透、自润滑性好，有一定弹塑性，能耐较高的温度，使用范围广，但柔性石墨抗拉强度低，使用中应予注意。

四、软填料密封材料

（一）对软填料密封材料的要求

随着新材料的不断出现，填料结构形式亦有很大变化，无疑将促使填料密封应用更为广泛。用作软填料的材料应具备如下特性。

① 有较好的弹性和塑性，当填料受轴向压紧时能产生较大的径向压紧力，以获得密封；当机器和轴有振动或偏心及填料有磨损后能有一定的补偿能力（追随性）。

② 有一定的强度，使填料不至于在未磨损前先损坏。

③ 化学稳定性高。即其与密封流体和润滑剂的适应性要好，不被流体介质腐蚀和溶胀，同时也不造成对介质的污染。

④ 不渗透性好。由于流体介质对很多纤维都具有一定的渗透作用，所以对填料的组织结构致密性要求高，因此填料制作时往往需要进行浸渍，充填相应的填充剂和润滑剂。

⑤ 导热性能好，易于迅速散热，且当摩擦发热后能承受一定的高温。

⑥ 自润滑性好，耐磨损，并且摩擦系数低。

⑦ 填料制造工艺简单，装填方便，价格低廉。

对以上要求，能同时满足的材料不多，如一些金属软填料、碳素纤维填料、柔性石墨填料等，其性能好，适应的范围广，但价格较贵。而一些天然纤维类填料，如麻、棉、毛等，其价格不高，但性能低，适应范围比较窄。所以，在材料选用时应对各种要求进行全面、综合考虑。

（二）软填料主要材料

目前软填料密封主要材料有纤维质材料和非纤维质材料两大类。

1. 纤维质材料

按材质可分为天然纤维、矿物纤维、合成纤维、陶瓷和金属纤维四大类。

（1）天然纤维。天然纤维有棉、麻、毛等。麻的纤维粗，摩擦阻力大，但在水中纤维强度增加，柔软性更好，一般用于清水、工业水和海水的密封。棉纤维比麻纤维软，但它与麻相反，在水中变硬且膨胀，因此摩擦力较大，一般用于食品、果汁、浆液等洁净介质的密封。

（2）矿物纤维。矿物纤维主要是石棉类纤维。由于石棉具有柔软性好、耐热性优异、强度高、耐酸碱和多种化学品以及耐磨损等一系列优点，它很适合作密封填料。它的缺点是编结后有渗透泄漏，故浸渍油脂和其他润滑剂防止渗漏，并能保持良好的润滑性。一般适应于介质为蒸汽、空气、工业用水和重油的转轴、往复杆或阀杆的密封。但由于石棉具有致癌性，国际上已制定出关于限制或禁止使用石棉制品的规定。

（3）合成纤维。用于制作填料的合成纤维主要有：聚四氟乙烯纤维、碳纤维、酚醛纤维、尼龙、芳纶、芳砜等，这些材料由于其化学性能稳定、强度高、耐磨、耐温、摩擦系数较小，使填料密封的使用范围进一步扩大，寿命延长，解决了使用石棉材料所不能解决的一些问题。

① 聚四氟乙烯纤维。以聚四氟乙烯纤维为骨架，在纤维表面涂以四氟乳液，编织后再以四氟乳液进行浸渍，这种填料对酸、碱和溶剂等强度腐蚀性介质具有良好的稳定性，使用温度 −200～260℃，摩擦系数较低，可以代替以前沿用的青石棉填料，在尿素甲铵泵、硝酸柱塞泵上使用效果良好，尤其是在压力为 22.1MPa、温度 100℃、线速度为 14m/s，并有少量结晶物甲铵泵情况下应用，寿命可达 3000～4000h，为石棉浸渍四氟乙烯填料的 2 倍，其缺点为导热性差，热胀系数大。

② 碳纤维。碳纤维是用聚丙烯腈纤维经氧化和碳化而成，根据碳化程度不同，可得到碳素纤维、耐焰碳纤维、石墨纤维三种产品。以碳纤维或加入四氟纤维编织填料经聚四氟乙烯乳液浸渍后，可在酸、碱溶剂中应用，特别是在尿素系统的高压甲铵泵、液氨泵应用成功表明其是一种很有发展前途的适用于高温、高压、高速、强腐蚀场合的填料。目前，我国市售的碳纤维填料大多都是以耐焰碳纤维为主体并经多次浸渍四氟乙烯乳液和特种润滑剂编织而成的，其使用寿命比一般石棉填料高 5～10 倍，密度是石棉填料的四分之三，密封性能优于石棉填料，随着工艺的成熟和完善及成本的降低，有可能逐渐取代石棉填料。

③ 酚醛纤维。酚醛纤维也是近些年发展起来的新型耐燃有机纤维，酚醛纤维表面浸渍性能好，故将酚醛纤维编织成填料，经多次浸渍聚四氟乙烯乳液和表面处理之后，摩擦系数相当低（0.148～0.165），自润滑性能较好，加上酚醛纤维有一定的耐腐蚀性能（耐溶剂性能突出），可在一般浓度的酸、强碱及各种溶剂中使用。酚醛纤维的强度比四氟纤维低，故不适合在高压动态密封中使用，一般使用压力为 4.9MPa，最高使用温度不超过 180℃，长期使用温度在 150℃ 以下。虽然酚醛纤维的多数性能指标低于四氟和碳纤维，但由于酚醛纤维价格远低于四氟和碳纤维，在大量工况不十分恶劣的情况下，其填料的使用效果大大超过石棉类填料。

④ 芳纶纤维。芳纶纤维是聚芳酰胺塑料制成的纤维，由美国杜邦公司首先开发成功并于 1972 年以 "凯夫拉" 为商品名称加以命名。这种纤维突出的特点就是抗张强度非常高，模量高，质地柔软，富有弹性；耐磨性极佳，耐热性也是在合成纤维中最好的，热分解温度为 430℃；还有较好的化学稳定性，除强酸、碱不适用外，其他液体皆可适用。以芳纶纤维为主体材料与其他材料进行复合加工而制成的填料，用于油田、化工等行业的高压、高速泵，对于固液混合物的密封，更显示出其优异技术性能。在市售的编织填料中，耐高压、耐磨性还没有优于这种填料的。

（4）陶瓷和金属纤维。陶瓷纤维是一种耐高温纤维，主要有氮化硅、碳化硅、氮化硼纤维等，耐温达 1200℃，是制造耐高温新型编织填料的骨架材料。其本身质脆易断，曲绕性很差，须与耐高温的金属纤维混合编织。

金属类纤维有不锈钢丝、铜丝、铅丝以及铝、锡、铝箔等。单独采用金属纤维作填料的并不多，大都与石棉纤维、合成纤维或陶瓷纤维混合编织，有时在编织填料过程中还夹入一些铝、锡、铅的粉末或窄带。它们可以在高压（≥20MPa）、高温（≥450℃）、高速（≥20m/s）的条件下使用。

2. 非纤维质材料

非纤维质材料中柔性石墨应用较广。柔性石墨做成板材后模压成密封填料使用。柔性石墨又称膨胀石墨，它是把天然鳞片石墨中的杂质除去，再经强氧化混合酸处理后成为氧化石墨。氧化石墨受热分解放出 CO_2，体积急剧膨胀，变成了质地疏松、柔软而又有韧性的柔性石墨。

其特点主要有：

① 有优异的耐热性和耐寒性。柔性石墨从 $-270℃$ 的超低温到 $3650℃$（在非氧化气体中）的高温，其物理性质几乎没有什么变化，在空气中也可以使用到 600℃ 左右。

② 有优异的耐化学腐蚀性。柔性石墨除在硝酸、浓硫酸等强氧化性介质中有腐蚀外，其他酸、碱和溶剂中几乎没有腐蚀。

③ 有良好的自润滑性。柔性石墨同天然石墨一样，层间在外力作用下，容易产生滑动，因而具有润滑性，有较好的减磨性，摩擦系数小。

④ 回弹率高。当轴或轴套因制造、安装等存在偏心而出现径向圆跳动时，具有足够的浮动性能，即使石墨出现裂纹，也能很好密合，从而保证贴合紧密，防止泄漏，密封性能明显增加。

柔性石墨可以用于编织填料和模压填料两种形式。编织填料是以其他纤维作为基本骨架，再结合柔性石墨编结成石墨绳填料的，所以其强度、柔软性、弹性均比模压填料高，并且装填与拆除都较为方便。为提高其强度和耐温性，编结时可以采用因科镍金属丝或其纤维对编织填料进行加强，因而可在高压、高速条件下的密封场合使用。模压石墨填料是直接用柔性石墨薄板或带状材料经模压制而成的，其断面形式有矩形或其他形式的环状结构，这种填料用于一般场合的密封，如阀门密封用得较多。在其他较高转速的轴封时，要与别的填料组合使用。这些应用的不利点是，填料所用的基本原材料价格较贵，造成使用成本大增，但好在其有较长的寿命和减少对轴面的磨损以及更有效的密封可靠性，可以使原始费用得以相对降低。

（三）软填料密封材料的选择

首先应当指出的是，由于操作条件的复杂，特别是不存在能适应所有工艺条件的通用填料类型，也就是说填料材料的选择是没有特定规律的，但材料的正确选用是保证密封装置密封性能的最基本条件之一。通常软填料密封主要是根据介质的性质、工作温度和工作压力、滑动速度以及填料的性质来选择。其中尤以介质的腐蚀性、压力、滑动速度和使用温度最为重要，此外，取材难易与价格也应适当考虑。选择时可参考表 4-6 和表 4-7。

表 4-6　软填料的选用（1）

主要软填料材料	往复轴	旋转轴	阀门用	水	蒸汽	氨	空气	氧	其他气体	其他溶剂	泥浆	石油	合成油	辐射	pH 值
石墨、石墨纤维		○		○	○	○	○	○		○			○	○	○
柔性石墨组合环(泵用)		○		○	○	○	○	○	○			○	○		
柔性石墨组合环(阀用)			○	○	○	○	○	○	○			○	○		
柔性石墨编织		○	○	○	○	○	○	○	○				○	○	0～14
石墨、硅树脂/膨胀 PTFE	○	○	○	○	○	○	○	○	○	○			○		
PTFE 纤维、PTFE 浸渍	○	○	○	○	○	○	○	○	○	○					
PTFE 纤维、油、石墨	○	○	○	○	○	○	○	○	○	○					
石墨、碳素纤维	○	○							○			○	○		2～11
芳纶纤维、PTFE 浸渍润滑剂	○	○		○							○				2～11

续表

主要软填料材料	往复轴	旋转轴	阀门用	水	蒸汽	氨	空气	氧	其他气体	其他溶剂	泥浆	石油	合成油	辐射	pH值
石棉、石墨、黏结剂				○	○	○	○		○			○	○		2~11
石棉、PTFE浸渍				○	○	○	○		○	○		○	○		2~11
石棉、MoS₂石蜡	○	○	○	○	○		○	○				○	○		2~11
石墨、黏结剂、金属丝增强石棉				○	○	○	○					○	○		2~11

注：○表示可用。

表 4-7　软填料的选用（2）

主要软填料材料	介质压力/MPa			轴转速/(m/s)			使用温度范围/℃
	往复轴	旋转轴	阀门用	往复轴	旋转轴	阀门用	
石墨、石墨纤维	5				30		−200~455
石墨、碳素纤维	5	3.5	17		20		−200~650
柔性石墨异形组合环（泵用）			69				
柔性石墨异形组合环（阀用）		3.5			20		260
PTFE纤维、PTFE浸渍			37		10		−40~260
PTFE纤维、油、石墨	20	2	35	2	18	2	−75~260
芳纶纤维、PTFE浸渍润滑剂	10	1.5	20		15		−75~260
石棉、石墨、黏结剂	4	2	7		15		−40~450
石棉、PTFE浸渍	4	2	7		10		−75~260
石棉、MoS₂石蜡	4	1.5	7		12		−40~150
石墨、黏结剂、金属丝增强石棉	10	2	20		12		−40~540
柔性石墨编织	（由编织形式确定）						

五、软填料密封存在的问题与改进

（一）存在的问题

由前面分析可知，软填料密封结构简单，价格低廉，安装使用方便，性能可靠，但仍有许多不足之处。从对软填料密封结构的基本要求看，主要存在以下几个方面的问题。

1. 受力状态不良

软填料是柔性体，对于压紧力的传递不同于刚体，由前分析已知填料对轴的径向压紧力分布不均，自靠近压盖端到远离压盖端先急剧递减又趋平缓，与压盖直接相邻的2~3圈，其压紧力约为平均压紧力的2~3倍，此处磨损特别严重，以至出现凹槽，此时压紧比压急剧上升，磨损进一步加剧，致使密封失效。

填料圈数越多，轴向高度越大，比压越不均匀。因此，企图加大圈数以提高密封能力是毫无益处的。

2. 散热、冷却能力不够

软填料密封中，滑动接触面较大，摩擦产生的热量较大，而散热时，热量需通过较厚的填料，且多数软填料的导热性能都较差。摩擦热不易传出，致使摩擦面温度升高，摩擦面间的液膜蒸发，形成干摩擦，磨损加剧，密封寿命会显著降低。

3. 自动补偿能力较差

软填料磨损后，填料与轴杆、填料函内壁之间的间隙加大，而一般软填料密封结构无自动补偿压紧力的能力，随着间隙增大，泄漏量也逐渐增大。因此，须频繁拧紧压盖螺栓。

4. 偏摆或振动的影响

某些机器（如压缩机等）或设备（如反应釜等）在工作时，轴有较大的振动和偏摆，轴的轴线与旋转中心不重合，使它们之间产生过大的偏心距，由此产生类似于滑动轴承（液体润滑）工作时的动压力，这个作用对密封是非常不利的。

（二）改进措施

因为软填料密封存在上述问题，工程技术人员为了提高其密封的性能和寿命，提出和实施了不少改进措施，其包括填料材料和密封结构等。具体来说，对软填料密封的改进可以从以下几个方面进行。

1. 提高密封填料性能

① 采用填料的组合使用。即采用不同种类密封填料分段混合配置。不同的填料其侧压系数和回弹性能不同，通过合理地选择不同的填料进行组合，可以极大地提高其密封效果。例如，对于柔性石墨由于其抗拉及抗剪切能力较低，所以一般将柔性石墨填料与石棉填料或碳纤维填料组合使用，这样既可防止柔性石墨填料被挤入轴隙，强烈磨损而引起介质泄漏，又可使填料径向压力分布均匀，增强密封效果。

实验表明，组合填料一般比各组分单一填料的密封性能好。同样填料的组合方式不同，工作寿命也不同。为得到最佳密封效果，填料组装应符合下列原则：组合填料各圈由压盖到密封腔底，填料的侧压系数有增大趋势，填料的摩擦系数依次减小。

② 对填料预压成型。填料预压成型就是对填料先以一定的压力进行预压缩，然后再装入填料函。填料在经过预压缩后，在相同的压盖压力下，抵抗介质压力的能力增强，变形减少，介质泄漏的阻力增大，密封效果明显改善。

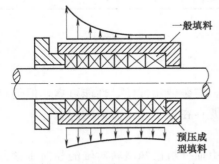

图 4-8 填料预压后的径向力分布

填料经过预压缩后，与未经预压缩的相比，装入填料函后其径向压力分布比较均匀合理（见图 4-8），密封效果提高。预压缩的比压应高于介质压力，其值可取介质压力的 1.2 倍。预压后填料应及时装入填料腔中，以免填料恢复弹性。如果进行预压缩时，对填料施加的压力不同，靠近压盖的填料压力小，离压盖越远则预压缩压力越大，这样的填料装入填料函压紧后其径向压力分布更接近泄漏介质沿泄漏通道的压力分布，密封效果与寿命有很大改善。

2. 改进密封结构

（1）改进径向压紧力的结构。使填料沿填料函长度方向的径向压紧力分布尽可能均匀，并且与泄漏介质的压力分布趋势尽可能一致。其主要目的是减小轴和填料的磨损及其不均匀性，同时满足对密封的要求。可采取以下措施。

① 采用变截面的阶梯式结构。如图 4-9（a）所示，从压盖到底衬套处填料截面逐段缩小而径向压力逐渐增大接近介质压力分布。

② 双填料函分段式压紧结构。如图 4-9（b）所示，两个填料函轴向叠加，使后函体底

端兼作前函体压盖，当填料环总数较多时，将其分段装入前后函体内，使压紧力较为均匀，可适当提高其密封能力。

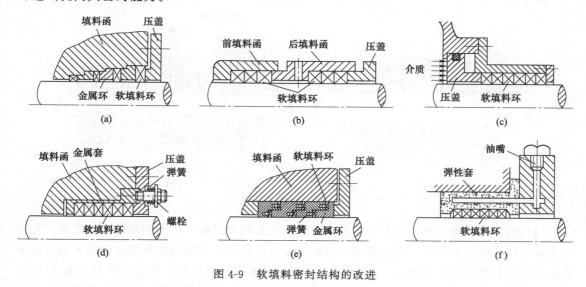

图 4-9　软填料密封结构的改进

③ 压盖自紧式结构。如图 4-9（c）所示，利用流体介质压力直接作用于压盖前端面上，以提高在介质端部填料所受的压紧力，也使压紧力沿轴向的分布更趋于合理，当介质压力增高时，这种作用将更强。

④ 集装式结构。如图 4-9（d）所示，由一组软填料环装填在一个可以沿轴向移动的金属套筒之中，填料和套筒预紧力由压盖螺栓（螺母下有弹簧）进行调节。工作时由于介质压力作用在套筒底上，进一步压缩软填料，增加了套筒内底部软填料对轴的压紧作用，从而使径向压紧力的分布沿轴向，与密封介质的压力分布相配合。

⑤ 采用分级软填料密封结构。如图 4-9（e）所示，由软填料环、金属环、圆柱形弹簧交替安装组合而成。它通过弹簧分别调节各层填料环的压紧力，使之得到最佳的径向压紧力分布，同时，弹簧还可以对径向压紧力的松弛起到补偿作用。

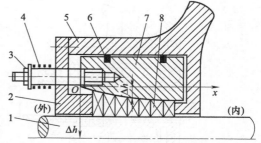

图 4-10　自动补偿径向压紧软填料密封
1—轴；2—外挡板；3—调整螺母；4—螺母；5—壳体；6—O形圈；7—压套；8—软填料

⑥ 采用径向加载软填料密封结构。如图 4-9（f）所示，此密封是通过油嘴将润滑脂挤入弹性套，从填料外围均匀加压，使填料沿轴方向的径向压紧力分布均匀。

（2）自动补偿的结构。设置补偿结构，目的是对填料的磨损进行及时或自动的补偿；而且拆装、检修方便，以缩短停工时间。采用液压加载和弹簧加载可以自动补偿，如图 4-9（c）～（e）所示。

图 4-10 所示为自动补偿径向压紧软填料密封结构，具有以下优点。

① 其径向压力和间隙中介质的压力在数值上很接近，符合软填料密封的要求；

② 和传统软填料密封结构相比，摩擦功耗低；

③ 各圈填料受压套径向压力的作用，可始终紧压轴表面，保证有效密封；

④ 自动补偿机构可连续补紧径向压力，提高了密封的可靠性；

⑤ 在同样的密封条件下，减轻了轴与填料的磨损，可延长轴和填料的使用寿命。

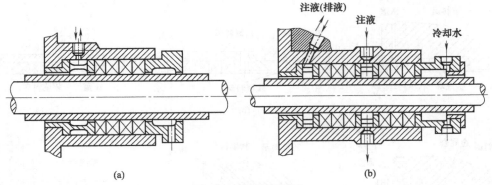

图 4-11 封液填料函

（3）加强与改善散热、冷却和润滑。根据密封介质的温度、压力和轴的速度大小，加强与改善散热、冷却和润滑，使摩擦热及时被带走，延长密封填料的使用寿命，同时也可避免高温对轴材料带来的不利影响。如图 4-11 所示是封液填料函结构，它是在填料中装入 1～2 个封液环，它上面的小孔与填料函上进液孔相通，并由进液孔引入压力略高于被密封介质的冷却水或被密封介质等，这样，在对密封摩擦面直接冷却的同时，又可对被密封介质有封堵的效果，还可对密封摩擦面起到润滑减磨的作用，也起到防止流体中固体颗粒对密封面的磨损腐蚀和腐蚀性介质的腐蚀作用，并发挥冲洗作用，提高密封性。这种结构适用于不因为封液的进入而对被密封介质性质改变的情况，并且这种结构常常用于旋转轴。否则，当被密封介质有特殊要求时，如绝对不允许其他介质与其混合等，可用夹套间接冷却式填料函，如图 4-12 所示，由于是间接冷却方式，其效果不如前一种。

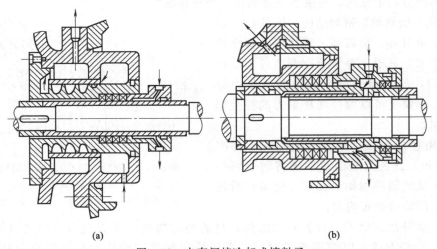

图 4-12 夹套间接冷却式填料函

（4）采用浮动填料函的结构。图 4-13（a）、（b）分别为内圆和外圆可浮动的填料函结构，该结构适用于轴和壳体不同心或在转动时摆动、跳动较大的场合。结构中利用弹性或柔软良好的材料（如橡胶）作过渡体，起吸振作用，使填料函或轴处于浮动状态，补偿壳体和轴的偏心。

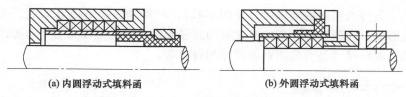

(a) 内圆浮动式填料函　　　　　　　(b) 外圆浮动式填料函

图 4-13　浮动式填料函

六、软填料密封的安装、使用与保管

(一) 软填料的合理安装

1. 安装注意事项

填料的组合与安装是否正确对密封的效果和使用寿命影响很大。不正确的组合和安装主要是指：填料组合方式不当、切割填料的尺寸错误、填料装填方式不当、压盖螺栓预紧不够或不均匀或过度预紧等，往往造成同一设备、相同结构形式、相同填料密封效果悬殊很大的情况。很显然，这种不正确的安装是导致软填料密封发生过量泄漏和密封过早失效的主要原因之一。所以，对安装的技术要求必须引起足够的重视。安装时要注意以下几个方面的要求。

① 填料函端面内孔边要有一定的倒角。

② 填料函内表面与轴表面不应有划伤（特别是轴向划痕）和锈蚀，要求表面要光滑。

③ 填料环尺寸要与填料函和轴的尺寸相协调，对不符合规格的应考虑更换。

④ 切割后的填料环不能任意改变其形状，安装时，将有切口的填料环轴向扭转，从轴端套于轴上，并可用对剖开的轴套圆筒将其往轴后端推入，且其切口应错开。

⑤ 安装完后，用手适当拧紧压盖螺栓的螺母，之后用手盘动，以手感适度为宜，再进行调试运转并允许有少量泄漏，但随后应逐渐减少，如果泄漏量仍然较大，可再适当拧紧螺栓，但不能拧得过紧，以免烧轴。

⑥ 已经失效的填料密封，如果原因在填料，可采用更换或添加填料的办法来处理，使之正常运转。

2. 泵用填料的安装

(1) 清理填料函。在更换新的密封填料前必须彻底清理填料函，清除失效的填料。在清除时要使用专用工具（见图 4-14），这样既省力，又可以避免损伤轴和填料函的表面。

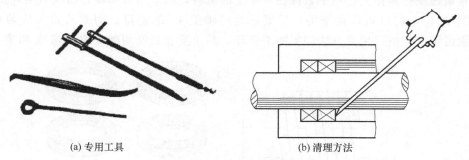

(a) 专用工具　　　　　　　　　　　(b) 清理方法

图 4-14　用专用工具清理填料函

清除后，还要进行清洗或擦拭干净避免有杂物遗留在填料函内，影响密封效果。

(2) 检查。用百分表检查旋转轴与填料函的同轴度和轴的径向圆跳动量、柱塞与填料函的同轴度、十字头与填料函的同轴度（见图 4-15）。同时轴表面不应有划痕、毛刺。对修复的柱塞（如经磨削、镀硬铬等）需检查柱塞的直径圆锥度、椭圆度是否符合要求，填料材质是否符合要求，填料尺寸是否与填料函尺寸相符合等。

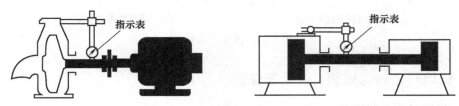

图 4-15　同轴度及径向圆跳动测量

填料厚度过大或过小时，严禁用锤子敲打。因为这样会使填料厚度不匀，装入填料函后，与轴表面接触也将是不均匀的，很容易泄漏。同时需要施加很大的压紧力才能使填料与轴有较好的接触，但此时大多因压紧力过大而引起严重发热和磨损。正确的方法是将填料置于平整洁净的平台上用木棒滚压（见图 4-16）。但最好采用图 4-17 所示的专用模具，将填料压制成所需的尺寸。

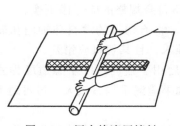

图 4-16　用木棒滚压填料

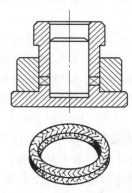

图 4-17　填料的模压改形

（3）切割密封填料。对成卷包装的填料，使用时应沿轴或柱塞周长，用锋利刀刃对填料按所需尺寸进行切割成环。填料的切割方法有手工和工具两种。

① 手工切割。切割时，最好的办法是使用一根与轴相同直径的木棒，但不宜过长，并把填料紧紧缠绕在木棒上，用手紧握住木棒上的填料，然后用刀切断，切成后的环接头应吻合（见图 4-18），切口可以是平的，但最好是与轴呈 45°的斜口。切割的刀刃应薄而锋利，也可用细齿锯条锯割，用此方法切割的填料环，其角度和长度均能一致，精度和质量都较

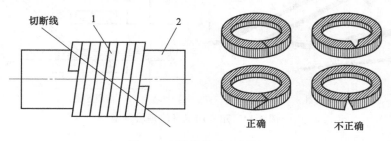

图 4-18　填料的手工切割

1—填料；2—木棒

好。该方法的不足之处是需要专用木棒，切割线为弧形，切割不方便，切割方法不当时，缠绕在木棒上的填料容易松散。最好采用小铁钉固定，切割时，需一起割断。对切断后的填料环，不应当让它松散，更不应将它拉直，而应取与填料同宽度的纸带把每节填料呈圆环形包扎好（纸带接口应粘接起来），置于洁净处。成批的填料应装成一箱。

② 工具切割。切割填料工具如图 4-19 所示。该工具结构简单、携带方便，切割角度和长度准确，无切口毛头或填料松散变形等缺陷，切割质量高。切割填料工具上的游标尺有刻度，每格刻度值为 3.14mm，作测量填料长度用。游标可在标尺上滑动，上面有 45°或 30°的凹角，其顶点正好在看窗刻度上，看窗是对刻度用的，游标上的紧定螺钉作固定游标用。游标尺的截面为 L 形，凸边起校直填料用。刀架外形为 U 形，角度与游标上的角度对应相等。紧定螺钉和夹板活络连接，作夹持填料用。

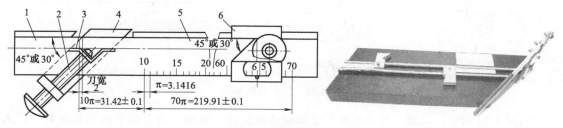

图 4-19 切割填料工具
1—填料；2—紧定螺钉；3—夹板；4—刀架；5—游标尺；6—游标

填料切割时，按轴直径与填料宽度之和，在游标尺上取相对值，再将游标滑动到该值上，对准看窗上的刻度线，并用紧定螺钉固定游标。例如轴直径为 20mm，填料宽度 6mm，其和为 26mm，对准游标尺上 26 格，切下的填料长度就是所需要长度，即 $26\pi = 81.68\text{mm}$。切割时将填料夹紧，用薄刀沿刀架边切断。然后将填料切角插入游标凹角内对准，填料靠在游标尺凸边校直，用夹板夹紧，再用薄刀沿刀架切断填料。

（4）对填料预压成型。用于高压密封的填料，过预压成型。图 4-20 所示为在油压千斤顶上对填料进行预压（控制油压表读数）。预压后填料应及时装入填料函中，以免填料恢复弹性。

油压表压力按下式计算。

$$p = \frac{1.2 p_\text{i}(D^2 - d^2)}{d_0^2} \qquad (4\text{-}8)$$

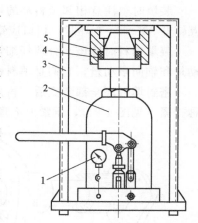

图 4-20 填料的预压成型
1—压力表；2—油压千斤顶；
3—金属框架；4—填料；
5—预压成型模具

式中　p——千斤顶油压表读数，Pa；

　　p_i——介质压力，Pa；

　　D——填料函内径（填补外径），m；

　　d——填料内径，m；

　　d_0——千斤顶柱塞直径，m。

（5）填料环的装填。为使填料环具有充分的润滑性，在装填填料环前应涂覆润滑脂或二硫

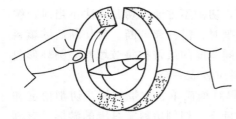

图 4-21　涂覆润滑脂

化钼润滑膏（见图 4-21），以增加填料的润滑性能。

　　涂覆润滑脂后的填料环，即可进行装填。装填时，如图 4-22 所示，用双手各持填料环切口的一端，沿轴向拉开，使之呈螺旋形，再从切口处套入轴上。注意不得沿径向拉开，以免切口不齐影响密封效果。

　　填料环装填时，应一个环一个环地装填。注意，当需要安装封液环时，应该将它安置在填料函的进液孔处。在装填每一个环时用专用工具将其压紧、压实、压平，并检查其与填料函内壁是否有良好的贴合。

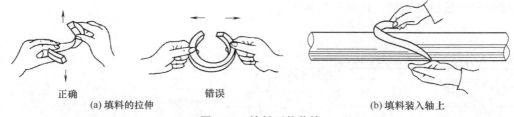

正确　　　　　错误　　　　　
(a) 填料的拉伸　　　　　(b) 填料装入轴上

图 4-22　填料环的装填

　　如图 4-23 所示，可取一只与填料尺寸相同的木制两半轴套作为专用工具压装填料。将木制两半轴套合于轴上，把填料环推入填料函的深部，并用压盖对木轴套施加一定的压力，使填料环得到预压缩。预压缩量约为 5%～10%，最大 20%。再将轴转动一周，取出木轴套。

　　装填时须注意相邻填料环的切口之间应错开。填料环数为 4～8 时，装填时应使切口相互错开 90°；3～6 环时，切口应错开 120°；2 环时，切口应错开 180°。

　　装填填料时应该十分地仔细认真，要严格控制轴与填料函的同心度，还有轴的径向圆跳动量和轴向窜动量，它们是填料密封具有良好密封性能的先决条件和保证。

　　密封填料环全部装完后，再用压盖加压，在拧紧压盖螺栓时，为使压力平衡，应采用对称拧紧（见图 4-24），压紧力不宜过大；先用手拧，直至拧不动时，再用扳手拧。

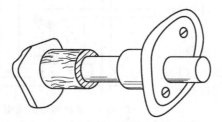

图 4-23　用木制两半轴套压紧填料

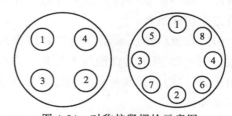

图 4-24　对称拧紧螺栓示意图

　　（6）运行调试。调试工作是必需的，其目的是调节填料的松紧程度。用手拧紧压盖螺栓后，启动泵，然后用扳手逐渐拧紧螺栓，一直到泄漏减小到最小的允许泄漏量为止；设备启动时，重新安装后的填料发生少量泄漏是允许的。设备启动后的 1h 内需分步将压盖螺栓拧紧，直到其滴漏和发热减小到允许的程度，这样做目的是使填料能在以后长期运行工作中达到良好的密封性能。填料函的外壳温度不应急剧上升，一般比环境温度高 30～40℃可认为合适，能保持稳定温度即认为可以。

　　3. 阀杆填料的安装

　　① 检查和记录。阀杆填料安装时要检查阀杆直径、内孔直径和填料函深度，并做记录。

填料的截面尺寸由阀的内孔直径和阀杆直径决定，即为内孔直径减去阀杆直径，再将其差值除以二得到。

② 清理和切割。清理填料函和切割填料成环的方法与泵的填料安装步骤基本相同。

③ 安装和调试。将切割好的填料环按要求装填后，放下压盖，注意要使压盖下端与填料环端面接触，其他安装要求与泵的填料安装相同。

安装完成后，也要进行调试。方法之一是：首先拧入压盖螺栓的螺母进行预紧，使整个软填料组件被压缩 25%～30%，其目的是希望预先确定阀门要达到密封时，填料被压缩所必需的距离；之后，将阀门转动 5 个整圈，即使阀杆最终处于向下的位置。这种方法属于阀门压盖螺栓载荷确定的控制填料压缩量法。这种方法，对于不同的填料其压缩量数值不同，并且当系统压力增高时，压缩量也应当相应地增加。如普通的编织软填料其压缩量可取 20%～25%，而对像柔性石墨模压类的软填料，则可以根据不同密度其压缩量最高可达 30%。所以，如果有条件，应当记录预紧条件下压盖螺母的转矩值，对以后的每次转动都要将压盖螺母重新拧紧并使其转矩值与先前记录下的相同。另外一种方法是控制压盖螺栓转矩法，这是一种较为精确的方法。当螺栓与螺母都处于洁净而又都有良好的润滑状态时，可以通过系统压力、填料尺寸、螺栓尺寸和螺栓数目等来估算螺栓的预紧转矩，从而为控制填料的压缩量提供相应依据。

（二）软填料的合理使用

由于环境因素、密封介质因素、密封结构因素、被密封件以及软填料自身的材料、结构、性质和尺寸等因素的影响，使软填料密封的合理使用出现许多复杂多样的变化，如果因此造成使用不当而引起的一些问题，诸如泄漏量过大、密封寿命过短、摩擦功耗过大或者密封结构尺寸过大而复杂、造价太高等，都会使软填料密封使用受到限制。对于这些问题，只要认真分析上述因素的影响，合理使用填料，还是可以得到相对完善的软填料密封的。如何合理使用软填料，关系到软填料密封的密封性能，也关系到其价值投入的大小和密封结构是否简单等许多方面。因此，就软填料的合理使用提出以下一些建议。

① 根据相应的工况条件等主要因素，合理正确地设计填料函的尺寸，并合理地选用填料及其形式。

② 填料安装时，对相关零部件进行仔细的检查和清理，软填料切割时要根据填料函尺寸的要求来进行。

③ 特殊工况的密封，尽可能选用组合式填料。

④ 密封要求高的，除考虑使用组合式填料外，还可考虑使用新型密封结构形式。

⑤ 对于高压密封使用的软填料，必须经过预压成型，之后再装入填料函内。

⑥ 对蒸汽和热流体的阀门密封，特别推荐使用柔性石墨填料密封环。

⑦ 装完填料后，应对称地拧紧压盖螺栓，以避免填料歪斜。

⑧ 软硬填料混合安装时软填料应靠近压盖端，硬填料放在填料函底部，而且软、硬交替放置为宜。

⑨ 在安装过程中，填料不能随意放置，避免其表面受到灰尘、泥沙等污物的污染，因为这些污物一旦沾上填料，就很难清除，当随填料装入填料函后，将会使轴面产生剧烈的磨损。

⑩ 填料安装完后的试运转（主要指开启电动机时）过程中，如果出现无泄漏现象，则说明压盖压得太紧，不利于其以后的正常工作，应适当调松螺母。

⑪ 正式投入运行后，应该随时观察掌握其泄漏情况。一定时期内，对泄漏量增大的，可以通过对螺母的适当调节进行控制。但不宜拧得太紧，否则可能会产生烧轴的现象，而填料也会加速老化。

⑫ 轴的磨损、弯曲或是偏心严重是造成泄漏的主要原因。故应定期检查轴承是否损坏，并尽可能将填料函设在轴承不远处。轴的允许径向跳动量最好在 $0.03 \sim 0.08$mm 范围内（大轴径取大值）、最大为 $\sqrt{d}/100$mm。

⑬ 转动机械，转子的不平衡量应在允许范围内，以免振动过大。

⑭ 封液环的两侧（包括外加注油孔的两侧）应装同硬度的填料。当介质不洁净时，应注意封液环处不得被堵塞。

⑮ 当从外部注入润滑油和对填料函进行冷却时，应保持油路、水路畅通。注入的压力只需略大于填料函内的压力即可。通常取其压差为 $0.05 \sim 0.1$MPa。

（三）软填料的保管

① 密封填料应存放在常温、通风的地方；防止日光直接照射，以避免老化变质。不得在有酸、碱等腐蚀性物品附近处存放，也不宜在高温辐射或低温潮湿环境中存放。

② 在搬运和库存过程中，要注意防止砂、尘异物玷污密封填料。一旦黏附杂物要彻底清除，避免装配后损伤轴的表面，影响密封效果。

③ 对于核电站所用密封填料，除上述各点外，还要特别注意避免接触含有氯离子的物质。

表 4-8 为泵用软填料密封常见故障、原因与纠正措施。

表 4-8　泵用软填料密封常见故障、原因与纠正措施

故　障	原　因	纠正措施
泵打不出液体	泵不能启动(填料松动或损坏使空气漏入吸入口)	上紧填料或更换填料,并启动泵
泵输送液体量不足	空气漏入填料函	运转时检查填料函泄漏——若上紧后无泄漏,需要用新填料或密封液环被堵塞或位置不对,应与密封液接头对齐或密封液管线堵塞或填料下方的轴或轴套被划伤,将空气吸入泵内
	填料损坏	更换填料,检查轴或轴套表面粗糙度
泵压力不足	填料损坏	更换填料,检查轴或轴套表面粗糙度
泵工作一段时间就停止工作	空气漏入填料函	更换填料,检查轴或轴套表面粗糙度
泵功率消耗大	填料上得太紧	放松压盖,重新上紧,保持有泄漏液,如果没有,应检查填料、轴或轴套
泵填料处泄漏严重	填料损坏	更换磨损填料,更换由于缺乏润滑剂而损坏的填料
	填料形式不对	更换不正确安装的填料或运转不正确的填料,更换成与输送液体合适的填料
	轴或轴套被划伤	放在车床上加工正确、光滑,或更换之
填料函过热	填料上得太紧	放松以减小压盖的压紧压力
	填料无润滑	减小压盖压紧力,如果填料烧坏或损坏应予以更换
	填料种类不合适	检查泵或填料制造厂的填料种类是否正确
	夹套中冷却水不足	检查供液线上阀门是否打开或管线是否堵塞
	填料填装不当	重新填装填料

续表

故　障	原　因	纠 正 措 施
填料磨损过快	轴或轴套损坏或划伤	重新机加工或更换
	润滑不足或缺乏润滑	重装填料,确认填料泄漏为允许值
	填料填装不当	重新正确安装,确认所有旧填料都已拆除并将填料函清理干净
	填料种类有误	更换为合适的填料
	外部封液线有脉冲压力	消除造成脉冲的原因

七、软填料密封（盘根）应用

（一）抽油井井口新型填料的应用

1. 概述

某浅层稠油开发区有八道湾组和齐古组两个大的层系,油藏属特稠油油藏。八道湾组平均有效厚度为 7.6m,20℃条件下,原油黏度为 10000～20000MPa·s,原油密度 0.935g/cm³；齐古组平均有效厚度为 9.2m,20℃条件下,原油黏度为 50000MPa·s,原油密度 0.95g/cm³。主要开采方式为蒸汽吞吐,稠油开发过程中,抽油机井井口跑油问题一直困扰着一线采油职工,已成为治理环境污染的一个老大难问题。抽油井井口跑油不仅造成油田污染,同时还因频繁更换填料,影响抽油机采油效率,造成人力、物力、资源的浪费。由于抽油井井口跑油原因多样,解决这一问题存在一定的技术难度,多年来一直是一大难题,尽管以前做了大量的研究工作,但都未从根本上解决问题,而抽油机新型填料的应用为解决这一难题找到了一条新的途径。

2. 稠油抽油井井口跑油原因分析

稠油抽油井井口跑油的原因多样,综合多年的现场经验分析,主要原因有以下几个方面。

① 橡胶密封填料耐压密封性差,在油稠、回压高时易引起跑油。

② 稠油井井下交变振动负荷大,造成光杆磨损,或者光杆本身有缺陷（如有毛刺或变形等）,使填料和光杆之间产生缝隙跑油。

③ 由于油井不出油干磨,将填料磨坏,使集油线的油、水返至井口,造成井口跑油。

④ 抽油井井口不对中或井口偏,造成井口跑油。

针对以上原因,在以往的生产实际中,采取了相应的防范措施。如井口回压高的井,胶皮填料易被挤出填料盒或挤入填料盒下,采用在填料盒上下各安装一个较硬的注采两用填料、中间加三个胶皮填料的办法来解决。对杆偏、变形或有毛刺井,采用抽油机皮带扶正,上下安装注采两用填料来提高密封性避免井口跑油。这些做法均只是被动地解决问题,不能长久地解决抽油机井口跑油问题。

3. 抽油井井口新型填料的性能和特点

（1）抽油井井口新型填料的结构与工作原理。金属密封圈由四个环状金属块和一根弹簧组成,四块环形金属块围成一个圆柱形环形体密封圈,圈外径用箍簧围绕。四个金属环在箍簧的作用下产生一个内向的收缩力,可自行调整形成密封圈的内孔直径,使之与光杆直径紧密滑动配合,这种配合间隙实现了密封功能。

（2）性能和特点。金属密封圈其硬度为 80～100HBW,较光杆软,材质成分中含有固体润滑剂、润滑油，有自润滑功能，可以减少金属磨损、降低摩擦系数，因而使用寿命长、密封性好。

（3）新型抽油井井口填料现场适用条件。

①适用于光杆微偏在 0.5cm 以下的井（圆外径小于填料盒内径 0.5cm，在填料盒中偏离小于 0.5cm）；

②适用于光杆微变形、粗细不均的井；

③适用于油稠、油压高的井；

④适用于井口不出油、光杆干磨的井。

4．抽油井井口新型填料现场试验情况

近年来，在抽油井井口进行了试验。所选的 23 口抽油井均为作业区具有代表性的井，经过安装新型填料试验后发现，由于油稠、回压高、杆偏、杆变形造成跑油等问题都得到了解决，使用效果很好，适合于现场应用。

5．技术经济分析

胶皮填料的平均寿命为 1～3d，新型填料的平均寿命目前已超过五个月。以一个季度的生产消耗为计算周期计算如下。

胶皮填料：6 只×（90d÷3d）×1 元/只＝180（元）（一组六只）；

新型填料：4 只×37.5 元/只＋2 只×1 元/只＝152（元）（一组装四只新型填料加两只胶皮填料）。

计算结果表明，单井季度可节约成本 28 元。同时还减少了填料更换周期，基本上杜绝了井口填料跑油现象，减少了油田圆井口跑油造成的污染，具有良好的社会效益。

6．存在问题及对策

① 不适用于光杆磨细且粗细不均的抽油井，待更换光杆后方可使用；

② 光杆上毛刺会损坏新型填料而影响其密封性，故需要先将光杆上毛刺锉平后才能使用；

③ 杆偏、杆弯严重的抽油井不能直接使用，需二次就位、井口对中或校正光杆后方可使用。

7．小结

现场试验研究表明：新型填料的性质和特点完全适合于在稠油开采中抽油井井口运用。新型填料的密封可靠性高，能极大地减轻职工劳动强度、减少油田污染、保护环境、提高油井生产效率。

（二）调心式抽油井井口密封函及混合型填料的应用

抽油井密封函是在油井生产状态下密封光杆与油管环形空间的唯一手段。传统的光杆密封器（胶皮闸门）在井口偏斜较大的井上用时，其密封效果甚差。

为提高光杆密封效果，特研制调心式抽油井密封函。该密封函结构简单，便于操作，密封效果好，可作为抽油机生产的井口换代产品。

工作时采用三级密封。一级密封，在油井生产时处于开启状态，当需要更换工作填料时关闭，使光杆与油管环空密封，换完工作填料后再开启，其特点是密封效果好，使用耐久。二级密封（工作填料），在抽油时密封光杆。传统的填料不耐磨，不耐热，故使用寿命较短，采用新型耐磨填料，加之用凡士林润滑光杆，可大大延长填料寿命。三级密封，其作用是密封润滑油，保存润滑油不流失。

调心式密封函整体连接在偏接头上，对于井口偏斜的井，使用非常奏效。四口井经两年多时间的使用，效果良好。

混合型填料是常规填料改进而成的，广泛应用于抽油机井口。作为一种密封填料，与传统的抽油机盘根（填料）相比，其使用寿命大大延长；这种填料改进了原有的单一橡胶结构，在橡胶中增加了纤维混合层，增强了其耐磨性。工作填料由原来一周更换一次，延长到半年时间更换一次，而且换填料时不需放空，每口井可节约费用 1 万元。

（三）R 型热水循环泵填料密封结构改造

为了解决 R 型热水循环泵泄漏和使用周期问题，某公司对泵的工艺条件和设备结构进行了分析，认为浮动密封环加泄压环结构和石棉填料结构在交换系统中不适用，原因如下。

① 循环水在系统中和气体直接接触，气体中 H_2S、CO_2 在高温高压下溶解度增加，酸性物质对设备零件的腐蚀加剧。

② 浮动密封环结构的密封是靠卸荷起作用的，设备在工作时，高温、高压液体经浮动套与浮动环、轴套之间的节流间隙逐渐泄压后汇积到卸荷孔，经卸荷孔流向泵的进口。高速高温液体产生大的冲刷力，使浮动套、浮动环、轴套被冲刷磨损而损坏。

③ 石棉调料较硬，在高速高温下，加剧了轴套的磨损。

经过对 R 型热水循环泵的改造，解决了水泵浮动套、浮动环、轴套等水泵配件易损坏的问题，以 100R-37 泵为例：改造后的热水循环泵密封结构分本体（原结构不变）、外衬套（铸铁）、端盖（铸铁）、内衬套（铸铁）、压盖（0Cr18Ni9）、轴套（3Cr13）、膨胀石墨环（$\phi 65mm \times \phi 45mm \times 10mm$）、隔环（铸铁，$\phi 65mm \times \phi 45mm \times 5mm$）。此结构使用效果理想，改造后密封结构部分放大图见图 4-25。

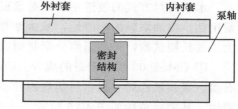

图 4-25　密封结构部分放大图

这种密封结构简单，改造容易，安装检修方便，密封效果好，无泄漏，使用寿命长，经济效益好。

（四）水泵新型填料密封技术应用

水泵作为给排水工程的动力部分，在其运行过程中，为防止高压水通过轴与泵壳间的间隙向外大量流出及空气从该处进入泵内，必须对间隙加以密封，所以水泵密封方式直接影响水泵的运行和经济效果。

1. 存在问题及分析

水泵密封方式有常用盘根填料密封和机械金属密封，这两种常规的密封方式在水泵运行过程中，都存在一定的问题，给日常操作维修带来困难。

① 盘根填料密封。常用盘根填料密封是通过盘根压盖施以轴向压力，使得盘根径向产生扩张压力，并紧紧包在轴套上，从而形成密封的。在盘根之间有一分水环与泵壳体相通，用于通入冷却水，其作用为：冷却盘根和轴套，防止盘根因摩擦发热而烧损；一定程度起到以水润滑的作用。

使用盘根密封时，随着使用时间的延长，要更换填料，此时因为分水环不易取出，不能更换分水环内侧的填料，这样，外侧更换而内侧无法更换，分水环被轴向压力作用逐步压入填料腔底部，使得分水环与冷却水通道形成错位，无法形成冷却作用，填料处于非正常使用状态，加剧了填料与轴套的磨损，使得填料密封处于恶性循环状态。

此外，填料是静止的，而轴套是伴随轴高速旋转的，盘根与轴套之间易产生相对摩擦，运行过程中需要 10％～15％的轴功率来克服这种有害摩擦。为了减少摩擦并把摩擦热带走，则必须要有一定量的泄漏，另外摩擦对轴套的磨损亦相当严重，每两个月就要更换轴套，这种磨损使得漏水日趋严重，泄漏的水进入轴承座中，使得轴承因润滑不良，使用寿命大为降低。轴套、轴套背帽和轴长期被水浸泡，极易生锈粘死而无法拆卸，有时甚至使轴等备件报废，给维修工作带来相当的难度。

② 机械金属密封。水泵轴与泵壳间的间隙还可通过机械金属密封的方式，由固定轴套的动环密封圈、密封腔中的静环密封圈与主密封端面三处密封部位组成密封系统。在水泵运行的过程中，静环密封圈与动环密封圈之间的端面间隙因有补偿机构可以调整，使两个端面间隙很小，相互运动的两个端面之间处于边界润滑和半流体润滑状态，从而达到密封的效果。这种密封方式虽然泄漏量相当小，无需冷却水，使用周期长（一般可以达到一年以上），但是机械密封机构很复杂，又是环状零件，安装时技术要求很高，稍有偏差对水泵运行影响很大；检修时必须对水泵解体才能进行，使得检修工作量大为增加。机械密封零配件亦因其工艺技术要求非常高而烦琐复杂，使得机械密封的成套造价很高，一套一般在万元左右，曾在部分工况企业使用过，但并没有得到广泛推广使用。

2. 填料密封技术的改进

水泵密封方式的改进主要针对盘根材料（填料）进行，其原则是提高填料的密封性能和耐用性，增加填料的润滑性，减少摩擦，改善泵轴运转状况。CMS2000 就是在此原则基础上经过长期试验，采用新组分配制而成的一种新型填料。

① CMS2000 填料密封的成分。CMS2000 填料是由纯合成的 KEVLAR 纤维、高纯度的石墨、聚四氟乙烯有机密封剂等四种不同的材料混合组成的一种胶泥状物质，具有很强的可塑性，其密封结构如图 4-26 所示。

② CMS2000 填料密封的工作原理。在轴的运动过程中，CMS2000 填料由于分子间引力极小，具有很强的可塑性，可以紧紧缠绕在轴套上，并随着轴套做同步旋转，形成一个"旋转层"，此"旋转层"起到了轴的保护层作用，避免了轴的磨损，使得轴套永远不需要更换，减少了停机维修的时间；随着"旋转层"的直径逐步增大，轴对纤维的缠绕能力逐步减小（这是因为轴的扭矩是一定的，随着力臂的增加，扭力将逐步下降），没有与轴缠绕的填料则与填料函保持相对静止，形成一个"不动层"，如图 4-27 所示。这样在泥状混合填料中间形成一个剪切分层面，从而使摩擦区域处在填料中间而不是填料与轴之间，从而达到密封的目的。

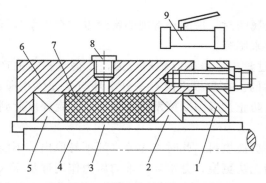

图 4-26 泥状混合填料密封结构

1—压盖；2，5—软填料；3—轴套 4—轴；6—填料函；
7—泥状混合填料；8—快速接管；9—注射系统

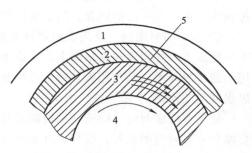

图 4-27 泥状混合填料工作原理

1—泵盖；2—不动层；3—旋转层；
4—轴；5—剪切层

③ CMS2000 的运行特征。这种胶泥状物质，分子间作用力很小，其摩擦力很小，因此对轴功率损耗很小，只有盘根密封的 22％左右，即为轴功率的 2％～3％，大大降低了电能消耗，提高了水泵的效率。"旋转层"紧紧缠绕在轴套上，与轴套保持相对静止，对轴套起到了保护作用，不会产生磨损现象，密封能力很强，没有泄漏现象，亦无需用冷却水冷却，这样便可以大大节约水资源。此外，CMS2000 可以实现不停机修复。当 CMS2000 有泄漏需要维修时，可以直接从安装注入口向填料腔中注入一部分新的 CMS2000，这样大大降低了维修工作量。即使轴套有一些磨损，由于是环状磨损，而 CMS2000 具有很强的可塑性，使得旋转层始终能紧紧包在轴套上，与轴套保持相对静止，从而达到密封效果。

3. 效果及效益

CMS2000 密封使得设备运行周期大大延长，甚至数年都无需进行较大的检修，不仅降低了劳动强度，避免了事故的发生，同时经济效益随着使用时间的延长更加明显。以一年计（人工费不计），某厂两台 12SH-9A 型水泵采用不同的密封方式产生的损耗费进行比较。水泵不封性能参数（规格）：配用电动机功率155kW、流量720m³/h、轴功率115.6kW、效率83％、转速1470r/min、扬程49m、工作压力0.4MPa、轴套直径80mm。工作温度＜45℃，每年按3500h工作时间计算：一台使用七道规格为16mm×16mm的石墨碳纤维盘根，按每两个月更换一次盘根和轴套，共计6kg和12件轴套，轴功率损耗按10％计，冷却水流失、泄漏300m³/a，费用较高。另外一台采用 CMS2000 填料进行密封，一年更换轴套一次，每个轴套使用期间补充 CMS2000 填料两次，水泵的单个填料腔容积约为400mL，共计用800mL，轴功率损耗按3％计算，无水损失。可以看出水泵采用 CMS2000 后可大幅度降低损耗费用，尤其是电能损耗大幅度下降，有效保障了生产节能降耗。

4. 小结

运行结果证明，CMS2000 填料密封的使用明显降低电耗、水耗、备件损耗、设备损耗，降低了检修维护劳动强度，也因此降低了事故发生率，在实际生产中较为经济实用，具有广泛的推广价值和应用前景。

八、橡胶环形密封圈

生产中广泛使用用橡胶、塑料、皮革及软金属材料经模压或车削加工成型的环形密封圈。这类密封圈是依靠其本身受到机械压紧力或同时受到介质压力的自紧作用产生的弹性变形而堵塞流体泄漏通道的。其结构简单紧凑，密封性能良好，品种规格多，工作参数范围广，是静密封和往复动密封的主要结构形式之一。

环形密封圈的工作原理与软填料密封类似，但也有区别，主要区别是环形密封圈不仅依靠密封圈预先被挤压因弹塑性变形而产生预紧力，同时在工作时介质压力也挤压密封圈，使之变形产生压紧力。这就是说，环形密封圈属于自紧式密封。

环形密封圈按材质分为橡胶类、塑料类、皮革类及软金属类，其中应用最广泛的是橡胶密封圈，占50％左右，有"密封之王"之称。

（一）橡胶环形密封圈类型

以橡胶环形密封圈截面形状命名，又有 O 形、方形、D 形、三角形、T 形、心形、X 形、角-O 形及多边形等，如图 4-28 所示。

① O 形圈，如图 4-28（a）所示。O 形密封圈一般多用合成橡胶制成，是一种断面形状呈圆形的密封组件。橡胶具有良好的密封性能，能在静止或运动条件下使用，可以单独使

用，即能密封双向流体；其结构简单，尺寸紧凑，拆装容易，对安装技术条件要求不高；在工作面上有磨损，高压下需要采用挡环或垫环，防止被挤出而损坏；O形密封圈工作时，在其内外径上、端面上或其他任意表面上均可形成密封。因此其适用工作参数范围广，工作压力在静止条件下可达400MPa或更高，运动条件下可达35MPa；工作温度约为-60~+200℃；线速度可达3m/s；轴径可达3000mm。

O形密封圈在各种环形密封圈中最简单，应用最广，所以做重点介绍。其在真空设备、液压及空压等系统的密封中得到广泛应用，也作为其他动密封（如机械密封、浮动环密封等）的重要辅助零件，还可作为容器法兰、管道法兰等接头部位的静密封件使用。

② 方形圈，如图4-28（b）所示。其容易成型，装填不便，密封性较差，摩擦阻力比较大，常作为静密封件使用。

③ D形圈，如图4-28（c）所示。它是为克服O形圈在沟槽内有滚动扭曲而改进的，工作时，其位置稳定，适用于变压力的场合。高压时要防止受到挤出破坏而引起密封失效。

④ 三角形圈，如图4-28（d）所示。在沟槽中的位置与D形圈相同，但摩擦阻力比较大，使用寿命短，一般只适合于特殊用途的密封。

⑤ T形圈，如图4-28（e）所示。其在沟槽中的位置与D形圈相同，耐振动，摩擦阻力小，采用5%的沟槽压缩率即能达到密封，一般用于中低压有振动的场合，高压时要防止被挤出破坏。

⑥ 心形圈，如图4-28（f）所示。其断面与O形圈的相似，但摩擦系数比O形圈的小，一般适宜用于低压旋转轴的密封件。

⑦ X形圈，如图4-28（g）所示。形似两个O形圈叠加，有两个突起部分，在沟槽中位置稳定，摩擦阻力小，采用1%的沟槽压缩率即达到密封，允许工作线速度较高。可用于旋转及往复运动而又要求摩擦阻力低的轴（或杆）的密封。

⑧ 角-O圈，如图4-28（h）所示。相当于三个O形圈叠加，有三个突起部分，外侧两突起部分较高，使其在沟槽中位置稳定且压缩率大，工作压力可以达到210MPa。

⑨ 多边形圈，如图4-28（i）所示。其摩擦阻力比双O形圈的小，泄漏量也比O形圈的低。工作压力可达到14MPa，在液压缸、气动缸的柱塞密封中经常使用。

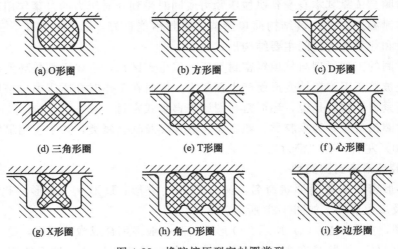

(a) O形圈	(b) 方形圈	(c) D形圈
(d) 三角形圈	(e) T形圈	(f) 心形圈
(g) X形圈	(h) 角-O形圈	(i) 多边形圈

图4-28 橡胶挤压型密封圈类型

（二）O 形密封圈

1. O 形密封圈工作特性

橡胶 O 形圈用作静密封元件时，密封圈受到沟槽的预压缩作用，产生弹性变形，这一变形能转变为对于接触面的初始压力，如图 4-29（a）所示，由此获得预密封效果。当作用介质压力 p_i 时，O 形圈被压到沟槽的一侧，并改变其截面形状，密封面上的接触压力也相应变化，如图 4-29（b）所示。当其最大值 p_{max} 大于介质压力 p_i 时，便能堵塞流体泄漏的通道，而起到密封作用。介质压力越高，O 形圈的变形量越大，对于密封面的接触压力 p_{max} 也越大，这就是 O 形密封圈的所谓自紧作用。实践证明，这种自紧作用对防止泄漏是很有效的。目前一个 O 形圈可以封住最高达 400MPa 的静压而不发生泄漏。

但应该引起注意的是，随着压力的增大，O 形圈的变形也随之增大，最后的可能就是把密封圈的一部分挤出到与其接触侧的间隙中去，如图 4-29（c）所示。假如此间隙足够大，那么在一定的静压力作用下，密封圈就可能因被挤出而破坏（亦称被咬伤或剪切断裂）从而产生密封失效，因此，沟槽间隙尺寸的合理设计至关重要。

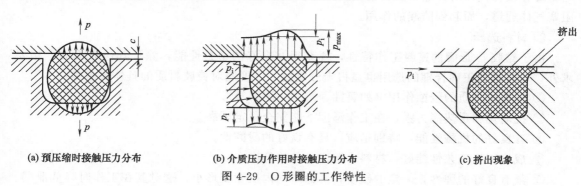

(a) 预压缩时接触压力分布　　　　(b) 介质压力作用时接触压力分布　　　　(c) 挤出现象

图 4-29　O 形圈的工作特性

从密封性来看，O 形圈是非常理想的静密封件。但是当它的硬度和压缩变形率选择不当时，则可能发生泄漏。一般讲，内压越高，就选用硬度较高的 O 形圈。如果硬度不够高，把它的压缩变形率取大一些，也能获得同样的密封效果。通常根据经验来确定压缩变形率，对圆柱面上的静密封，压缩变形率取 13%～20%；对平面或法兰上的静密封取 15%～25%；真空设备用的 O 形圈静密封，取压缩变形率 30% 以上，但不能太大。

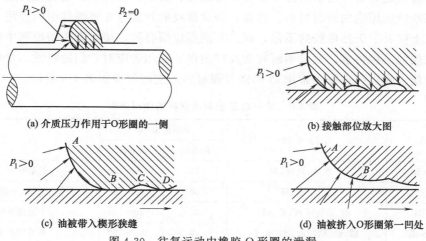

(a) 介质压力作用于O形圈的一侧　　　　　　(b) 接触部位放大图

(c) 油被带入楔形狭缝　　　　　　(d) 油被挤入O形圈第一凹处

图 4-30　往复运动中橡胶 O 形圈的泄漏

橡胶 O 形圈用作往复运动密封件时，其预密封效果和自紧作用与静密封一样。但由于轴运动时很容易将流体带到 O 形密封圈与轴之间，导致发生黏附泄漏，因此，情况比静密封复杂。假设流体为润滑油，且压力只作用于 O 形圈一侧，如图 4-30（a）所示。若将 O 形圈与轴的接触处放大，如图 4-30（b）所示，其接触表面实际上是凹凸不平的，并非每一点都与金属表面相接触。O 形圈左方作用油压 p_1，由于自紧作用，O 形圈对轴产生的接触压力大于 p_1 而达到密封效果。但当轴开始向右运动时，黏附在轴上的油被带到楔形狭缝，如图 4-30（c）所示，由于流体动压效应，这部分油的压力比 p_1 大，当它大于 O 形圈对轴的接触压力时，油便挤入 O 形圈的第一凹处，如图 4-30（d）所示，轴继续向右滑动时，油又进入下一个凹处，依次向右推移，油便沿着轴运动的方向泄漏。当轴向左运动时，由于轴运动方向与油压力方向相反，故不易泄漏。泄漏量是随油的黏度和轴的运动速度提高而增大的，还与 O 形圈的尺寸、粗糙度、工作压力等因素有关。

O 形圈在运动速度较慢、油的黏度较低或较高温度下时，一般不会泄漏或泄漏量很小。当密封介质为气体时，通常要在滑动面上涂以润滑剂（润滑脂或润滑油），使油在滑动面上阻塞气体通道，而起到防漏的作用。

2. 材料选择

由于橡胶 O 形圈的密封工作特性，要获得其良好的密封性能，除了其他方面的严格要求外，对其材料正确合理的选用也显得十分重要。O 形圈对橡胶材质的具体要求是：

① 能抵抗介质的侵蚀作用（如腐蚀、溶胀、溶解等）。

② 抗老化和耐热能力强，在工作温度下能完全稳定可靠。

③ 有良好的机械性能，特别是应该具有良好的耐磨性。

④ 成型加工工艺性能好，材料来源广，价格低廉。

⑤ 具有良好的弹性，一定的硬度，寿命时间内压缩变形小，这对其在工作时降低泄漏、达到良好的密封性能非常重要。

⑥ 使用范围广。

橡胶是一种具有高弹性的材料，具有变形复原的能力，并且可储存大量的变形能，能长时期保存极好的弹性。因此，它具备了作为成型填料所必需的优良弹性和较好的机械性能，还有一定的耐蚀性、耐油性和耐温性，其组织致密、容易模压成型，是一种很好的密封结构材料。就密封用途而言，由于天然橡胶的耐高温性、耐矿物油性以及耐腐蚀性差，所以一般不能用于某些特殊用途的密封材料。然而，合成橡胶的开发与在密封件上的使用，可以说其在很大程度上弥补了天然橡胶的不足，而且其模压成型容易，使之在成型填料中应用非常广泛。但是橡胶的品种很多，而且不断有新胶种出现，使用者应对它们的特性、价格、来源有所了解，以便合理进行选择。常用 O 形密封圈材料的使用范围如表 4-9 所示。

表 4-9 常用 O 形密封圈材料的使用范围

材　料	适用介质	使用温度/℃		备　注
		运动用	静止用	
丁腈橡胶（NBR）	矿物油、汽油、苯	80	—30～120	运动时应注意
氯丁橡胶（CR）	空气、水、氧	80	—30～120	永久变形大，不适用矿物油
丁基橡胶（IIR）	动、植物油，弱酸，碱	80	—30～120	不适用矿物油
丁苯橡胶（SBR）	碱，动、植物油，水，空气	80	—30～120	不适用矿物油

续表

材　料	适用介质	使用温度/℃		备　注
		运动用	静止用	
天然橡胶（NR）	水、弱酸、弱碱	60	−30～120	不适用蒸汽,运动部位避免使用
硅橡胶（Si）	高、低温油,矿物油,动、植物油,氧,弱酸、弱碱	−30～120	−30～120	运动部位避免使用
氯磺化聚乙烯（CSM）	高温油、氧、臭氧	100	−30～120	耐磨,但避免高速使用
聚氨酯橡胶（AU）	水、油	60	−30～120	
氟橡胶（FPM）	热油、蒸汽、空气、无机酸、卤素类溶剂	150	−30～120	
聚四氟乙烯（PTFE）	酸、碱、各种溶剂		−30～120	不适用运动部位

3. 沟槽

O形密封圈的压缩量与拉伸量是由密封沟槽的尺寸来保证的，O形密封圈选定后，其压缩量、拉伸量及其工作状态就由沟槽决定，所以，沟槽对密封装置的密封性和使用寿命的影响很大。

（1）沟槽形式。沟槽的形式有矩形、三角形、燕尾形、半圆形和斜底形等，常用形式为矩形槽及三角形槽，如图 4-31 所示，而应用最广的是矩形槽。

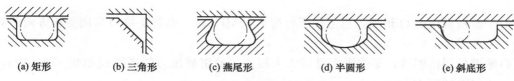

| (a) 矩形 | (b) 三角形 | (c) 燕尾形 | (d) 半圆形 | (e) 斜底形 |

图 4-31　O形圈装填沟槽形式

矩形槽适用于静密封和各种运动条件的动密封场合。静密封中使用的矩形槽，当流体压力较低时，法兰面和压盖端面上可同时开槽；在流体压力较高时，槽应当开在圆筒上；如果是内压设备，其设计的沟槽外壁直径应与所选用的 O 形圈外径相等，以避免 O 形圈承受拉应力，使密封性能下降和寿命缩短；若是外压设备（如真空装置），应使沟槽内壁直径与 O 形圈的内径相等，主要是避免在外压作用下 O 形圈产生不规则的变形。

三角形槽尺寸紧凑，容易加工，能获得良好的密封性能，原因是三角形槽能对 O 形圈产生较大的预压缩量，可使 O 形圈几乎完全填满沟槽的空间，使流体不易泄漏。但安装使用后 O 形圈的永久变形大，很难对拆后的密封圈进行重复使用，须更换，所以，一般仅用于静密封条件。

燕尾槽内安装的 O 形圈不容易产生脱落，适合在特殊位置（如法兰面等）及要求摩擦阻力小的动密封场合安装使用，但其加工费用较其他形式高，一般不常用；半圆形槽一般仅用于旋转轴的密封；斜底形槽一般也少用，主要用于温度变化大，使 O 形圈有较大体积变化的场合，如用于对燃料油有润滑条件的密封。有的时候，在某些场合，为了安装和加工制造的方便，可将矩形沟槽设计成组合形式，如图 4-32 所示。

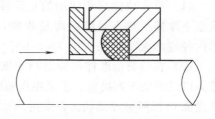

图 4-32　组合式沟槽

（2）沟槽间隙和挡圈。往复运动的活塞与缸壁之间必须有间隙，其大小与介质工作压力和 O 形圈材料的硬度有关。一般内压越大，间隙越小；硬度越大，间隙越大。

由于间隙的存在，当介质压力过大，超过 O 形圈材料的强度极限之后，将造成 O 形圈的挤出破坏。防止挤出破坏的办法是正确选择胶料硬度及沟槽间隙，或当压力超过一定值时，采用保护用挡圈。挡圈是用比橡胶 O 形圈更硬的材料制成的一种支撑圈，须有足够的弹性，并在压力作用下产生变形以堵塞间隙。

对于动密封用 O 形圈，当工作压力高于 10MPa，如单向受压，就在 O 形圈受压方向的对侧设置一个挡圈，如图 4-33（a）所示；如双向受压，则在 O 形圈两侧各放一个挡圈，如图 4-33（b）所示。

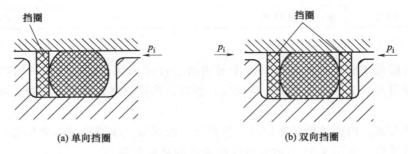

(a) 单向挡圈   (b) 双向挡圈

图 4-33　O 形圈的挡圈

对于静密封用的 O 形圈，当工作压力高于 32MPa 时，也需要在 O 形圈受压方向的对侧设置一个挡圈。

O 形圈使用挡圈后，工作压力可以大大提高。静密封压力能提高到 200～700MPa，动封压力也能提高到 40MPa。

挡圈材料可用聚四氟乙烯塑料、皮革、尼龙、硬橡胶或者金属等。前一种尤其适合于一些尺寸小的挡圈，同时其材料制成的挡圈在动密封的场合使用，具有非常低的摩擦阻力。对一个挡圈，除上述要求外，使用时还特别要求其不会被压扁或发生蠕变，但这在很大程度上又取决于挡圈与沟槽尺寸配用时，本身的尺寸大小是否恰当；还有就是对挡圈材料的要求，因为其要与 O 形圈接触，而材料的性能对 O 形圈的寿命有影响，一般来说，类似于黄铜、青铜和铝等的一些软金属，在低压密封装置中是适用的，但应避免将其用在动密封场合。而蒙乃尔合金和不锈钢材料通常也最好避免在 O 形圈动密封中用于挡圈材料，但其使用也有例外。所以，使用时应该注意。

4. O 形密封圈使用中应注意的问题

O 形密封圈在安装及使用过程的前后，会因种种不当而造成密封失效，因此，必须引起足够重视。

（1）首先应注意所使用的是旋转密封还是往复密封 O 形圈。由于旋转 O 形圈在受拉伸状态下摩擦受热不是膨胀而是收缩，即有焦耳热效应，应考虑采用压缩率较小的 O 形圈，圈内径应略大于轴径（约 3%～5%），以防 O 形圈旋转。

（2）在需要低摩擦运转用 O 形圈时要注意减少 O 形圈的启动摩擦力。减少 O 形圈启动摩擦力可以采取下列措施：①采用压缩率较小的 O 形圈；②采用浮动密封（图 4-34），即在沟槽处底部 O 形圈呈浮动状态，采用浮动密封可使启动摩擦力降低为正常情况的 1/5；③采用低摩擦橡胶配方（加入二硫化钼、石墨等减磨剂和润滑剂），可降低摩擦力；④涂覆填充四氟乙烯，橡胶O形圈表面喷涂或包覆聚四氟乙烯；⑤采用滑环式O形圈组合密封（图4-35）；⑥采用燕尾槽形密封圈沟槽；⑦采用三角形截面密封圈；⑧采用楔形截面O形圈挡圈。

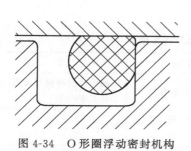

图 4-34　O形圈浮动密封机构

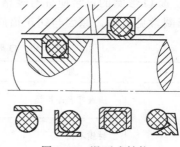

图 4-35　滑环式结构

（3）在使用真空密封用O形圈时应注意其特点。①降低密封接触表面粗糙度，密封沟槽的表面也要达到 $Ra = 0.16 \sim 0.32 \mu m$；②要选用硬度低、透气性小、不升华的O形圈材料。

（4）在使用O形圈时应避免发生故障失效。

① O形圈的永久变形和弹力消失。O形圈失去密封能力的重要原因是永久变形和弹力消失，往往是由于压缩率和拉伸最大，长时间产生橡胶应力松弛而造成失弹，工作温度高使O形圈产生温度松弛与工作压力高长时间作用而永久变形。为此，在设计上应尽量保证O形圈具有适宜的工作温度，选择适当耐高压、高温、高硬度或低温的O形圈材料。此外，采用增塑剂可以改善O形圈的耐压性能、增强弹性（特别是增加低温下的弹性）。

② O形圈的间隙挤出破坏。O形圈的材质越软，工作压力越高，O形圈间隙挤出的现象就越严重。当压力超过一定限度时，O形圈就损坏而发生泄漏。为了消除这种故障，注意O形圈的硬度和间隙，必要时可以采用挡圈。

③ O形圈扭转切断。密封沟槽偏心，O形圈截面直径过小且不均匀，润滑不足等，都会使O形圈的局部摩擦过大而造成O形圈扭转。为了防止O形圈扭转切断，可以采取措施，如限制沟槽的偏心度、模具加工和O形圈压制保证截面直径均匀、装O形圈前涂油脂润滑、降低缸壁或杆的表面粗糙度、加大O形圈截面直径和采用低摩擦系数的材料做O形圈等。

④ O形圈发生飞边。O形圈在分模面上留有溢出余胶所形成的飞边是不可避免的，但影响O形圈的密封性。为此，采用45°分模要比90°分模好。我国规定飞边高度应小于0.10mm，厚度小于0.15mm。此外，可以采用冷冻滚修法、冷冻喷修法或液氮冷冻修边法来修整。

（5）密封装置应适当润滑并设置防尘装置。

（6）O形圈应保证合适的尺寸精度。

（7）O形圈安装时应注意安装质量。

① 安装O形圈时应具有引入角和导向套，以防O形圈被尖角螺纹等锐边所切伤或划伤。一般引入角为15°～30°。在通过外螺纹时应备有薄壁金属导向套。

② 注意O形圈挡圈的安装位置，特别是单侧受压力时应将挡圈安装在朝向压力的对侧。

③ 切勿漏装或装入已使用报废的O形圈。

（8）O形圈的保管。

① 避免放在阳光直射、潮湿及空气流通的地方，应存放在温度适宜的地方，温度为0～20℃，湿度为70％以上。

② 存放在距离加热设备 1m 以外，且不允许有酸、碱的室内。

③ O 形圈应在自由状态下存放，不应加压，以免压缩引起永久变形。

④ 放置 O 形圈的口袋应标有规格、出厂日期。有效期一般为 2～5 年。

O 形圈常见故障、原因与纠正措施见表 4-10。

表 4-10　O 形圈常见故障、原因与纠正措施

故　障	原　因	纠正措施	备　注
O 形圈急剧磨损	活塞杆表面粗糙	降低活塞杆表面粗糙度	密封件的磨损与表面凹凸头部是否光滑有关
	材质不良	选用耐压、耐油、耐温性能好的密封材质	
	密封橡胶硬度与工作压力不适应	采用硬度与工作应力相适应的密封橡胶	工作压力下选用硬度高的橡胶，反之则用硬度低的橡胶
	O 形圈的内径小	选用内径适当的 O 形圈	
	活塞杆表面有伤痕	修补或更换活塞杆	高温修补则需防止活塞杆变形
O 形圈单侧磨损	O 形圈槽的加工有偏心量	车削时，O 形圈槽尽可能与活塞杆的滑动面一次进行加工	尽可能不改变工作时装夹位置
	活塞杆衬套的间隙大，密封件的压缩量不均匀	提高设计和加工质量	
	衬套有偏磨损	避免活塞杆承受径向载荷	O 形圈随着衬套的偏磨而偏磨损
	活塞杆局部有伤痕	及时排除伤痕，或更换新活塞杆	如电镀层剥离
O 形圈安装时造成伤痕	活塞杆头部螺纹的外径比 O 形圈内径大	改动活塞杆头部的螺纹	
	活塞杆滑动部分的台肩加工不良	活塞杆上台肩应排除尖角，加工圆滑或采用专门过渡装置	
	扳手槽造成损伤	将扳手槽加工成平缓的无棱斜面	大直径活塞杆无扳手槽而采用钻孔
	O 形圈槽的深度过浅，密封圈因压缩量大而损坏	将 O 形圈槽适当地加深	
	大直径 O 形圈垂直安排，因自重从上侧下垂，如强行安装，则造成破损	应将 O 形圈放成水平位置安装	
O 形圈被挤出	衬套的间隙大	适当缩小间隙	活塞杆与衬套间隙可由活塞杆倾斜而产生的滑动面压力来调整
	O 形圈槽的倒角过大	适当缩小倒角	倒角不允许有毛刺或尖角
	忘记装保护支撑环	解体补装支撑环	衬套与活塞杆之间间隙大时，采用保护支撑环
	O 形圈硬度不符合要求	采用硬度适当的 O 形圈	一般是硬度低的 O 形圈容易被挤出
	工作压力超过预计值	调节好压力控制阀	

续表

故　　障	原　　因	纠 正 措 施	备　　注
O 形圈老化	材质恶化	制造时需加防老化剂,保管和使用时要避免强光、高温以及氧、水等活性物质接触	存放期不要太长
	材质与工作液性质不合适	选用适应于工作介质的 O 形圈材质,或采用合适的工作介质	
O 形圈无异常现象但产生泄漏	O 形圈的槽底直径比规定尺寸大,压缩量不足	按图施工,加强工序间检查	也可能是衬套有问题
	O 形圈槽底夹有杂物	加强工作液的过滤,降低 O 形圈槽的粗糙度	

第三节　往复轴密封

往复轴密封是指用于过程机械做往复运动机构处的密封。用于往复运动的软填料密封及橡胶密封圈上节已做了介绍,本节主要介绍往复运动的其他密封基本原理和技术特征等。

一、活塞密封——活塞环

(一)活塞环的结构形式和密封原理

如图 4-36 所示,活塞环是一个带开口的圆环,在自由状态下,其外径大于气缸内径,装入气缸后直径变小,仅在切口处留下一定的热膨胀间隙,靠环的弹力使其外圆面与气缸内表面贴合产生一定的预紧比压 p_k。

活塞环截面多为矩形,其开口的切口形式如图 4-37 所示,有直切口、斜切口和搭切口三种。工作时,气体通过活塞环切口的泄漏是和切口横截面积成比例的。直切口泄漏横截面最大,在切口间隙相同时,斜切口泄漏面积较小,搭切口则不会造成直接通过切口泄漏。但从制造考虑,搭切口复杂,一般很少采用。最常用的是直切口和斜切口形式,尤其是大型压缩机,用斜切口更为普遍。

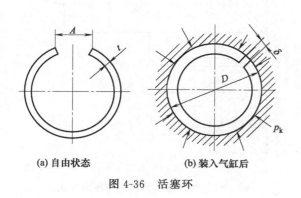

图 4-36　活塞环

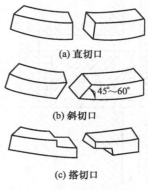

图 4-37　活塞环切口形式

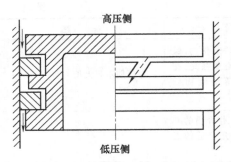

图 4-38　活塞环密封及泄漏通道

活塞环的密封是依靠阻塞为主兼有节流来实现的。图 4-38 是活塞环密封及泄漏通道简图，从图中可看出，气体从高压侧泄漏到低压侧有三条可能的通道。

① 经活塞环的开口间隙的泄漏。为了获得弹力，活塞环必须具有切口，而且装入气缸后还需留有一定的热膨胀间隙，所以切口泄漏是不可避免的，并且是造成泄漏的主要通道。

② 经环的两侧面与环槽两壁面交替紧贴的瞬时出现的间隙所造成的泄漏。

③ 活塞环外圆面与缸壁不能完全贴紧时的泄漏，当运转一段时间后产生径向磨损，活塞环弹性降低，就会产生大面积通道，引起更大的泄漏。

活塞环的密封原理如图 4-39 所示。活塞环装入气缸后，预紧压力使其紧贴在气缸内壁上。气体通过活塞环工作间隙产生节流，压力由 p_2 降至 p_1，于是在活塞环前后产生一个压差 p_1-p_2，因压差力作用，活塞环被推向低压 p_2 方，阻止气体由环槽端面间隙泄漏。此时，环内表面上作用的气体压力（简称背压）可近似地等于 p_1，而环外表面上作用的气体压力是变化的，近似地认为是线性变化关系，其平均值等于 $(p_1-p_2)/2$。若近似地认为气环内、外表面积相同均为 A 值，于是在环内、外表面便形成了压差作用力 $\Delta p\approx[p_1-(p_1+p_2)/2]A=(P_1-P_2)A/2$。在此压差力的作用下，使环压向气缸工作表面，阻塞了气体沿气缸壁泄漏。气缸内压力越大，密封压紧力也越大，这就表明活塞环具有自紧密封的特点，但活塞环开口而具有弹力是形成自紧密封的前提。

当活塞两侧压力差较大时，可以采用多道活塞环使气体经多次阻塞、节流，以达到密封要求。

图 4-40 显示气体流经几个活塞环时的压力变化情况。由图可以看出，经第一道活塞环后压力约降到气缸中气体压力的 26%，经第二道活塞环后，约降到 10%，经第三道环后仅为约 7.6%，再增多环的数目所起的作用就不明显了。试验表明随着转速增加，第一道环所承受的压差增加，其次各道降低。所以活塞环数不宜过多，过多反而增加摩擦功耗。不过在

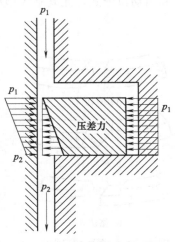

图 4-39　活塞环的密封原理

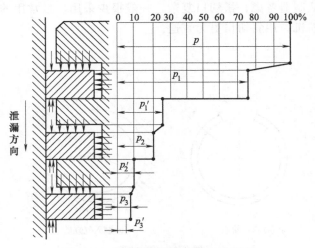

图 4-40　气体通过活塞环的压力变化

高压级中，第一道环因压差大，磨损也大。第一道环磨损后，缝隙增大而引起大量泄漏，即失去了密封作用，此时主要压力差由第二道环承担，第二道环即起第一道环的作用，其磨损也将加剧，依此类推。为了使高压级和低压级活塞环的更换时间大致相同，高压级中要采用较多的活塞环数。

还有一些特殊结构的活塞环，如微型高转速压缩机中，可用轴向高度仅 1～1.5mm 的薄片活塞环，由三至四片装在同一环槽内，各片切口相互错开，如图 4-41（a）所示。这种结构具有良好的密封性，易同气缸镜面磨合，使气缸不致拉毛。

在铸铁环上镶嵌填充聚四氟乙烯，如图 4-41（b）所示，能防止气缸拉毛，并延长环的寿命。这种环在高压级中已被采用。还有在铸铁环上镶嵌轴承合金或青铜，如图 4-41（c）、（d）所示，青铜可以是一条或两条，而轴承合金则采用一条。在镶嵌的突出部分磨完之前，显然其实际比压是增加了。用镶嵌的方法虽能避免拉毛气缸，使气缸镜面与活塞环易于磨合，但工艺复杂，故应用不广泛。

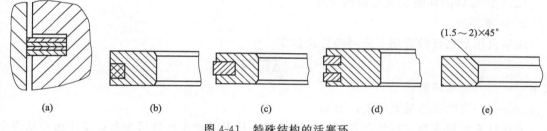

图 4-41　特殊结构的活塞环

铸铁环进行多孔性镀铬，有利于活塞环在环槽内的滑动和降低环接触表面的加工要求；由于孔隙内能存润滑油，因而减少了环与气缸镜面的磨损。低压空气压缩机中直径不大的活塞环，将内圆的一个锐角加工成（1.5～2）×45°的倒角，如图 4-41（e）所示，以减弱活塞环倒角侧的弹力。在单作用活塞中，将这种环的倒角边装在气缸盖侧，可防止活塞出现严重的窜油现象。

在超高压压缩机中使用的活塞环结构如图 4-42 所示。它由两个中间镶有铜锡合金（Sn4.8%、Cu95.2%）的活塞环以及共用的一个弹力环和隔距环组成一组。活塞环的基体是合金铸铁，弹力环和隔距环是用调质铬钢制成的，硬度 300～350HBS，强度 σ_b＝110～130MPa。使用五组活塞环即能密封 175MPa 的压力。

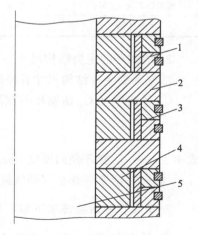

图 4-42　超高压压缩机气缸密封用活塞环结构

1—活塞环；2—垫环；3—弹力环；
4—隔距环；5—活塞

在一些小型、单作用的气缸中，活塞上除配有活塞环外，还配有刮油环，如图 4-43 所示。刮油环的工作面有刃边，用来刮掉气缸中多余的润滑油，刮掉的油通过活塞体上导油通道流回曲轴箱。刮油环可以控制润滑油膜厚度，把油膜涂均匀，避免润滑油和污物窜入气缸。刮油环应该安装在活塞环组的大气侧。刮油环也同活塞环一样，依靠本身的弹力压在气缸工作面上。常用的刮油环是双唇的，如图 4-43（a）所示，而单唇的刮油环结构较简单，如图 4-43（b）所示。

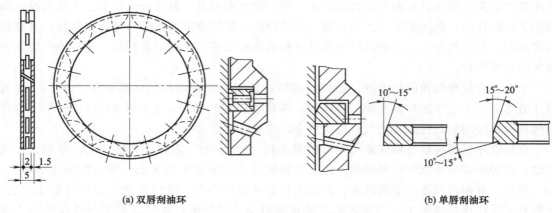

(a) 双唇刮油环   (b) 单唇刮油环

图 4-43 刮油环的结构

(二) 活塞环的环数及主要结构尺寸

1. 活塞环数

压缩机用活塞环数常用下面经验公式估算

$$z = \sqrt{\Delta p / 98} \tag{4-9}$$

式中　z ——活塞环数；

　　Δp ——活塞两边最大压差，kPa。

上述计算值应根据实际情况增减。如高转速，从泄漏考虑环数可少些；高压级中从寿命考虑环数可多些；对于易漏气体可多些；采用塑料活塞环时，因密封性能好，环数可比金属环少些。

关于活塞环数，它与所密封的压力差、环的耐磨性、切口形式等有关，所以实际压缩机中很不一致。活塞环数还可参考表 4-11 选用。

表 4-11 压缩机用活塞环数参考表

活塞两边的压差/MPa	<0.5	0.5～3	3～12	12～24
活塞环数	2～3	3～5	5～10	12～20

2. 活塞环的主要结构尺寸

活塞环的主要结构尺寸有径向厚度、轴向高度、开口间隙及自由开口宽度等尺寸。

① 径向厚度 t。活塞环的截面形状一般为矩形，其径向厚度 t 对于铸铁环通常取

$$t = \left(\frac{1}{22} \sim \frac{1}{36} \right) D \tag{4-10}$$

式中　t ——活塞环径向厚度，mm；

　　D ——活塞环外径（即气缸内径），mm。

对于大直径活塞环取下限：当 $D \leqslant 50$mm 时，可取 $t = \left(\frac{1}{14} \sim \frac{1}{22} \right) D$。

② 轴向高度 h。轴向高度选取时，应考虑保证它在气体压力作用下具有足够的刚度，不至于发生弯曲和扭曲，而且为能保持住油膜，h 值也不能太小，一般应大于 2～2.5mm；但为了减少摩擦功耗以及因活塞环质量过大而导致对环槽的冲击，又应尽量取小些。一般取

$$h = (0.4 \sim 1.4) t \tag{4-11}$$

式中　h——活塞环轴向高度，mm；

　　　t——活塞环径向厚度，mm。

其中较小值用于大直径活塞环，压差较大时用较大值。

③ 开口间隙δ。活塞环装入气缸后，开口处留有环受热膨胀后的开口间隙，又称热膨胀间隙。其值可按下式计算

$$\delta = \pi D \alpha \Delta t \tag{4-12}$$

式中　δ——活塞环开口间隙，mm；

　　　D——活塞环外径（即气缸内径），mm；

　　　α——活塞环材料的线膨胀系数，$℃^{-1}$，铸铁的线膨胀系数 $\alpha = 1.1 \times 10^{-5} ℃^{-1}$；

　　　Δt——温度，$℃$，通常取排气温度与室温之差。

④ 活塞环自由开口宽度A。其值可由下式计算

$$A = \frac{7.08\left(\dfrac{D}{t} - 1\right)^3 p_k}{E} \tag{4-13}$$

式中　A——活塞环自由开口宽度，mm；

　　　D——活塞环外径（即气缸内径），mm；

　　　t——活塞环径向厚度，mm；

　　　p_k——表示活塞环弹性作用而产生的预紧贴合比压，MPa；$50\text{mm} < D \leqslant 150\text{mm}$，$p_k = 0.1 \sim 0.14\text{MPa}$；$D > 150\text{mm}$，$p_k = 0.038 \sim 0.1\text{MPa}$；小直径的高压级，$p_k = 0.2 \sim 0.3\text{MPa}$；刮油环，$p_k = 0.03 \sim 0.05\text{MPa}$；

　　　E——密封环材料的弹性模量，MPa，可按表4-12选取。

表 4-12　各种材料的弹性模量

材料	灰　铸　铁			球墨铸铁	合金铸铁	青铜	不锈钢
	$D \leqslant 70\text{mm}$	$70\text{mm} < D \leqslant 300\text{mm}$	$D > 300\text{mm}$				
弹性模量 E/MPa	0.95×10^5	1×10^5	1.05×10^5	$(1.5 \sim 1.65) \times 10^5$	$(0.9 \sim 1.40) \times 10^5$	$(0.85 \sim 0.95) \times 10^5$	2.10×10^5

（三）活塞环的基本技术要求

1. 对材质的要求

如果没有特殊要求，活塞环一般用灰铸铁或合金铸铁制造。不同活塞环直径宜选用的灰铸铁牌号见表4-13。对于小直径活塞环或高转速压缩机用的活塞环，可选用合金铸铁制造，如铌铸铁、铬铸铁、铜铸铁等。

表 4-13　活塞环直径与灰铸铁牌号关系

活塞环直径/mm	$D \leqslant 200$	$200 < D < 300$	$D \geqslant 300$
灰铸铁牌号	HT300 或 HT250	HT250 或 HT200	HT200

当采用铸铁材料制造活塞环时，对铸铁材料的金相组织要求较高，即组织结构应均匀，不容许有游离渗碳体存在。

2. 技术要求

活塞环外圆在端部的锐角应倒成小圆角，以利形成润滑油膜、减小泄漏和磨损。内圆锐

角倒成 45°。活塞环内圆的倒角尺寸 C、外圆的圆角尺寸 R 以及端面粗糙度 Ra，可根据活塞环的外径 D 按表 4-14 选取。

表 4-14　活塞环的技术要求

外径直径/mm	倒角尺寸 C/mm	圆角半径 R/mm	端面粗糙度 Ra/μm
$D \leqslant 250$	$\leqslant 0.5$	$\leqslant 0.1$	0.4
$250 < D < 500$	$\leqslant 0.3$	$\leqslant 0.3$	0.8
$D \geqslant 500$	$\leqslant 1.5$	$\leqslant 0.5$	1.6

为使活塞环具有良好的耐磨性，常用铸铁活塞环的表面硬度应不低于气缸工作表面的硬度，并且高 10%～15%。如果用经过硬化处理的钢质缸套，或者是超高压压缩机的高硬度碳化钨缸套，则将合金铸铁活塞环的硬度提高到 320～350HBS。同一活塞环上的硬度不能相差 4 个布氏单位。

活塞环的外表面不允许有裂纹、气孔、夹杂物、疏松和毛刺等缺陷，在环的两端面上，不应有径向划痕，在环的外圆柱面上不应有轴向划痕。

活塞环的加工精度、表面粗糙度要求详见表 4-15。

表 4-15　活塞环的加工精度及表面粗糙度

要求	外圆面	内圆面	端面
加工精度	h6	H8	h6
表面粗糙度 Ra/μm	0.4～1.6	3.2～6.3	0.4～1.6

3. 检验要求

活塞环放在专用检验量规内，环的外圆柱面与量规之间的间隙应在下列规定范围内：外径 $D \leqslant 250$mm 时，不大于 0.03mm；外径 $D = 250～500$mm 时，不大于 0.05mm；外径 $D > 500$mm 时，不大于 0.08mm。

用灯光检查时，漏光在整个圆周上不超过两处，最长的不超过 25° 的弧长，总长不得超过 45° 的弧长，且离切口处不小于 30°。

环的端面翘曲度应在下列范围内：外径 $D \leqslant 250$mm 时，不大于 0.04mm；$150 < D \leqslant 400$mm 时，不大于 0.05mm；$400 < D \leqslant 600$mm 时，不大于 0.07mm；$D > 600$mm 时，不大于 0.09mm。

活塞环的径向弹力允差在 ±20% 范围内。

活塞环在磁性工作台上加工之后，应进行退磁处理。

二、活塞杆密封——硬填料密封

(一) 平面填料

图 4-44 是常用的低、中压平面填料密封结构图。它有五个密封室，用长螺栓串联在一起，并以法兰固定在气缸体上。由于活塞杆的偏斜与振动对填料工作影响很大，故在前端设有导向套，内镶轴承合金，压力差较大时还可在导向套内开沟槽起节流降压作用。填料和导向套靠注油润滑，注油还可带走摩擦热和提高密封性。注油点 A、B 一般设在导向套和第二组填料上方。填料右侧有气室，由填料漏出的气体和油沫自小孔 C 排出并用管道回收，气室的密封靠右侧的前置填料来保证。带前置填料的结构一般用于密封易燃或有毒气体，必要

时采用抽气或用惰性气体通入气室进行封堵，防止有毒气体漏出。

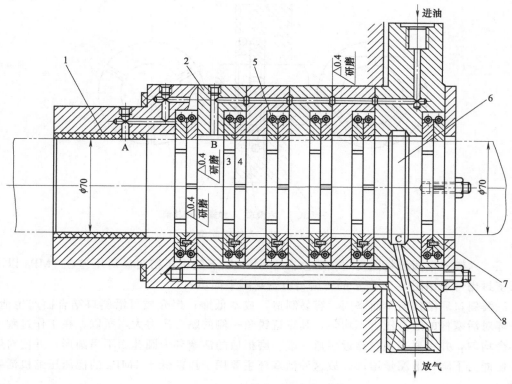

图 4-44　低、中压平面填料密封结构图
1—导向套；2—密封盒；3—闭锁环；4—密封圈；5—镯形弹簧；6—气室；7—前置填料；8—长螺栓

　　填料函的每个密封室主要由密封盒、闭锁环、密封圈和镯形弹簧等零件组成。密封盒用来安放密封圈及闭锁环。密封盒的两个端面必须研磨，以保证密封盒以及密封盒与密封圈之间的径向密封。图 4-45 所示为三、六瓣平面填料，在密封盒内装有两种密封环，靠高压侧是三瓣闭锁环，有径向直切口；低压侧是六瓣密封圈，由三个鞍形瓣和三个月形瓣组成，两个环的径向切口应互相错开，由定位销来保证。环的外部都用镯形弹簧把环箍紧在活塞杆上。切口与弹簧的作用是产生密封的预紧力，环磨损后，能自动紧缩而不致使圆柱间隙增大。其中六瓣密封圈在填料函中起主要密封作用，其切口沿径向被月形瓣挡住，轴向则由三瓣环挡住。工作时，沿活塞杆来的高压气体可沿三瓣环的径向切口导入密封室，从而把六瓣环均匀地箍紧在活塞杆上而达到密封作用。气缸内压越高，六瓣环与活塞杆抱得越紧，因而也具有自紧密封作用。

　　六瓣密封圈三个鞍形瓣之间留有切口间隙，用来保证密封圈磨损后仍能在弹簧力作用下自动紧缩，而不致使径向间隙过大。但是，这个切口间隙构成了气体轴向泄漏的通道，为了挡住这些通道，必须设置闭锁环。闭锁环的主要作用就是挡住密封圈的切口间隙，此外还兼有阻塞与节流作用，在装配时必须注意：①应保证闭锁环恰好挡住密封圈的切口，决不允许它们的切口重合，否则，泄漏将大为增加；②为了让密封圈能自动地紧抱住活塞杆，密封圈、闭锁环装在密封盒内，应有适当的轴向间隙；③闭锁环与密封圈的位置不可装错，闭锁环靠近气缸，密封圈放在闭锁环外边，否则，起不到密封作用。

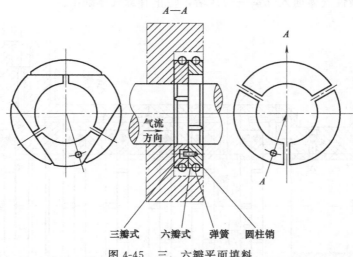

图 4-45　三、六瓣平面填料

三、六瓣式平面填料主要用在压差在 10MPa 以下的中压密封。对压差在 1MPa 以下的低压密封也可采用图 4-46 所示的三瓣斜口密封圈平面填料。

三瓣斜口环结构简单而坚固，容易制造，成本低廉；但介质可沿斜口结合面产生泄漏，而且环对活塞杆的贴合压力不均匀，其靠近锐角一侧的贴合压力大，所以，在工作过程中磨损不会均匀，并主要表现在靠近锐角一端。磨损后的活塞环内圆孔面不呈圆形，并使对磨损的补偿能力下降，泄漏量增加。故这种活塞环主要用于压差低于 1MPa 的低压压缩机活塞杆密封。

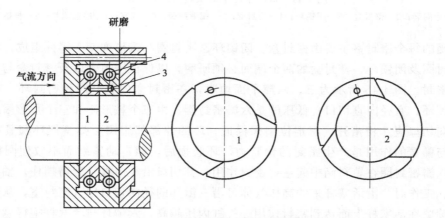

图 4-46　三瓣斜口密封圈平面填料
1,2—三瓣斜口密封圈；3—圆柱销；4—镯形弹簧

三瓣斜口硬填料采用两个环为一组。安装时，其切口彼此错开，使之能够互相遮挡，阻断轴向泄漏通道，提高密封性能。

除了上面两种形式的密封圈填料外，平面填料尚有活塞环式的密封圈，这种硬填料密封，每组由三道开口环组成，如图 4-47 所示。内圆 1、2 是密封环，用铂合金、青铜或填充聚四氟乙烯制成。外圈是弹力环，并用圈簧抱紧，装配时，三环的切口要错开，以免漏气。这种密封圈的结构和制造工艺都很简单，内圈可按动配合 2 级精度或过渡配合公差加工，已成功地应用在压差为 2MPa 的级中。

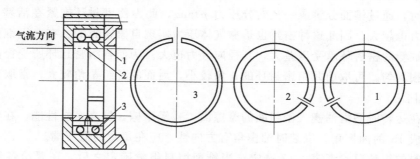

图 4-47 活塞环式填料密封

1,2—内圈；3—外圈

平面填料组数可参考表 4-16。

表 4-16 平面填料组数选定参数

活塞杆直径/mm	密封压力/MPa				
	1.0	2.5	4.0	6.4	10.0
	填料组数				
25～50	3	4	4～5	5～6	6～7
55～80	4	4～5	5～6	6～7	7～8
90～150	5	5～6	6～7	7～8	—

平面填料一般采用铸铁 HT200，特殊情况用锡青铜 ZQSn8-12、轴承合金 ZChSnS11-6 以及高铅青铜等。当用铸铁制造时，要求金相组织为片状及粗斑珠光体，不允许有游离渗碳体存在。铸铁件硬度要求 180～230HBS。为保证密封性，密封圈的端面及内圆面应有较高表面粗糙度要求，端面应研磨，Ra 值为 0.2μm。密封圈的两端面应平行，不平行度在 100mm 长度不得大于 0.02mm，内孔圆度及圆柱度不超过直径公差之一半。填料环在填料函内的轴向间隙为 0.035～0.150mm。填料函深度按 H8 或 H9 级公差加工。

（二）锥面填料

在高压情况下，如果仍采用平面填料，则由于气体压力很高，而填料本身又不能抵消气体压力作用，致使填料作用在活塞杆上的比压过大而加剧磨损。为降低密封圈作用在活塞杆上的比压，在高压密封中，可采用锥面填料。

图 4-48 所示为锥面填料结构，主要用于压差超过 10～100MPa 的高压压缩机的活塞杆密封。它也是自紧式的密封，既有径向自紧作用，又有轴向自紧作用。密封元件是由一个径向切口的 T 形外环和两个径向开口的锥形环组成。前、后锥形环对称地套在 T 形外环内，安装时切口互成 120°，用定位销子来固定，并装在支承环和压紧环里面，最后放入填料盒内。填料盒内装有轴向弹簧，其作用是使密封圈对活

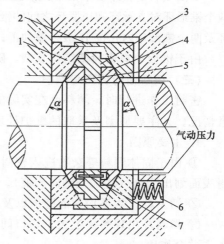

图 4-48 锥面填料结构

1—支撑环；2—压紧环；3—T 形环；4—前锥环；
5—后锥环；6—轴向弹簧；7—圆柱销

塞杆产生一个预紧力，以便开车时能造成最初的密封。当气体压力 p 从右边轴向作用在压紧环的端面时，通过锥面分解成一径向分压力 $p\tan\alpha$，此力使密封环抱紧在活塞杆上。α 角越大，径向力也越大，因此这种密封也是靠气体压力实现自紧密封的。在一组锥面填料的组合中，靠气缸侧的密封环承受压差大，其径向分力也大。为使各组密封环所受径向分力较均匀，以使磨损均匀，可取前几组密封环的 α 角较小，后面的各组 α 角较大，常取 α 角为 10°、20°、30°的组合。

为保证在运转时润滑油楔入密封圈的摩擦面，减轻摩擦，提高密封性能，在锥形环的内圆外端加工成 15°的油楔角。安装时油楔角有方向性，应在每盒的低压端。

锥面填料的组数可参考表 4-17 选定。当锥面填料组数确定之后，还要给各组规定不同的锥面角 α。不同锥面角锥面填料组数的搭配关系由表 4-18 确定。

表 4-17　锥面填料组数选定参考

密封压差/MPa	<10	10～40	40～80	80～100
填料组数	3～4	4～5	5～6	6～7

表 4-18　锥面填料的锥面角和组数

密封压差/MPa	锥面角 α		
	10°	20°	30°
	组　　数		
4.0～10	—	1	3
10～20	—	2	3
20～32	1	3	2

锥面填料的 T 形环与锥形环常用锡青铜 ZQSn8-12（用于 $p>27.4$MPa）或巴氏合金 ChSnSb11-6（用于 $p\leqslant27.4$MPa），当用锡青铜 ZQSn8-12 时，要求硬度为 $60\sim65$HBS。整体支承环与压紧环用碳钢。

锥面填料的技术要求如下：锥面填料的 T 形环及两个锥形环的锥面要同时加工；T 形环、两个锥形环对支承环和压紧环之间的锥面要保持良好贴合，贴合面不少于总面积的 75%；T 形环及两个锥形环内孔按 J7 级公差加工；两个锥形环的内孔直角部分，不允许倒角。

由于锥面填料密封圈结构复杂，随着耐磨工程塑料的应用，现在使用已越来越少。

（三）填料函的使用与维护

密封工作进行时，填料函在实际的工作过程中可能出现过早损坏及产生泄漏介质的不正常情况，其主要原因及采取的维护处理措施如下。

1. 主要原因

① 由于固体颗粒等杂物进入密封面产生磨料磨损，并在填料环或活塞杆（或轴）的密封表面划出沟痕（特别是轴向沟痕）。

② 活塞杆产生不均匀的磨损以及出现不允许的圆柱度和圆度。

③ 填料环出现磨损过大，切口间隙减小，使其与活塞杆（或轴）的贴合能力下降，或失去贴合作用。

④ 填料组件中有填料环或弹簧损坏，引起整个填料函产生密封失效。

2. 维护处理措施

针对以上问题，采取如下方式处理。

① 卸下所有密封件，并清洗；对活塞杆（或轴）表面进行检查，是否有毛刺、划伤、磨损沟痕等，必要时可采用细锉和油石修复。

② 检查活塞杆（或轴）的几何尺寸并修复（满足其强度条件下）。

③ 检查填料环间隙并修复到原始尺寸。

④ 检查填料和弹簧，如已损坏不能修复，则更换；弹簧一般需要更换。

填料的正常工作，离不开正常的润滑，它是保证活塞杆（或轴）表面与填料环密封面间不直接接触的润滑油膜正常存在的根本所在。只有良好的润滑，才能有良好的密封工作。

三、无油润滑活塞环、支承环及填料

活塞式压缩机实现无油或少油润滑，可减少气体污染、节约润滑油、改善操作环境及简化密封系统（如可以不设置冷却润滑等辅助系统）。我国 19 世纪 60 年代就在活塞式压缩机上应用了无油润滑技术。无油润滑，不仅是当前化工发展中工艺上的需要，而且在现代空间技术、国防、食品和医药工业部门也是不可缺少的。

无油润滑压缩机中主要是无油润滑的活塞环、支承环及填料。

（一）无油润滑活塞环

无油润滑活塞环用石墨或填充聚四氟乙烯等自润滑材料制成，可以在无油条件下运行，能防止润滑油对气体的掺杂。早期的自润滑材料采用石墨，但因韧性差、易脆裂，现在主要采用填充聚四氟乙烯。

1. 类型

无油润滑活塞环按结构可分为整体开口式和分瓣式两种，如图 4-49 所示。整体开口式的形状与金属活塞环相同，也有直切口和斜切口之分，直切口较简单，应用较普遍。斜切口尖端易断，应用较少。分瓣式多用于石墨材料及大直径的塑料环，根据尺寸大小分为三瓣的（每段 120°）、四瓣的（每段 90°），有时也做成六瓣的。

无油润滑活塞环也可分为有背压和无背压两种。前面介绍的金属活塞环都是依靠本身弹力预紧，而且依靠环背气体的背压将活塞环与缸壁贴紧，都是有背压的。有背压的无油润滑活塞环是依靠弹力环的弹力预紧，然后工作时依靠气体背压压紧的。图 4-50 所示为无背压活塞环，它是将整体（不开口）填充聚四氟乙烯活塞环以一定过盈量压入金属内衬环上，可以免除槽底进气的背压外张作用，活塞环外圆加工成迷宫齿形起节流作用。常温下将无背压填充聚四氟乙烯活塞环压入薄壁金属环上，在工作温度下具有内应力，制止热膨胀。运行时外圆恰好与缸径在同一尺寸上，比石墨环式的容积效率提高了百分之几，容积效率和绝热效率都取得不亚于给油润滑压缩机的较好效果。

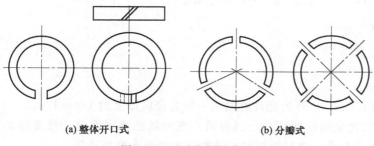

(a) 整体开口式　　　　(b) 分瓣式

图 4-49　无油润滑活塞环

金属衬环

图 4-50　无背压活塞环

2. 无油润滑活塞环的特点

① 石墨和填充聚四氟乙烯的弹性低，不能自然地产生预紧的比压，需要在环背上配置金属弹力环，或者采用无背压活塞环。弹力环一般要有 0.07MPa 的弹力。弹力环的结构形式有波浪式、扁弹簧式和圆弹簧式等，如图 4-51 所示。

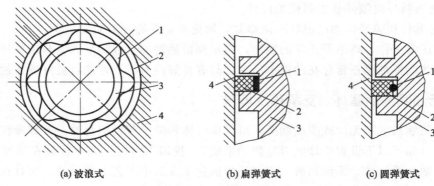

(a) 波浪式　　　　　　　(b) 扁弹簧式　　　　　　　(c) 圆弹簧式

图 4-51　弹力环的结构形式

1—弹力环；2—活塞环；3—活塞；4—气缸

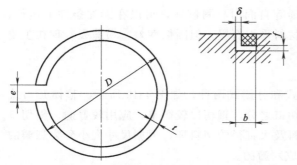

图 4-52　开口间隙 e 和侧面间隙 δ、径向间隙 f

② 由于填充聚四氟乙烯材料的导热性差，热膨胀系数比金属的大，故设计时应考虑留出足够的间隙，其中包括周向开口间隙 e、侧面间隙 δ 和径向间隙 f（图 4-52）。间隙值可根据膨胀系数和温升值计算，但实际运行中要获得准确膨胀系数和温升有一定困难。对于填充聚四氟乙烯活塞环现推荐下列经验数据供选用。

周向开口间隙：$e=(2.8\sim3.2)\%D$；侧面间隙：$\delta=(2.8\sim3.2)\%b$；径向间隙：$f=1\%D$。

然而石墨的热膨胀系数比金属小（为铸铁 1/3 左右），因此其环槽与环的轴向间隙则应较金属环为小。

③ 由于无油润滑材料硬度低、磨损量相对地大些，加之填充聚四氟乙烯在高压下易变形（冷流），故对缸壁的密封比压应远小于金属环，一般小于 0.01~0.02MPa，因而轴向高度应比金属环为大，有的甚至大一倍左右。环的断面尺寸可参照下列公式确定。

对于填充聚四氟乙烯环：$t=\sqrt{D}/1.5$　$h=(0.5\sim1.0)t$

对于石墨环：$h=\sqrt{D}$　$t=1.2h$

式中　t——活塞环径向厚度，mm；

　　　h——活塞环轴向高度，mm；

　　　D——活塞环外径，mm。

限制 pv 值不超过 0.5MPa·m/s。环的允许磨损量一般为径向厚度的 1/3~1/2。

④ 无油润滑活塞环的环数比金属活塞环少，因为填充聚四氟乙烯刚性差，易变形，在径向作用下易和气缸壁面很好地贴合，密封效果好，环数太多会增大摩擦功耗。

对于填充聚四氟乙烯活塞环的环数可由表 4-19 选择。

表 4-19　压差与环数的关系

压差 Δp/MPa	<0.3	<1.5	<8.6	<20
环数 z	2	3	4~5	6~8

（二）支承环

支承环的作用在于支承活塞质量和定中心，在立式压缩机中则起到导向环作用（在卧式压缩机上有时也称为导向环），它的使用对活塞环的密封能力和使用寿命有很大的提高效果。

1. 支承环结构

常用的支承环结构如图 4-53 所示。其中图 4-53（a）是分瓣式结构，用在大直径活塞上，又称为支承块式结构。两支承块对称布置，下部呈 120°的支承块起支承作用，上部一块起定位作用，防止活塞在往复运动中跳动，引起与气缸壁摩擦。这种结构加工较复杂，但环分上下两部分未形成封闭状，所以，压力气体可从活塞和缸壁间的间隙通过，避免了气体对支承环的附加力。图 4-53（b）是整圈式结构，用于组合式活塞。图 4-53（c）和（d）为整圈开口式支承环，用在中等直径的整体活塞上。

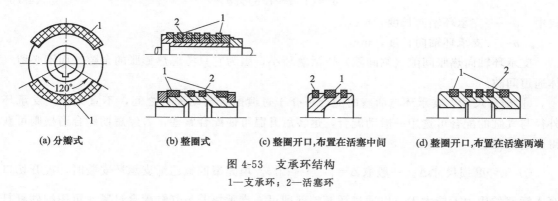

(a) 分瓣式　　　　(b) 整圈式　　(c) 整圈开口,布置在活塞中间　　(d) 整圈开口,布置在活塞两端

图 4-53　支承环结构
1—支承环；2—活塞环

图 4-54 所示为带有卸荷槽的矩形断面支承环，气体可通过槽使环两侧压力平衡。槽与轴线有一定夹角，在气体压力作用下，支承环可作径向缓慢转动，使磨损均匀，如开成人字槽则不产生转动，也可采用活塞开孔方式（图 4-55），使两侧压力平衡。

2. 支承环的结构尺寸

填充聚四氟乙烯支承环的结构尺寸参数如下。

① 密封面比压 p_c。$p_c = 0.03 \sim 0.05$MPa，其值过大容易磨损，其值过小，轴向尺寸大，无法布置。

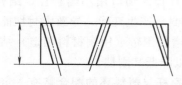

图 4-54　带卸荷槽的矩形断面支承环

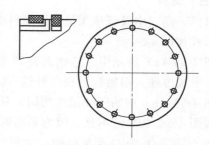

图 4-55　活塞开孔卸荷

② 轴向长度。轴向长度 b 按式（4-14）计算

$$b = \frac{W}{p_c h} \qquad (4-14)$$

式中　b——支承环轴向长度，mm；

　　　W——活塞部件与 1/2 活塞杆质量之和，N；

　　　p_c——密封面比压，MPa；

　　　h——支承环外径底部 120°弧长在水平方向上的投影，mm。

③ 径向厚度 t_z。与活塞环径向厚度 t 有关。

当 $t<10$mm 时，$t_z=t$；当 $t>10$mm 时，$t_z=(0.7\sim0.8)t$。

④ 周向开口间隙 s。

$$s = (1.8\sim3.2)\%D \qquad (4-15)$$

式中　s——支承环周向开口间隙，mm；

　　　D——气缸内径，mm。

⑤ 轴向热胀间隙（侧间隙）δ。

$$\delta = (1.5\sim1.8)\%b \qquad (4-16)$$

式中　δ——支承环轴向长度，mm；

　　　b——支承环轴向长度，mm。

支承环轴向热胀间隙（侧间隙）比活塞环小，因为它只考虑热膨胀的余隙，而不必留气体通道间隙。

⑥ 配合尺寸。支承环与活塞的配合可介于过渡配合与动配合之间，不宜太松。支承环外径与气缸的配合可选用一般动配合，运转后升温可使配合紧些，若经短期跑合磨损则可获得合适的配合。

⑦ 允许磨损尺寸 Δ。一般取 $\Delta=\left(\frac{1}{3}\sim\frac{1}{2}\right)t_z$。填充聚四氟乙烯支承环安装时，扳开切口套入活塞的用力不能太大，以通过活塞端部即可。支承块若与气缸配合过紧，可用细砂纸打磨环外径，修整配合尺寸。

检修时，如果支承环外圆局部磨损，可将环转过一个位置装配，继续使用；如果环沿圆周均匀磨损，则在与活塞配合的圆柱面上垫铜箔或铝箔，使支承环外径扩大，可以继续使用。

用垫片补偿磨损时，垫片总厚度不得大于 0.5mm，垫片层数不要多于 2 层。

与含乙炔气气体接触时，禁止使用铜垫。因为乙炔与铜生成的乙炔铜会引起爆炸。

（三）填料

目前，高、中及低压无油润滑填料密封件普遍采用填充聚四氟乙烯平面填料，其常用的结构形式如图 4-56 所示。

图 4-56（a）所示甲、乙密封环均为开口环，而乙环径向切口用小帽盖住，结构简单，加工、安装方便。但磨损后径向补偿不够均匀，会使密封环产生变形，导致密封性能下降。

图 4-56（b）中的两环结构相同，只是在两环外周增加围带（用铜材料制造）结构，可以克服图 4-56（a）的不足。因为采用铜做围带，还可以降低其刚性。

图 4-56（c）为 O 形环结构，主密封环无切口，活塞杆与塑料环的配合略有一定的过盈量，经过跑合和温升会使环内径稍有膨胀，使它们之间的配合趋于合理。这种结构比较简

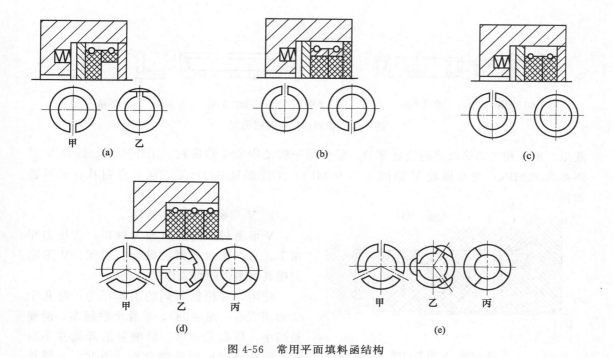

图 4-56　常用平面填料函结构

单，但环磨损后得不到补偿。如果操作条件较好、磨损速度又很小，这种结构仍能具有较长的使用寿命。

　　图 4-56（d）结构较复杂，密封环甲、乙分别为不同形状的三瓣结构。丙环是阻流环，无轴向弹簧，一般用于中、低压密封。图 4-56（e）结构与（d）结构相似，仅乙环为六瓣，磨损较为均匀。

　　填充聚四氟乙烯填料密封组数可按表 4-20 选取。

表 4-20　聚四氟乙烯填料密封的组数

活塞杆直径 D/mm	密封压力 Δp/MPa					
	1.0	1.6	2.5	4.0	6.4	10.0
	填料组数					
30～35	3	3	4	4	5	6
55～80	4	4	4	5	5	6
90～150	5	4	5	5	6	6

四、唇形密封圈

　　唇形密封圈有很多类型，通常有 V 形、U 形、L 形、J 形、Y 形等，其截面形状如图 4-57所示。橡胶也作为唇形密封圈的一种主要材料而使用广泛。为了提高橡胶唇形密封圈的耐压能力，也可在密封圈中增添纤维帘布，制作所谓的"夹布橡胶密封圈"。

（一）V 形密封圈

　　V 形圈是唇形密封的典型形式，也是唇形密封圈中应用最早和最广泛的一种。其优点是耐压和耐磨性好，可以根据压力大小，重叠使用，缺点是体积大、摩擦阻力大。一般用于

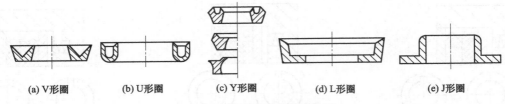

| (a) V形圈 | (b) U形圈 | (c) Y形圈 | (d) L形圈 | (e) J形圈 |

图 4-57　橡胶唇形密封圈类型

液压、水压和气动等机器的往复部分，很少用于转动中或作静密封。工作压力，纯胶 V 形圈可达 30MPa；夹布橡胶 V 形圈可达 60MPa；工作温度达 120℃。既可密封孔，又可密封轴。

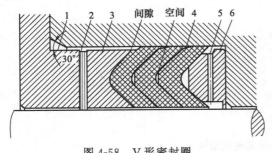

图 4-58　V 形密封圈

1—压盖；2—调节垫；3—压环；4—V 形圈；
5—连通孔；6—撑环

1. V 形密封圈工作特性

V 形密封圈的受压面为唇口，在压力作用下，易与密封面紧密贴合。因此，V 形密封圈具有很强的自紧作用。

使用时可根据不同的工作压力，将几个 V 形圈重叠（图 4-58），重叠个数越多，泄漏量越小，但数量过多，泄漏量的降低并不显著，摩擦阻力反而急剧升高，因此，一般选 3～6 个。因所有唇形密封圈都只有单向密封能力，故在双向压力中使用时（如双作用缸），须成对装填，分别以唇口朝向压力方向，切勿反装。

使用一段时间后，由于密封圈的磨损或变形而产生泄漏时，可增加密封圈的压紧力来消除。

V 形圈既可密封缸的内表面（如活塞密封）也可密封轴杆的外表面（如活塞杆密封圈）。

2. 使用注意事项

为保证 V 形密封圈达到良好的密封效果，在使用中应注意以下事项。

① 考虑偏心载荷对 V 形密封圈的影响。通常情况下，V 形圈对较小的偏心载荷不敏感，运转中轴有稍微振动或偏摆对其密封性并不影响，但因为 V 形圈本身承受径向载荷的能力有限，如果偏摆等因素引起的径向载荷过大，则势必增加 V 形圈的偏磨，并影响密封圈的密封性能，此时应把密封机构布置在轴承附近，以减小轴偏心对密封的影响。在有较大的径向载荷影响时，还可通过安装塑料或软金属材料的导向环来承受此作

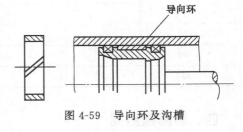

图 4-59　导向环及沟槽

用，以减小偏磨对密封的影响，如图 4-59 所示，导向环半径方向厚度为 2～3mm；长径比为 1/3～1/4。

② V 形圈一般需要与压环、撑环成套安装，并且安装在撑环凸面和压环凹面之间，并用压盖压紧。也可在安装 V 形圈的沟槽两侧加工出压环和撑环的外形轮廓来替代。

撑环对 V 形圈的位置起决定性作用，同时维护唇的机能，因此它的形状和尺寸精度直接影响唇的工作，为此必须对它精加工，并与密封圈同角度。为了充分发挥唇的功能，并考

虑到 V 形圈的膨胀及膨胀以后仍有效地工作，其外径应小于唇的外径，内径应大于唇的内径，其间各有 0.25～0.40mm 的间隙，如图 4-60（a）所示。

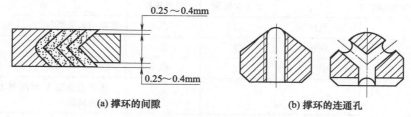

(a) 撑环的间隙　　　　　　　(b) 撑环的连通孔

图 4-60　压环、撑环结构及间隙

当需要 V 形圈的内、外唇同时起密封作用时，应在撑环上开几个连通孔，如图 4-60（b）所示，使作用在内外唇上的压力相等，此外 V 形圈顶端的小圆弧形槽安装时夹有空气，工作时应设法排除，方法是在撑环底部钻几个小孔。

压环起调节压力的作用，同时也对 V 形圈起定位作用。通常它的凹部与填料同角度，也需精加工。当内压低、要求摩擦小时，凹部的角度可以比密封圈的角度大一些，其角度最大可到 96°。为防止密封圈发生挤出现象，压环的内、外径必须有精确的尺寸，并取一定的配合。与撑环不同，它与滑动面之间不能有较大的间隙，压环间隙根据压力、速度、V 形圈硬度等因素来确定。一般情况下，压环间隙一定时，V 形密封圈材料硬度值与其能承受的介质压力高低成正比。如：当压环间隙大于或等于 0.1mm，V 形圈材料的邵氏硬度为 70、80、90 时，其能承受的压力分别为 15、17、20MPa。

③ 在高压场合，V 形圈用多个重叠装填。此时既要使泄漏量尽可能低，又不使摩擦阻力过高，这两个方面均需兼顾。V 形圈装填数量过多，对降低泄漏量的作用不显著，反而使摩擦阻力急剧上升。当多个 V 形圈重叠装填时，在各个 V 形圈之间，可使用隔环来改善密封面的润滑。V 形圈装填数量与压环、撑环及隔环材料可按表 4-21 选取。

表 4-21　V 形圈装填数量与压环、撑环及隔环材料

压力/MPa	装填数量		压环、撑环材料					隔环材料		
	橡胶 V 形圈	夹布橡胶 V 形圈	酚醛塑料	夹布橡胶	锡青铜	铝青铜	不锈钢	酚醛塑料	硬铝	锡青铜
<4	3	3	○	○	○	○	△	○	○	○
4～8	4	4	○	○	○	○	△	○	○	○
8～16	5	4	×	○	○	○	△	×	○	○
16～30	5	5	×	△	○	○	○	×	○	○
30～60		6	×	×	△	◎	○	×	△	○
>60		6	×	×	×	◎	○	×	×	○

注：1. 压力大于 60MPa 后，增加 V 形圈数量无明显效果，使用隔环效果较好。

2. 符号说明：◎最合适；○合适；△考虑其他使用条件后选用；×不可用。

④ V 形圈仅能密封单向介质压力。装填时，应使 V 形圈的两唇部朝着压力方向。对双向介质压力，V 形圈应装填两组，分别各自密封一向介质压力。

⑤ 必要时可对 V 形圈密封给予补充润滑。

⑥ 橡胶 V 形圈分为非夹布的和夹布的两类，它们的性能比较及使用场合见表 4-22。非夹布的及夹布的 V 形圈可混合装填，这时把非夹布的放置在中间，夹布的放置在前后两侧。

对非夹布的和夹布的其他橡胶唇形密封圈，也可参照表 4-22 确定它们的使用场合。

表 4-22 非夹布橡胶 V 形圈及夹布橡胶 V 形圈比较

V 形圈材料		非夹布橡胶	夹布橡胶	备　注
介质	气体	◎	△	需用引入润滑剂
	液体	◎	◎	
压力/MPa	0～8	◎	◎	
	8～16	○	◎	需注意橡胶 V 形圈挤出破坏，尽量减少压环间隙
	16～30	△	◎	最好使用隔环
	3～60	×	○	使用隔环
	＞60	×	○	
速度/(m/s)	旋转 ＜0.05	○	○	
	旋转 ＞0.05	×或○	×或○	如冷却和润滑充分，则可用
	往复 ＜0.05	◎	◎	
	往复 0.05～0.1	◎	◎	
	往复 0.1～0.5	△	○	介质黏度大时，泄漏量增加
	往复 ＞0.5	△	○	使用隔环，考虑冷却
其他特征	抗挤出破坏	弱	强	在高速、高压时要特别注意
	间隙	尽量减小	减小	
	摩擦阻力	中等偏大	较大	
	耐磨性	优	优	
	耐冲击性	差～好	优	
	轴容许偏心量	很好	小	
	承受径向载荷	弱	尚强	
	材料种类	范围广	大体限定	

注：1. 符号说明同表 4-21。

2. 选用的判断：在压力、速度二项使用条件中，若一项是△，另一项是○或◎，则可用，若两项都是△，则不可用。

3. 表中所列压力数值，指压力脉动较小的场合，如压力脉动大，会使使用条件苛刻数倍。

⑦ V 形圈允许剖切使用。每个圈的切口只允许有一个，呈 45°夹角斜切。各个圈的切口应错位 90°～180°装填。

⑧ 轴或缸壁的表面质量（包括精度、表面粗糙度、硬度、耐腐蚀能力等）对 V 形圈密封寿命影响很大。条件允许时，应把它们的表面质量适当提高，表面粗糙度一般为 $Ra1.6\mu m$。高压、高速条件的轴杆表面硬度不得低于 60HRC。

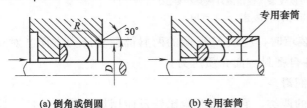

(a) 倒角或倒圆　　**(b) 专用套筒**

图 4-61　填料函的结构设计

⑨ 为避免 V 形圈唇部受到伤害，凡是装填途径上可能触及的台肩、填料函端面圆孔及轴肩等进行倒角或倒圆，如图 4-61（a）所示。必要时，可使用带有圆滑导锥的专用套筒进行装填，如图 4-61（b）所示。

在结构设计上，应尽可能避免 V 形圈装填途径上触及螺纹、键槽、径向孔等。必要时用薄铜皮包裹遮盖螺纹进行装填。

V 形圈常见故障、原因与纠正措施见表 4-23。

表 4-23　V 形圈和 U 形圈常见故障、原因与纠正措施

故障	原因	纠正措施	备注
V 形圈磨损大	活塞杆表面粗糙	降低活塞杆表面粗糙度	与其他密封相比，它对有接触的零件表面可粗糙些，磨损后 V 形圈的自紧作用可以补偿
	V 形圈的自紧作用	调整自紧程度	
	油缸的工作时间长，往复次数多	不开或减少开空车	
	材质选用不当	根据活塞的往复速度和工作压力，正确选用密封圈材质	V 形圈根据其硬度和是否有加布层，采用不同的使用方法
	活塞杆有伤痕	修补或更换活塞杆	高温修补，需防止变形
	压紧件的角度大	把压紧件的角度加工到符合要求	压紧件角度大时，密封圈伸展余量大，磨损加剧
	衬套磨损大，助长了密封圈的磨损	选用良好的衬套材质，加强润滑工作	
	压紧件有别劲处使 V 形圈的锁紧力增大	解体检查	
	工作介质无润滑性，V 形圈的滑动阻力大	应避免 V 形圈承受横向载荷，其锁紧力应控制在允许稍有泄漏的程度	
V 形圈偏磨损	衬套的间隙过大，活塞杆承受的横向载荷都集中在 V 形圈上	将 V 形圈摆在适当部位，不使其承受偏向载荷	活塞杆挠曲，常引起衬套别劲而发生偏向载荷
	活塞杆划伤	消除活塞杆上局部伤痕	
V 形圈划伤	安装程序有误	应避免采用先将密封件装入填料箱，再将活塞杆穿过去的办法	发现安装程序有误，应返工，不能强行安装
	V 形圈装入时被划伤	采用压勺状安装工具进行安装，其头部必须平滑	装 V 形圈时，唇部先过去，如不排除空气，难以装进
	V 形圈唇部有伤痕	换用良好的 V 形圈	带夹布层的 V 形圈在成型时常出现唇部处的布层外露
V 形圈损坏	密封圈发生开裂	带夹布层的 V 形圈在成型时要有良好的加工合成橡胶圈；避免异常高压或避免锁紧力过大	常在 V 形槽底部开裂
	锁紧力过大或工作压力过高	采取避免的措施，如调整压紧件、调整压力控制阀等	此工况下常引起丁腈橡胶圈结块炭化，有时完全失去弹性
V 形圈老化	V 形圈发生龟裂、变硬、发脆	制品中加入防老化剂，采取防老化措施，如避免高温、高压、强光，缩短保管期，避免与氧、水等活性物质接触	

续表

故障	原因	纠正措施	备注
凹形压紧环损坏	凹形压紧环槽底裂纹	按照压力和密封件材质的不同，综合考虑适当加大槽底半径或加大槽到压紧环底面的距离	当加压力时，环形压紧环上作用有均布载荷，对槽底起撕裂作用
	V形角被撑开，唇部发生磨损	改变凹形压紧环的材质；多采用黄铜，在特殊情况下可用钢材	在高压下，V形槽的头部承受不住均布载荷，形成弯曲应力而撑开，与活塞杆摩擦
	由于受到滑动阻力作用而发生异常磨损	设计合适的密封结构，即使衬套磨损，也不至于影响到压紧环	
外观上没有异常现象但发生泄漏	V形圈的锁紧力不足	排除压板不能压到规定位置的因素；如螺纹不完整，螺纹长度不够、螺纹孔攻螺纹过浅等	V形圈对其接触面的压力不足，则附着在活塞杆上并被带出的油增多
	填料箱的内径尺寸大，而V形圈的外形张紧力不足	扩大轴封箱内孔并加衬套，以减少内径，或重新设计	要保证V形圈对轴封箱内表面有一定的压紧力，否则工作流体会浸渗出来
	V形圈装反	安装留心，多检查	安装V形圈时，因空气堵在里面，常使密封圈反倒
	压紧环的角度小	适当加大其角度	压紧环角度过小，V形圈的唇部不能张开
U形圈的泄漏	与V形圈大致相同	与V形圈大致相同	与V形圈大致相同
其他原因造成的泄漏	忘记装密封圈	加强工作责任心	
	衬套材质不良	选用适应工作介质的材质作衬套	

（二）橡胶 U 形密封圈

U 形密封圈类似于 V 形圈，一般单个使用即能密封。其特点是结构简单，摩擦力小，耐磨性高，但唇口容易翻转，需加支承环，也有纯胶和夹布胶环两种。工作压力，纯胶 U 形圈可达 10MPa；夹布橡胶 U 形圈可达 32MPa。它适用于低速水压、油压的往复动密封，最大工作速度不超过 30～50mm/s。当超过此值时可采用两只密封圈，使每只圈的负荷降低，而且一个圈坏了，另一个还可继续工作，这就提高了密封的可靠性，延长了寿命。但采用两只圈摩擦力势必增大。缓慢旋转时也可以使用。可密封孔或轴。

U 形圈有圆底和平底之分（见图 4-62），圆底 U 形圈的材质有橡胶、夹布橡胶和牛皮等；而平底 U 形圈是用夹布橡胶制成的，它有较低的摩擦力和较高的耐磨性，强度和寿命均比橡胶、牛皮高。

U 形圈的密封作用主要靠液体压力把它的唇边紧压在运动件的表面上，随着运动速度的

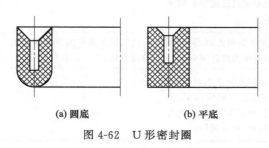

(a) 圆底　　　　(b) 平底

图 4-62　U 形密封圈

增加，密封能力有所下降。这是由于密封圈横截面形状恢复能力较差，造成密封不易填充在工作表面的微小低凹处所致。随着液体的压力增高将有所改善。

橡胶 U 形圈使用的基本特点如下。

① 可单个使用，不用压环，撑环可用也可不用，尺寸较紧凑，摩擦阻力较低。

② U 形圈除唇部工作面的磨耗外，兼有一种特殊磨损形式，即根部磨损，如图 4-63 (a) 所示。在压力较高时，为减轻 U 形圈的这种磨损，可采用塑料或金属对其根部增强，如图 4-63 (b) 所示；或采用带有弹性体 O 形圈的改良型 U 形圈，以补偿其密封唇部的磨损，改善初始密封效果，如图 4-63 (c) 所示。

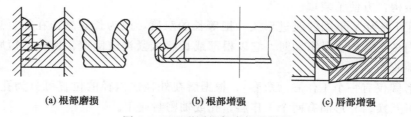

(a) 根部磨损　　　　　(b) 根部增强　　　　　(c) 唇部增强

图 4-63　U 形圈根部磨损及增强

③ 撑环及挡圈的使用。U 形圈用于往复动密封时（如活塞与缸之间），常常使用 L 形撑环，如图 4-64 所示，其不但能消除回程压力，又能防止 U 形圈被压坏或产生扭曲，还能保持 U 形圈的工作位置不变。当工作压力较高时，为防止密封圈被挤出破坏，除相应地减小沟槽根侧间隙外，还可在密封圈根侧底部的沟槽内设置挡圈（与 O 形圈相似）。

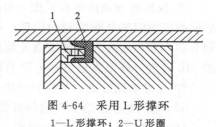

图 4-64　采用 L 形撑环
1—L 形撑环；2—U 形圈

④ 同 V 形圈安装一样，必要时，安装 U 形圈也使用导向环。目的也是为了减轻径向载荷对密封圈的偏磨。导向环尺寸要求与 V 形圈的一样，装填导向环的沟槽外径根据 U 形圈尺寸而定，沟槽内径及公差等于导向环的内径和公差，沟槽长度等于导向环长度，沟槽两侧的半径间隙一般为 0.25～0.40mm。

⑤ 沟槽尺寸的确定。安装 U 形圈的沟槽内、外壁直径以 U 形圈的公称尺寸确定；沟槽轴向长度应大于 U 形圈高度 1.5～3mm；而沟槽的根侧径向间隙（密封圈根侧的沟槽外壁与壳体密封面之间）一般按 H8/f8 或 H9/d9 配合间隙确定，沟槽的唇侧径向间隙（密封圈唇侧的沟槽外壁与壳体密封面之间）则为：当 U 形圈公称内径分别小于 30mm、在 30～80mm 之间及大于 80mm 时，沟槽唇侧间隙分别取 1mm、1.5mm 和 2mm。

⑥ 在 U 形密封圈的空气侧安装防尘密封，以提高工作寿命。

⑦ U 形圈的安装有时需用专用圆滑导锥。

⑧ 其余参见 V 形圈使用的有关内容。

（三）橡胶 Y 形密封圈

Y 形圈分为等脚 Y 形圈（简称 Y 形圈）和不等脚 Y 形圈（又称 YX 形圈，中间为轴用，最下面为孔用）。不等脚的 Y 形圈，其短脚与运动面接触可以减少摩擦力，长脚与静止面接触有较大的预压缩量，增加了摩擦力而不易窜动；而等脚 Y 形圈在沟槽内处于浮动状态。Y 形圈的特点是使用中只要单个环就可以实现密封，可用于苛刻的工作条件。在压力波动很大时等脚 Y 形圈需用支承环，而不等脚 Y 形圈不需要用支承环，使用压力：丁腈橡胶圈在

14MPa 以下，若在 14～30MPa 下工作需要用支承环（挡环）；聚氨酯橡胶圈在 30MPa 以下，若在 30～70MPa 下工作要加挡环。

橡胶 Y 形圈包括两个唇等长度的 Y 形圈及两个唇一长一短的 YX 形圈。橡胶 Y 形圈及 YX 形圈主要用作压力在 32MPa 以下的往复密封。

Y 形密封圈的使用特点如下。

① Y 形圈及 YX 形圈结构上的特点是具有一个柄状的根部，可视为用 U 形圈附加一柄状根部而成，增高了密封圈的高度（YX 形圈高度可达径向厚度的 2 倍），提高了根部抗磨损能力和避免在装填沟槽中翻滚扭曲，使装填位置及工作性能均能稳定。以柄状根部代替压环，简化了结构，方便了装填。

YX 形圈可视为 Y 形圈的改进形式，把等长的双唇，改为长短唇，在往复运动中，YX 形圈在沟槽内做正常的小量窜动时，它以根部或长唇抵紧沟槽侧壁，保护了短唇（工作唇）不被沟槽间隙咬伤。

② YX 形圈仅有一个工作唇（短唇），根据唇在外径或内径的位置可分为孔用或轴用两类，二者不可互换。Y 形圈有两个工作唇，孔或轴密封通用。

③ 往复气动专用 Y 形圈在润滑充分和滑动表面光滑的条件下使用时，其寿命很长。

④ 安装密封圈的沟槽长度一般比所用的 Y 形圈或 YX 形圈的高度大 0.5～2mm；沟槽的根侧径向间隙及唇侧径向间隙，都按 H8/f8 或 H9/f9 确定；而沟槽的内壁与外壁直径，则分别根据所用的 Y 形圈或 YX 形圈的公称外径或内直径确定。一般，沟槽内壁直径公差按 d10 选定，外壁直径公差选用 H10。

⑤ 在滑动速度高，工作脉动压力大的条件下使用 Y 形密封圈时，应使用 L 形撑环。

⑥ 其余参见 U 形圈使用的有关内容。

（四）橡胶 L 形及 J 形密封圈

L 形圈常用于小直径的中低压气动或液动的往复运动（如活塞）密封，仅能密封孔。J 形圈形同反 L 形，它也主要适用于中低压的气动或液动往复柱塞杆及旋转运动的密封，也可用于防尘密封件，仅能密封轴。

橡胶 L 形密封圈及橡胶 J 形密封圈主要用于工作压力小于 1MPa 的往复运动密封。J 形圈还可用于低压条件的旋转运动密封。

L 形圈及 J 形圈使用特点如下。

① 与 YX 形圈一样，L 形圈和 J 形圈也只有一个工作唇，L 形圈仅用于密封孔，J 形圈仅用于密封轴。它们一般都在密封直径较小的场合下使用。

② L 形圈和 J 形圈的抗挤出破坏能力比较强，因此，沟槽间隙尺寸可稍大些。但其有根部磨损的破坏形式存在，如图 4-65 所示。

③ 为改善 L 形圈工作唇部的摩擦条件，可以在其唇的工作面上按相应的设计要求加工出润滑沟槽。

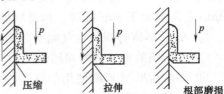

压缩　　　拉伸　　　根部磨损

图 4-65　L 形圈的根部磨损

④ 安装 L 形圈和 J 形圈时应对其环垫部分夹紧，以防止介质在此处产生泄漏。工作时，密封圈接触介质后可能有溶胀现象，特别是其唇部的非工作面的溶胀，它需要有相应的沟槽空间容纳，所以，安装时需要考虑。

⑤ 其他情况参见 V 形、U 形的有关内容。

五、往复轴密封应用实例

（一）2V-6/8 型空气压缩机密封环的改进

2V-6/8 型单作用空气压缩机是某厂 V 型系列空气压缩机的代表产品，为风动工具提供压缩空气，广泛用于矿山、化工、冶炼、交通等部门。在生产实践中，此产品存在一些不足之处：空压机长时间工作时气缸中有响声，润滑油温度升高，排气量减少。针对这些问题，对此种空压机一、二级活塞环、刮油环在数量、材料、截面形状、轴向间隙等方面做了一些改进。

1. 工作原理

活塞是空压机中的重要组成部件，活塞环、刮油环作为活塞上的重要组成零件，直接关系到活塞与气缸间的密封和刮油效果，如果运行不好将导致活塞与气缸间的磨损和漏气，严重时活塞、气缸卡死报废，无法工作。活塞环起着密封气缸镜面与气缸间缝隙的作用，它镶嵌于活塞的环槽内，起布油和导热作用，对它的要求是密封可靠、耐磨损，另外根据其工作环境，要求其适用于凿岩机械气动工具。

刮油环截面有较高的密封性能并利于磨合，起一定的控制润滑油作用，防止过量的润滑油进入工作腔，它既是密封润滑油的活塞环，又起均布润滑油的作用。图 4-66 是 2V-6/8 型单作用空压机活塞组件，其内的刮油环有切口，截面形状为锐角，一般依靠较大的切口和减少环与气缸壁的接触面积来提高表面接触比压力。当刮油环上行时起布油作用，下行时刮下润滑油，也可使刮油环有两个刃口，刃口可同向或反向，以提高刮油能力。

2. 存在问题及改进措施

① 针对 2V-6/8 型空压机长时间工作气缸中有响声，活塞环、刮油环更换频繁、过度磨损这一情况，采取两种办法加以改进：首先改变活塞环的材料，原来的活塞环、刮油环材料为灰铸铁，后改为合金铸铁，其实际比压增大，加入了合金元素，其韧性、硬度、耐磨性等综合性能也大大提高；其次在活塞环截面形状上做了改动，原活塞环截面是矩形，见图 4-67（a），结构简单，制造方便，但由于活塞热变形，活塞头摇摆等原因，活塞环在运转中失去与气缸壁的正常接触位置，因而性能差，将活塞环外缘面改为鼓形的，见图 4-67（b），这样当活塞发生倾侧时，总可以保持一条与气缸的接触线，因而密封性能好，且不易刮伤气缸，磨合性能好。此环在低压时比较适用。

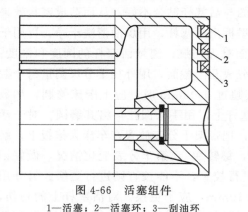

图 4-66 活塞组件
1—活塞；2—活塞环；3—刮油环

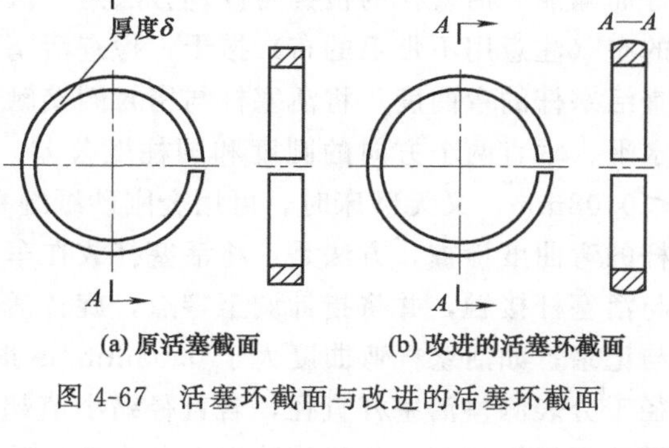

厚度 δ

A

A—A

A

A—A

A

A

A

A

(a) 原活塞截面　　　(b) 改进的活塞环截面

图 4-67 活塞环截面与改进的活塞环截面

② 针对 2V-6/8 型空压机出现的润滑油温度升高现象，推断造成这一现象的主要原因是刮油环的刮油效果差、散热不好。原来的一级活塞仅有一道刮油环，故增加了一道刮油环，

且刮油环结构形状改变为三瓣剖分式。

③ 针对活塞环、刮油环过度磨损，环在环槽内上下跳动的现象，推断活塞环及刮油环在活塞沟槽内的轴向间隙不合适从而导致上述现象发生。经过摸索，把各级活塞环、刮油环在活塞沟槽内的轴向间隙从原来的 0.05～0.065mm，调整为 0.05～0.067mm，调整后整机运转时气缸没有产生大的响声。

对 2V-6/8 型空压机经三处改进以及对该产品不断地试运行，记录的各项技术指标均达到技术标准要求，整机运行正常，达到了预期目的，一季度生产的 50 台系列产品节约成本 5 万余元，得到用户好评。

（二）压缩机密封圈泄漏问题的分析与检修

压缩机是化工生产中必不可少的关键设备，在压缩机的运行中，经常能碰到密封圈泄漏的情况。一般每分钟漏油少于 10 滴属于正常情况，不需要检修；当每分钟漏油大于 10 滴或油成线状漏出时，就需找到其漏油原因，并加以解决。

在此以 4L-10/30 型氢气无油润滑压缩机为例，来论述密封圈漏油问题的处理及检修。该机为三级无油润滑压缩机，活塞环、填料密封圈均采用填充四氟材料，活塞杆采用 3Cr13 材料制作，密封圈为粉末冶金三瓣弹簧箍紧，内圈两边有锐角，便于两边密封。该机靠近十字头处装有一组密封圈（一组由两片密封圈组成），安装时两片密封圈的开口互相错开，并用销钉定位。

造成密封圈漏油的原因主要有以下几个方面。

① 曲轴箱油加得太满，会造成密封圈大量漏油，有时甚至会喷油。因为油太满，在曲轴的作用下，使大量的油冲上滑道，随着十字头的往复运动，大量的油被十字头推向密封圈，而密封圈根本来不及处理，从而造成漏油。对于这个原因，只要检查曲轴箱的油位，放出多余的油，使油位恢复到正常水平就行了。

② 油泵压力过高，也会造成密封圈漏油。因为油压太高，流到滑道的润滑油就多，随着十字头的往复运动，大量的油被十字头推向密封圈，而密封圈根本来不及处理大量的油，从而造成漏油。对于这个原因，只要将油泵调压螺栓往下调，使油泵压力调至 0.15～0.3MPa 即可。

③ 如果排除以上两个原因后，密封圈仍然漏油严重，就应该检查活塞杆是否弯曲、拉毛和磨损。因为活塞杆弯曲、拉毛和磨损会使密封圈与活塞杆贴合不好，从而造成密封效果不好而漏油。活塞杆的检查与修理方法是：从机体里拆出活塞杆，用煤油清洗干净，再用干净的布（注意用不带毛的布）揩干；检查活塞杆表面有无伤痕；测量活塞杆的圆度和锥度；检查活塞杆的弯曲度，将活塞杆与密封圈接触部分分成几个截面，用外径千分尺测量每个截面水平、垂直两个方向的圆度和圆柱度公差，当其超过 0.08mm 时，应上磨床修圆，如数值<0.08mm，又无磨床时，可用金刚砂纸缠在活塞杆上，用手来回拉，将其磨圆。对于活塞杆的弯曲度检查，方法是：将活塞杆放在车床上，把带架千分表放置在车床大拖板上，触针与活塞杆接触，并将指针调至零点，旋转活塞杆，每转 90°观察千分表变化情况，做好记号与记录；如活塞杆弯曲度大于 0.05mm/m 时应进行校直，不能校直则进行更换。另外用外径千分表测量活塞杆直径，若直径缩小值超过 0.10mm，应予更换。对活塞杆上的划伤，可用油石轻轻打磨。如果排除以上几个原因后，密封圈仍然漏油严重，就应该检查一下回油孔，因为加油孔被脏物堵塞，会造成回油不畅，使油积在密封圈盒中，累积至一定的程度，从密封圈盒中漫出。同理，油孔太小，会造成油不能及时回入曲轴箱，也会造成密封圈漏

油。对于回油孔堵塞，只要将脏物清除，保证回油孔畅通即可；而对于回油孔大小，只要用电钻扩大回油孔即可。

④ 如果排除以上四个原因后，密封圈仍然漏油，就应该检查密封圈。密封圈内表面划伤、磨伤、麻面等缺陷，使密封圈与活塞杆接触不良，造成漏油；密封圈两端面划伤，会使密封圈端面贴合不好，造成漏油。密封圈的检查与修理的方法是：抽出活塞杆，拆下密封圈盒，取出密封圈，用煤油清洗干净，再用干净的布揩干（注意用不带毛的布），检查密封圈的内表面和两端面有无划伤、磨伤、麻面等缺陷，检查密封圈的刀口有无磨钝，同时将密封圈套在活塞杆上，用游标卡尺测量其径向开口间隙是否在 1.2～1.5mm 范围内。密封圈内表面和两端面的缺陷，可用涂色法检查，并通过刮研消除。

修理密封圈内表面的缺陷时，可在活塞杆涂一层薄薄的红丹油，将需要修理的密封圈套在杆上，来回移动，然后从杆上取下密封圈，在粘有红丹油的地方轻轻地刮削，这样反复进行，直到密封圈内表面均匀覆盖有细小的红丹痕迹为止。磨损后的密封圈，由于分瓣间的间隙逐渐减小，从而丧失自紧作用。在修理时，应将每瓣磨去一些，使之恢复到原来的间隙，同时应更换松紧合适的弹簧，然后再在活塞杆上涂红丹油刮研。修理密封圈两端平面时，可在大平板上用金刚砂进行研磨。最后，用涂红丹油法检查，当密封圈的整个表面上均匀地覆盖有细小的红丹痕迹时即为合格。为了保证密封圈两端面与轴垂直，在研磨时须将环沿周向转动，不能沿轴向来回推研。密封圈两端面研磨完之后，清洗干净，放入密封圈盒中，上面用压盖压上，用两把塞尺在 180° 方向同时测量，看其轴向间隙平均值是否在 0.05～0.20mm 范围内。如果此间隙太小，会使密封圈盒压紧，密封圈作用在活塞杆上的径向力过大，开车时把密封圈烧坏，使活塞杆磨损；如果间隙太大，密封圈间窜动量太大，两端面接触不紧密，造成漏油。最后，再检查一下密封圈弹簧的松紧程度。弹簧太紧，密封圈作用在活塞杆上的力太大，易造成活塞杆磨损；弹簧太松，密封圈作用在活塞杆上的力太小，不能彻底刮除活塞杆上的油，造成漏油。将密封圈套在活塞杆上，用手上下推动密封圈，检查弹簧的松紧。太松，更换短弹簧或将原弹簧截短；太紧，则更换长弹簧或对原弹簧做回火处理。更换弹簧后，要将密封圈套在活塞杆上反复上下推拉检查，直到松紧合适为止。装配时，全部零件用煤油清洗干净，再用干净的布揩干（注意用不带毛的布），涂上压缩润滑油，依次进行组装。

以上几方面的检查修理基本可以解决压缩机密封圈漏油的问题。

第四节　油　封

旋转轴的密封有很多形式，如软填料密封、机械密封等。本节重点介绍旋转轴用主要的弹性体密封，即油封。

一、油封的基本结构及工作原理

油封的密封圈都是由各种合成橡胶制成的，其基本结构如图 4-68 所示。它主要由油封本体、加强用骨架及自紧用弹簧组成。油封本体各部位又分为底部、腰部、冠部和唇口。

油封在自由状态下，其内径比轴径小，即具有一定的过盈量。当油封装到油封座和轴上以后，即使没有弹簧也有一定的径向力作用在轴上。为了保证密封的可靠性，减少或者弥补因轴在运转时产生的振动而造成的唇口与轴颈产生的局部间隙，在油封冠部的上方，加装一个弹簧。依靠弹簧对轴的抱紧力来克服轴在旋转状态下，因振摆、跳动所造成的间隙，使油封的唇口能始终紧贴于轴的表面。因此，油封能以较小的径向力获得良好的密封效果。

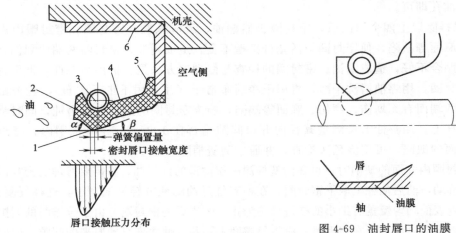

图 4-68　油封的基本结构及接触压力分布

图 4-69　油封唇口的油膜

1—唇口；2—冠部；3—弹簧；4—腰部；5—底部；6—骨架

油封与其他唇状密封不同，因为它具有回弹能力更大的密封唇部，密封面接触宽度很窄（小于 0.5mm），而且接触压力的分布图形呈尖角形（图 4-68）。径向力大小并不是油封结构最佳设计方案的唯一因素。径向力分布应保证有"峰值"状态，且尖峰越锐，密封效果越好，最理想的情况应当是，尽量采用最小的径向力而得到最尖锐的"峰值"压力分布，以获得最佳的密封效果。

油封的工作原理，目前比较普遍地认为是油封唇口与轴接触面之间存在着一层很薄的黏附油膜的结果（图 4-69）。这层油膜的存在一方面起到密封流体介质的作用，另一方面还可以起到唇与轴之间的润滑作用。但是油封在使用过程中，由于油封唇的作用，轴表面及转动情况和密封介质性质的不同以及三者的相互作用和相互配合条件是经常会发生变化的，所以在轴旋转的动态过程中，油膜的厚度也在不断变化，其变动量一般在 20%～50% 之间。油膜过厚，容易泄漏；油膜过薄，则会导致干摩擦。

油膜厚度变化的原因是维持油膜存在的表面张力在不断波动。当表面张力大于某一定值时，油膜将破裂，密封失效。油膜的表面张力与油的黏度、运动速度等因素有关。油封工作时最理想的油膜厚度，即临界膜厚的形成与保持，与油封对轴的径向力大小及其分布状况直接有关。最理想的情况是：油封密封副的滑移面，始终保持临界润滑状态，即保持"临界油膜厚度"。

二、油封的特点及类型

油封一般以橡胶为主体材料，有的带金属骨架和弹簧。其结构简单、尺寸紧凑、装卸容易、成本低廉。对工作环境条件及维护保养的要求不苛刻，密封性能较好，适宜大批量生产。油封广泛地应用在起重运输机械、工程矿山机械、船舶、飞机、机床及多种油压装置上。它通常的工作范围是：工作压力，普通油封一般不超过 0.05MPa，耐压油封国外可达 10MPa，国内产品约为 1～3MPa；密封面线速度，低速型＜4m/s，高速型 4～15m/s；工作温度范围为 −40～+120℃（与橡胶种类有关）；适用介质为油品、水、弱腐蚀性介质；寿命约为半年。

油封的类型很多，按工作原理分为普通型及流体动压型油封；按允许工作线速度分为低速型及高速型；按材质分为橡胶油封、皮革油封及塑料油封；按结构形式分为粘接结构、装配结构、骨架结构和全胶结构；按唇口密闭方向分为内向油封、外向油封（或称封孔油封）、端面油封；还有断面形状特殊的各种异形油封。具有不同特点，用于不同场合的油封类型多达二十几种。其中，以骨架有弹簧橡胶油封应用最广，为常用的油封类型。图 4-70 所示为油封的不同结构形式。

① 粘接结构。这种结构的特点在于橡胶部分和金属骨架可以分别加工制造，再用胶粘接在一起，成为外露骨架型。有制造简单、价格便宜等优点。美、日等国多采用此种结构。它们的截面形状如图 4-70（a）所示。

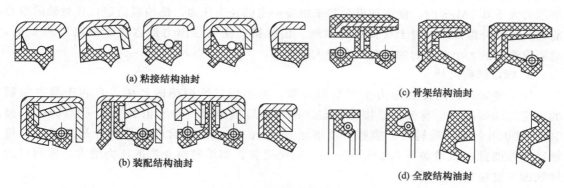

(a) 粘接结构油封

(c) 骨架结构油封

(b) 装配结构油封

(d) 全胶结构油封

图 4-70　油封结构形式

② 装配结构。它是把橡胶唇部、金属骨架和弹簧圈三者装配起来而组成油封［图 4-70（b）］。它有内外骨架把橡胶唇部夹紧。通常还有一挡板，以防弹簧脱出。

③ 橡胶包骨架结构。它是把冲压好的金属骨架包在橡胶之中，成为内包骨架型［图 4-70（c）］。其制造工艺较为复杂一些，但刚度好，易装配，且钢板材料要求不高。

④ 全胶油封。这种油封无骨架，有的甚至无弹簧，整体由橡胶模压成型［图 4-70（d）］。其特点是刚度差，易产生塑性变形。但它可以切口使用，这对于不能从轴端装入而又必须用油封的部位是仅有的一种形式。

三、油封的主要性能参数

要使油封在理想状态下工作，即既要使油封的泄漏量少，又要使其磨损量小，工作寿命长，就要使油封对于轴有足够的径向箍紧力和对轴偏心有较好的追随补偿性。同时使唇口与轴的接触面处于良好的润滑状态。

1. 唇口比压

唇口比压是指在单位圆周上的油封唇口对轴的箍紧力，它是表征唇口摩擦面上线接触应力大小的重要特性参数，对于唇口摩擦工况及密封寿命有直接影响。必须有足够的唇口比压，才能获得密封效果；但唇口比压过大，唇口把轴箍得过紧，会使摩擦面上的油膜遭到破坏，油封的寿命将会大大缩短。因此必须将油封的唇口比压控制在适当的范围内，其常用数值，根据经验推荐：低速型为 150～220N/m；高速型为 95～130N/m。

2. 过盈量

油封的过盈量是指自由状态（未装弹簧）时唇口直径与轴径之差。过盈量可产生一部分径向比压，并能补偿轴的偏心，过盈量过小会降低密封性，过大会产生大量的摩擦热，从而引起橡胶材料的焦耳热效应，加速唇口老化龟裂，这对高速型油封更加明显。一般应根据使用条件确定适当的过盈量，通常为 0.2～0.5mm。油封形式及轴径的不同，过盈量取值也不同，轴径大而无簧时，选大过盈量，轴径小而无簧时，可选稍大过盈量；低速型选用稍小值，高速型选取小值。

3. 弹簧的工作载荷

弹簧的工作载荷主要取决于密封介质的压差，当压差小于 0.1MPa 时，可不必设置弹簧，采用无弹簧型油封。由于油封在运转中唇部胶料会因摩擦发热而软化，增大热变形及磨损，造成应力松弛。单靠唇口的过盈和弹性变形难以保证足够的唇口径向力，所以当密封介质压力大于 0.1MPa 时，便需加设弹簧来维持一定的径向压力，使油膜稳定，且对轴的偏心能起一定的补偿作用。对于有弹簧的油封，由弹簧产生的径向力约占整个径向力的 60%，说明弹簧力的大小对油封的密封性有很大的影响。

4. 唇口结构尺寸

为了使唇口径向接触压力呈尖角形分布，减小唇口摩擦热的产生，有利于润滑油膜的稳定，油封唇口应与轴呈线接触状态。密封唇口接触宽度典型值为 0.1～0.15mm，经 500～1000h 的跑合运转后，接触宽度增至 0.2～0.3mm。在含磨粒性的介质环境中，接触宽度可能进一步增加至 0.5～0.7mm，甚至更多。如果密封介质的压力增大，则唇口的接触面宽度应适当增大。

为了使油封获得良好的密封效果，油侧的接触角 $\alpha = 40° \sim 60°$，空气侧的接触角 $\beta = 20° \sim 35°$，弹簧中心与密封唇口中心要有一轴向偏置量，其值一般为 0.4～0.7mm，弹簧偏向腰部侧（图 4-68）。

四、油封的使用

油封的合理选用（包括材质和形式）和正确安装，是保证油封密封性能的重要因素之一。

1. 油封的选用

制作油封的主要材质是橡胶，常用的是丁腈橡胶、聚氨酯橡胶、丙烯酸酯橡胶。其他还用到氟橡胶、硅橡胶、聚四氟乙烯塑料等。应根据工作温度、线速度（轴转速）等条件对油封材质进行选择。

油封形式的主要选择依据是：主机的工作特性、工作条件与环境、介质性质。另外还需考虑材料来源及成本费用等。

2. 油封的安装

安装油封时应注意以下各点。

（1）安装前的检查与清理。根据具体所需密封部位的工况，包括介质性质等，检查油封胶料与结构的选择是否合适。轴径应等于油封公称内径，公差按 f9 选取，表面粗糙度约为 $Ra0.2 \sim 0.6\mu m$，一般不大于 $Ra0.8 \sim 1.6\mu m$；轴表面宜淬硬或镀铬，表面硬度要求达到 30～50HRC，壳体上的装填孔等于油封公称外径，公差按 H8 选取，表面粗糙度约为 $Ra3.2\mu m$，装填孔与轴的同轴度应小于 0.1mm。清理工作主要包括清洗与被安装件的合理归位等，这与其他密封装置的安装要求相似。

（2）油封的安装。

① 安装时，油封可能触及的轴肩或安装孔的端面等应加工成倒角或倒圆，即加工成圆滑导锥结构，否则，需另外使用加工有圆滑导锥的套筒协助装填。

油封唇口可能接触轴的键槽、螺纹等，应包裹薄铜皮后，让油封顺利通过。对安装油封的孔壁，应尽可能避免开孔或槽，以免损伤油封外圆面。对于装填孔壁上必须开的孔或槽应尽可能径向开设，且需避免触及油封的外圆面。

② 为防止油封在油压作用下发生位移，可在油封座孔后端装设挡环，或直接做出台肩。

③ 油封前后压差大于 0.05MPa 时，需用垫圈支撑增强（图 4-71）。油封用于圆锥滚柱轴承部位时，应在轴承外径处钻减压孔（图 4-72）。

④ 在通常情况下，不能装设挡油器、甩油环等，避免阻挡润滑油液流入油封部位。但若有激溅油流冲刷油封时，则油封前应装设挡油环（图 4-73）或选用带挡油片的异形油封。

⑤ 轴的终加工痕迹尽可能不呈螺纹状。避免与油封唇口共同产生泵送效应而影响密封性能。

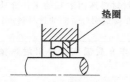
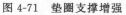
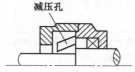
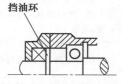

图 4-71 垫圈支撑增强　　　　图 4-72 带减压孔的轴承座　　　图 4-73 挡油环的安装

3. 油封常见故障、原因及排除方法

对油封密封性能的影响因素很多，它们可能引起油封的故障。因此，在油封的保存、选型、安装、使用等诸多方面必须十分地重视。油封常见故障、原因与纠正措施见表 4-24。

表 4-24　油封常见故障、原因与纠正措施

	故　障	原　因	纠　正　措　施
油封不良	唇口不良，早期泄漏	制造质量差，唇口有毛刺或缺陷	去除毛刺或更换油封
	弹簧质量不好或失效，早期泄漏	制造质量差	更换油封弹簧
	径向压力过小，早期泄漏	弹簧过松，抱紧力太小	调整油封质量
装配不良	唇口有明显伤痕，早期泄漏	装配时油封通过键槽或螺纹，划伤唇口	更换油封，重新装油封时，要用护套保护油封唇口
	油封呈碟状变形	油封安装工具使用不当	正确使用油封安装工具
	油封唇口装反，方向侧转或弹簧脱落，发生泄漏	轴端倒角不合适，粗糙度过大或装配用劲过大使油封唇部翻转或弹簧脱落	用细砂纸打磨轴端侧角，涂覆油脂，小心安装
	油封唇部与轴表面涂覆油脂过多，早期泄漏	装配时，油封唇部与轴表面涂覆脂过多	待轴运转一定时间后，油脂即可减少而恢复正常工作
唇口磨损	润滑不良，唇口工作面磨损严重，宽度超过 1/3 以上呈现无光泽	润滑不良，唇口发生干摩擦	保证润滑
	轴表面较粗糙，唇口磨损严重，早期泄漏	轴表面粗糙度 $Ra > 0.32 \sim 0.63\mu m$	降低轴表面粗糙度到 $Ra \leqslant 0.32 \sim 0.63\mu m$
	润滑油含有灰尘、杂质或无防尘装置，灰尘异物等侵入	用油不洁净、液压系统太脏，灰尘侵入唇部，引起异常磨损；轴上黏附粉尘硬粒；装配时铁屑等刺入唇口；轴上或油封唇口误涂漆料	保证润滑油洁净，加强管路系统清理；为了防止灰尘等侵入唇部，增设防尘装置；装配时注意清洁，去除误涂的漆料

续表

故　　障		原　　因	纠正措施
唇口磨损	唇口径向压力过大,油膜中断,发生干摩擦	油封弹簧抱得过紧	调整油封弹簧
	安装偏心、唇口滑动而出现异常磨损,最大与最小磨损呈对数分布;主唇与副唇滑动而磨损,痕迹大小两者虽各自呈现对称分布,但大小位置相反	箱体、端盖、轴不同心,致使油封偏心运转;油封座孔过小,不适当地压入油封以致倾斜	保证箱体、端盖、轴的同心度要求,保证油封座孔尺寸要求
油封与介质不相容	油封与工作介质相容性不良,唇口软化,溶胀或硬化,龟裂	工作介质不适当	根据油封材料选用适宜的工作介质或根据工作介质选用合适的油封材料
橡胶老化	唇部过热、硬化或龟裂	工作介质温度高于设计值,超过橡胶的耐用温度	降低工作介质温度或换用耐热橡胶油封
	润滑不良唇部硬化、龟裂	润滑不良发生干摩擦	保证润滑
	唇部溶胀,软化	橡胶对工作介质的相容性差;油封长时间浸泡于洗油或汽油中,使唇口溶胀	选用相容于工作介质的橡胶材料;不得用洗油或汽油清洗油封
轴的故障	表面粗糙度使用不当,$Ra>0.32\sim0.63\mu m$ 或 $Ra<0.04\sim0.08\mu m$;表面硬度不当,高于40HRC	表面粗糙,磨损严重;表面太光滑,润滑油难以形成油膜或保持,发生干摩擦;表面硬度高于40HRC时反而会加速轴的磨损(表面镀铬除外)	控制表面粗糙度和硬度在合适值;表面镀铬最好
	润滑油含有杂质,表面磨损严重	润滑油不洁净	保证润滑油清洁
	偏心过大,轴径向摆动时有响声	轴承偏心;轴本身偏心	换轴承;改用耐偏心油封
	唇口处有灰尘,轴表面磨损严重	轴表面不洁净,黏附有灰尘颗粒,侵入油封唇口,磨损轴表面;侵入铸造型砂磨损轴表面;外部侵入灰尘磨损轴表面;润滑油老化,生成氧化物,侵入油封唇口,磨损轴表面	保证轴表面及油封清洁;为了防止外部侵入灰尘,设置防尘装置;改用优质润滑油
	轴的滑动表面有伤痕或缺陷	轴表面有工艺性龟裂或麻点,加剧磨损而泄漏;轴表面的伤痕、缺陷等与油封唇口之间形成间隙而泄漏,轴表面划伤或碰伤	保证轴表面质量,且勿磕碰
	轴表面的滑动部分有方向性的加工痕迹	轴表面留有微细螺纹槽等车削或磨削加工痕迹,形成泵送效应而泄漏	注意轴表面精加工工艺;采用直径为0.05mm的小玻璃球进行喷丸处理最佳

五、油封应用实例:车用橡胶油封的使用与维修

1. 车用油封概况

车用油封通常由橡胶、钢皮骨架、螺旋弹簧等组成,是用钢板作骨架、用耐油性能好的丁腈橡胶整个包起来,在模型中加热、硫化而制成的,它具有耐磨、耐热、耐老化等特点。

其功能是防止润滑油从孔与轴之间的配合间隙处向外泄漏，同时又可防止灰尘杂质进入机器内部。汽车上常用的是骨架式橡胶油封，其规格用 $d \times D \times H$（内径×外径×厚度）来表示，有时还在尺寸之前标有汉语拼音字母 PD（低速普通型）、PC（高速普通型）、SD（低速双口型）、SG（高速双口型）、W（无弹簧型）等。还有一种常用油封为 O 形橡胶密封圈，规格用内径或外径×断面直径表示。有时在尺寸之前加上字母 E、G 分别表示装于运动件和固定件。

车用油封一般分为平唇式、螺旋式、多唇式及聚四氟乙烯唇式油封，实际上是一种摩擦件，所以使用寿命有局限性。油封接触旋转的轴，使油封唇面产生高温和损耗，旋转转速对唇口面有一定的影响，同时受轴的表面粗糙度、偏心度、轴向间隙、油封唇面与轴的接触压力大小的影响；还受润滑油和油脂的种类、质量、黏度以及是否含有水分和浮物的影响。

油封在自由状态下，唇口内径比轴径小，因而配加弹簧以补偿。油封安装的方向性还使唇口在承受箱内压力时，更紧密地贴在轴上，确保唇口对轴颈的接触压力分布均匀、呈集中状态。当轴旋转时，轴颈与唇口形成一条 0.4mm 左右的密封带，并保持一层油膜而形成良好的密封。

2. 车用油封的正确安装

① 要保证油封的正确安装状态，其本身的质量必须可靠。它的尺寸、形状、橡胶品质以及弹簧弹力等状况都应符合使用要求。若其外径尺寸过大，使配合的过盈量超过要求时，在装配过程中，很容易造成外圈损伤；若外径尺寸过小或油封骨架形位误差较大，则保证不了油封的配合。内圈刃口是油封最关键的工作部位，若刃口直径过大、橡胶弹性差或弹簧弹力不足等，都会导致油封与轴颈之间的密封性能下降，甚至会失去密封作用。当其刃口直径过小、弹簧弹力过大或胶质僵硬时，则由于油封对轴颈的接触压力增加，润滑油膜不易在油封刃口与轴颈之间很好地形成而导致摩擦力增加，使油封过热，进而加速油封内圈橡胶的老化和龟裂，导致油封泄漏。

② 测量油封刃口直径时，不可拆掉弹簧，应先用手整形，使之内圈尽量平整，而且多测几个方位取其平均值。测量时用力适当，不能使之变形而影响其测量值。按照生产厂家要求，油封刃口应与配合的轴颈过盈量适当，过大会影响其使用寿命，过小则密封性能变差。

③ 使用中，常见问题有润滑油含有杂质较多，润滑油数量过多、不足或过稀，这些都会导致油封的密封性能下降而泄漏。杂质容易碾入油封与轴颈之间，破坏其配合的严密性，润滑油过稀也会产生泄漏。润滑油严重短缺时，会使转动摩擦部位工作条件恶化，导致油封过热（不允许超过80℃）而急剧磨损，甚至撕裂；润滑油过多，则由于其向外泄漏压力增大而渗漏。因此在使用中，应经常检查，必要时予以更换或添加。

④ 油封安装前，确认质量符合要求后，将其工作表面清洗干净并仔细检查，应保证光滑平整，不得有裂纹、皱褶、伤痕、缺口等缺陷。油封表面涂抹干净润滑油，用专用工具压配，保证压力均匀地将油封压到位，避免因装歪或用力过猛而损坏油封，绝不允许用锤棒及其他工具直接在油封表面敲打。将轴颈装入油封前必须在其油封刃口和工作表面抹一层干净润滑油，并检查轴颈内外圈和倒角部分有无毛刺、尖角锐边，以免刮伤油封的工作刃口和工作表面。

⑤ 油封安装时，一定要注意其前后位置和安装方向，油封与立座孔是过盈配合，加之橡胶的机械强度很低，很容易出现油封颈损伤的现象，因此安装时要对准座孔放正，然后推

入（或垫一平板用平锤轻轻敲入），切忌不放正就往里硬打。发现不能安装或配合关系不符时，应停止安装，检查原因，若属油封质量问题应予更换，不能勉强凑合。

⑥ 安装时很容易出现弹簧脱落，内圈翻边等现象，因此要小心谨慎，装妥之后认真检查弹簧在环槽内配合是否牢靠，并保证刃口的正常状态，安装时应在配合轴颈上涂抹润滑油，边转动边推进，以免轴颈损伤刃口内圈翻边而破坏配合状态。

3. 车用油封使用注意事项

① 使用中应保持正常的压力，若机内压力过高，油封会容易产生泄漏而损坏。

② 按照生产厂家的要求选择油封的规格型号，才能保证其使用性能。

③ 注意与油封配合的轴颈，若表面粗糙度值过高，容易使之产生早期磨损。

④ 油封座孔与轴颈不同心会造成油封唇口的径向压力分布不均而磨损。

⑤ 安装时轴颈倒角处有毛刺、锐边、锈蚀、伤痕等，都必须事先进行清理。油封唇口和轴颈表面涂抹润滑油，以免干摩擦而损坏。

⑥ 油封保管不当，会引起橡胶老化、霉变、变形，使用中工作能力降低。

油封使用一段时间后容易老化变形，甚至损坏，最好定期更换同一规格型号的产品，以免发生故障而影响机器的使用性能。

思考及应用题

一、单选题

1. 软填料密封通常用作旋转或往复运动的元件与填料箱之间（　　）的密封。

A. 柱形空间　　　　B. 环形空间　　　　C. 锥形空间　　　　D. 球形空间

2. 对于锥面填料，为保证在运转时润滑油楔入密封圈的润滑面，减轻摩擦，提高密封性能，在锥形环的内圆外端加工成（　　）的油楔角。

A. 25°　　　　　　B. 15°　　　　　　C. 30°　　　　　　D. 8°

3. 软填料密封存在着一些缺点，下列说法不是其缺点的是（　　）。

A. 受力状态不良　　　　　　　　B. 散热冷却能力不够

C. 自动补偿能力较差　　　　　　D. 不受振动的影响

4. 硬填料用在旋转机械中常被称为（　　）。

A. 胀圈　　　　　　B. 活塞环　　　　　C. 分瓣环　　　　　D. O形环

5. 以下形式不是活塞环的开口形式的是（　　）。

A. 直切口　　　　　B. 斜切口　　　　　C. 梯形切口　　　　D. 搭切口

6. 活塞环密封的泄漏通道有（　　）条。

A. 1　　　　　　　B. 2　　　　　　　C. 3　　　　　　　D. 4

7. 环形密封圈是用（　　）材料经模压或车削加工成型的。

A. 橡胶　　　　　　B. 塑料　　　　　　C. 皮革　　　　　　D. 以上都是

8. 环形密封圈与软填料密封的主要区别是（　　）。

A. 是自紧式密封　B. 结构复杂　　　　C. 寿命长　　　　　D. 密封效果差

9. 下列密封圈属于环形密封圈的是（　　）。

A. Y形圈　　　　　B. X形圈　　　　　C. U形圈　　　　　D. V形圈

10. 下列密封圈属于唇形密封圈的是（　　）。

A. O形圈　　　　　B. X形圈　　　　　C. U形圈　　　　　D. 心形圈

二、多选题

1. 填料密封的基本类型有（　　　）。

A. 软填料密封　　　B. 硬填料密封　　　C. 成型填料密封　D. 油封

2. 软填料密封的基本原理是（　　　）。

A. 轴承效应　　　　B. 润滑效应　　　　C. 迷宫效应　　　D. 间隙效应

3. 软填料密封按照结构形式分有（　　　）。

A. 绞合填料　　　　B. 编织填料　　　　C. 叠层填料　　　D. 模压填料

4. 软填料密封的改进措施是（　　　）。

A. 提高密封填料的性能　　　　B. 改进密封结构

C. 减少填料环数　　　　D. 增加填料宽度

5. 硬填料密封的类型有（　　　）。

A. 活塞环　　　　　B. 分瓣环　　　　　C. O 形环　　　　D. C 形环

6. 活塞环的主要作用有（　　　）。

A. 密封　　　　　　B. 布油　　　　　　C. 冷却　　　　　D. 导热

7. 活塞环密封的泄露通道有（　　　）。

A. 经活塞环的开口间隙的泄漏

B. 经环的两侧面与环槽两壁面交替紧贴的瞬时出现的间隙

C. 活塞环外圆面与缸壁不能完全贴紧时的间隙

D. 穿过活塞环本身

8. 环形密封圈的特点是（　　　）。

A. 结构简单紧凑　　　　B. 密封性能良好

C. 品种规格多　　　　D. 工作参数范围广

9. 成型填料密封按工作特性分为（　　　）。

A. 橡胶密封圈　　　　B. 挤压型密封圈

C. 唇形密封圈　　　　D. 软金属密封圈

10. 下列密封结构属于唇形密封圈的是（　　　）。

A. O 形圈　　　　B. V 形圈　　　　C. U 形圈　　　　D. Y 形圈

三、判断题

1. 填料环数过多和厚度过大，都会使密封面间产生过大的摩擦。（　　　）

2. 填料密封的优点是结构简单，密封效果比机械密封好。（　　　）

3. 活塞环切口形式有三种，在大型压缩机中，最常用的是直切口。（　　　）

4. 环形密封圈是用橡胶、塑料、皮革及软金属材料经模压或车削加工成型的。（　　　）

5. 填料密封是在轴与壳体之间用弹塑性材料或具有弹性结构的元件堵塞泄漏通道的密封装置。（　　　）

6. 环形密封圈属于自紧式密封。（　　　）

7. 软填料密封又叫压盖填料密封，俗称盘根。它是填塞环缝的压紧式密封，是世界上最早使用的一种密封装置。（　　　）

8. 软填料密封密封性能好，不会出现异常磨损。（　　　）

9. 油封仅作防尘时，应使密封唇部背向轴承。（　　　）

10. 活塞环的开口一般选择搭切口。（　　　）

11. V 形圈是唇形密封的典型形式，也是唇形密封圈中应用最早和最广泛的一种。（　　　）

12. 活塞环密封属于自紧式密封。（　　）

13. O 形密封圈一般多用合成橡胶制成，是一种断面形状呈圆形的密封组件。（　　）

14. O 形密封圈具有良好的自紧式作用。（　　）

15. 油封功用是把油腔和外界隔离，对内封油，对外防尘。（　　）

四、简答题

1. 简述软填料密封的基本结构及密封原理。

2. 通过何种方法才能获得良好的软填料密封的密封性能？

3. 简述软填料密封材料的基本要求及主要材料。

4. 典型的软填料结构形式主要有哪几种？并简述它们的特点。

5. 软填料密封存在的主要问题有哪些？可以采取哪些改进措施。

6. 软填料密封安装时应注意哪些要求？

7. 活塞环开口的切口形式主要有哪几种？最常见的是哪种？为什么？

8. 简述活塞环的密封原理。

9. 环形密封圈与软填料密封的主要区别是什么？环形密封圈按截面形状有哪几类？

10. 简述 O 形密封圈的工作特性。

11. V 形密封圈使用时应注意哪些事项？

12. 油封作用是什么？主要结构形式有哪些？

13. 怎样才能使油封获得最佳的密封效果？为什么？

第五章

机械密封及应用

第一节 概 述

机械端面密封是一种应用广泛的旋转轴动密封，简称机械密封，又称端面密封。近几十年来，机械密封技术有了很大的发展，在石油、化工、轻工、冶金、机械、航空和原子能等工业中获得了广泛的应用。据我国石化行业最新统计，$80\% \sim 90\%$ 的离心泵采用机械密封。机械密封在许多高压、高温、高速、易燃、易爆和腐蚀性介质等工况下也取得了较好的使用效果。工业发达国家里，在旋转机械的密封装置中，机械密封的用量占全部密封使用量的 90% 以上。目前，机械密封已成为流体密封技术中极其重要的动密封形式。

一、机械密封的组成、基本原理及特点

机械密封的结构多种多样，常见的结构如图 5-1、图 5-2 所示。

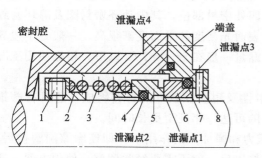

图 5-1 机械密封的基本结构

1—紧定螺钉；2—弹簧座；3—弹簧；4—动环辅助密封圈；

5—动环；6—静环；7—静环辅助密封圈；8—防转销

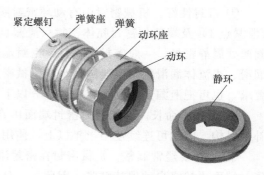

图 5-2 机械密封动环、静环

机械密封中相互贴合并相对滑动的两个环形零件称为密封环。其中随轴做旋转运动的密封环称为动环；不随轴做旋转运动的密封环称为静环。动环与静环相互贴合的端面称为密封端面。密封端面垂直于旋转轴线，由密封端面所构成的密封环节称为主密封，这是机械密封的主要密封部位。

机械密封中除主密封以外的其他密封环节称为辅助密封。通常采用橡胶、聚四氟乙烯等弹性零件做成密封圈起辅助密封作用，故称为辅助密封圈。辅助密封圈一般可分为动环密封圈和静环密封圈。他们不仅起辅助密封的作用，同时还具有缓冲功能，这在机械密封中是一个重要的条件。若轴的振动不加缓冲就直接传到密封面上，则密封面就不能贴紧而使泄漏增加。轴的振动给密封面造成的轴向力及径向力会导致密封面磨损加剧甚至破坏，这些都将严重影响密封性能。为此，机械密封要利用各种辅助密封圈及波纹管等的弹性来缓冲轴的振动对密封性能的影响。

机械密封必须具有轴向补偿能力，以便密封端面磨损后仍能保持良好的贴合。因此称具有轴向补偿能力的密封环为补偿环，不具有轴向补偿能力的密封环为非补偿环。由弹性元件（弹簧等）及相关零件（弹簧座、推环等）所组成的能够与补偿环一起进行轴向移动的部件称为补偿机构。

带动动环与轴一起回转的零件（传动螺钉、传动销等）组成机械密封的传动机构。

主密封、辅助密封以及补偿机构和传动机构是构成机械密封的四个组成部分。密封装置往往还具有冷却、冲洗及润滑等部分。

机械密封工作时，由密封流体压力和弹性元件的弹力等引起的闭合力，使动环与静环端面相互贴合，并在两端面间极小的间隙中维持一层极薄的液膜。其间隙主要取决于研磨精度，根据零件尺寸及摩擦状态的不同，液膜厚度也不同。由于这层极薄的液膜具有流动动压力与静压力，因此，它一方面对端面起润滑作用，使之具有较长的使用寿命，另一方面起着平衡压力的作用，从而获得良好的密封性能。

由此，机械密封可定义为：由至少一对垂直于旋转轴线的端面在流体压力和补偿机构弹力（或磁力）的作用以及辅助密封的配合下，保持贴合并相对滑动而构成的防止流体泄漏的装置。

机械密封是由经过精密加工的零件组成的，它是一种性能较好的密封形式。

1. 机械密封的优点

① 密封性好。机械密封中有动环密封圈（泄漏点 2）、静密封圈（泄漏点 3）、密封端面（泄漏点 1）及端盖与密封腔体密封（泄漏点 4）四处密封部位，其中动环密封圈及静环密封圈两处属静密封，一般密封性较好。密封端面的表面光洁度和平面度都很高，一般处于边界润滑、半流体润滑状态，泄漏很小。机械密封泄漏量一般在 5～5mL/h 以下，根据使用工况要求，也可把泄漏量限制在 0.01mL/h 以下。

② 使用寿命长。机械密封密封端面由自润滑性及耐磨性较好的材料组成，还具有磨损补偿机构。因此可连续使用半年以上，使用较好的可达一年甚至更长时间。

③ 不需要经常调整。机械密封在密封流体压力和弹性力的作用下，即使摩擦副磨损后，密封端面也始终自动保持贴紧。因此，一旦安装好以后，就不需要经常调整，使用方便，适合连续化、自动化生产。

④ 摩擦功率消耗小。机械密封由于摩擦副接触面积小，又处于半流体润滑或边界润滑状况，摩擦功率一般仅为填料密封的 20%～30%。

⑤ 轴或轴套不产生磨损。轴或轴套与机械密封动环之间几乎无相对运动，可重复使用，降低零部件的消耗。

⑥ 耐振性强。机械密封由于具有缓冲功能，因此当设备或转轴在一定范围内振动时，仍能保持良好的密封性能。

⑦ 密封参数高，适用范围广。在合理选择摩擦副材料、结构和适当的冲洗、冷却等辅助系统的情况下，机械密封可广泛适用于各种工况，尤其在解决高温、低温、强腐蚀、高速等恶劣工况下的密封时，更显示其优越性。

2. 机械密封的缺点

① 结构复杂，装配精度要求高。一般机械密封有一对摩擦副组成的密封端面。当密封参数较高时，将由两对或几对摩擦副组成，加上辅助系统，在结构上较普通的填料密封复杂。同时由于装配精度要求高，安装时有一定技术要求，故对于初次使用机械密封的人来说显得有些困难。

② 更换不方便。机械密封零件都是环形零件，而且这些零件一般不能做成剖分式，因此在更换密封零件时，就需要部分或全部拆开机器设备的传动部分，才能从传动轴端取出密封零件。

③ 排除故障不方便。当机械密封运转不正常时，采取应急措施困难，这时只好将设备停止运行进行处理。

④ 价格昂贵。机械密封选材严格，加工制造精度高，工艺路线长，因此造价较高，与普通填料密封相比，一次性投资大。

二、机械密封的分类和结构

机械密封有不同的分类方法。按用途可分为高速机械密封、低速机械密封、高温机械密封、低温机械密封、泵用机械密封、釜用机械密封等。也可按不同工作参数分类，如表 5-1 所示。

表 5-1 机械密封按工作参数分类

按密封腔温度分	$t>150℃$	高温机械密封	按密封端面平均线速度分	$v>100m/s$	超高速机械密封
	$80℃<t≤150℃$	中温机械密封		$25m/s≤v≤100m/s$	高速机械密封
	$-20℃≤t≤80℃$	普温机械密封		$v<25m/s$	一般速度机械密封
	$t<-20℃$	低温机械密封	按轴径尺寸分	$d>120mm$	大轴径机械密封
按密封腔压力分	$p>15MPa$	超高压机械密封		$25mm≤d≤120mm$	一般轴径机械密封
	$3MPa<p≤15MPa$	高压机械密封		$d<25mm$	小轴径机械密封
	$1MPa<p≤3 MPa$	中压机械密封	按被密封介质分	含固体磨粒介质	耐磨粒介质机械密封
	常压≤$p≤1MPa$	低压机械密封		强酸、强碱及其他强腐蚀介质	耐强腐蚀介质机械密封
	负压	真空机械密封		耐油、水、有机溶剂及其他弱腐蚀介质	耐油、水及其他弱腐蚀介质机械密封

一般按机械密封的原理和结构可分为如下几类：

（一）按静环与密封端盖的相对位置分类

① 内装式机械密封。静环装于密封端盖（或相当于密封端盖的零件）内侧（即面向主机工作腔的一侧）的机械密封为内装式机械密封。内装式机械密封可以利用密封腔内流体压力来密封，机械密封的元件均处于密封流体中，密封端面的受力状态以及冷却和润滑条件好，是常用的结构形式。其结构见图 5-3 （a）。

② 外装式机械密封。静环装于密封端盖（或相当于密封端盖的零件）外侧（即背向主

机工作腔的一侧）的机械密封为外装式机械密封。一般来说，这种密封可以直接监视其密封端面的磨损情况。由于外装式结构的密封流体作用力与弹性元件的弹力方向相反，当流体压力有波动，而弹簧补偿量又不大时，会导致密封环不稳定甚至严重泄漏。外装式机械密封仅用于强腐蚀、高黏度和易结晶介质以及介质压力较低的场合。其结构见图 5-3（b）。

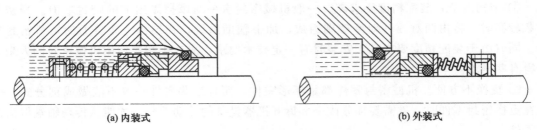

(a) 内装式　　　　　　　　　　　　(b) 外装式

图 5-3　内装式与外装式机械密封

（二）按弹簧在密封流体中的位置分类

① 弹簧内置式机械密封。弹簧置于密封流体之内的机械密封。

② 弹簧外置式机械密封。弹簧置于密封流体之外的机械密封。

（三）按补偿环上离密封端面最远的背面所处压力状态分类

① 背面高压式机械密封。补偿环上离密封端面最远的背面处于高压侧的机械密封。背面高压式机械密封是常用结构。

② 背面低压式机械密封。补偿环上离密封端面最远的背面处于低压侧的机械密封。背面低压式机械密封的弹性元件一般都置于低压侧，可避免接触高压侧密封流体，而高压侧密封流体往往是被密封介质，这种结构解决了弹簧受介质腐蚀的问题。因此，强腐蚀机械密封常采用背面低压式。

（四）按密封流体在密封端面间的泄漏方向与离心力方向是否一致分类

① 内流式机械密封。密封流体在密封端面间的泄漏方向与离心力方向相同的机械密封，如图 5-4（a）所示。

② 外流式机械密封。密封流体在密封端面间的泄漏方向与离心力方向相同的机械密封，如图 5-4（b）所示。

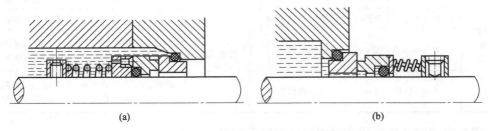

(a)　　　　　　　　　　　　　　(b)

图 5-4　内流式机械密封与外流式机械密封

（五）按补偿环是否随轴旋转分类

① 旋转式机械密封。弹性元件随轴旋转的机械密封。旋转式机械密封的弹性元件装置简单，径向尺寸小，常用于一般机械密封，但不宜用于高速。因高速情况下转动件的不平衡质量易引起振动和介质被强烈搅动，因此线速度大于 30m/s 时，宜采用静止式机械密封。

② 静止式机械密封。弹性元件不随轴旋转的机械密封，由于弹性元件不受离心力影响，

常用于高速机械密封，如图 5-5 所示。

（六）按补偿机构中弹簧的个数分类

① 单弹簧式机械密封。补偿机构中只包含有一个弹簧的机械密封。单弹簧式机械密封端面上的弹簧压力，尤其在轴径较大时分布不均，而且高速下离心力使弹簧偏移或变形，弹簧力不易调节，一种轴径需用一种规格弹簧，弹簧规格多、轴向尺寸大、径向尺寸小、安装维修简单，因此，它多用于较小轴径（不大于 80～150mm）、低速密封。

② 多弹簧式机械密封。补偿机构中含有多个弹簧的机械密封，如图 5-6 所示。多弹簧式机械密封的弹簧压力分布则相对较均匀，受离心力影响较小，弹簧力可通过改变弹簧个数来调节，不同轴径可用数量不同的小弹簧使弹簧规格减少、轴向尺寸小、径向尺寸大，安装烦琐，适用于大轴径高速密封。多弹簧的弹簧丝径细，在腐蚀性介质或有固体颗粒介质的场合下，易因腐蚀和堵塞而失效。

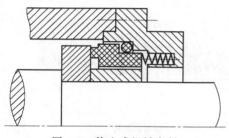

图 5-5 静止式机械密封

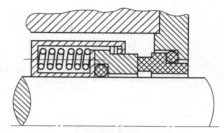

图 5-6 多弹簧式机械密封

（七）按密封流体压力卸荷程度分类

① 非平衡式机械密封。密封流体压力载荷使密封力有增加趋势的一般为自紧密封。自紧程度以平衡系数体现，平衡系数 β 为流体压力作用面积 A_e 与密封环带面积之比 A。平衡系数 $\beta \geqslant 1$ 的机械密封称为非平衡式机械密封，如图 5-7（a）所示。非平衡型机械密封不能平衡液体压力对端面的作用，端面比压随液体压力增加而增加。在较高液体压力下，由于端面比压增加，容易引起磨损，但结构简单。

$$\beta = \frac{A_e}{A} = \frac{d_2^2 - d_b^2}{d_2^2 - d_1^2} \tag{5-1}$$

式中　A——密封环带面积，指较窄的那个密封端面外径 d_2 与内径 d_1 之间环形区域的面积，

$$A = \frac{\pi}{4}(d_2^2 - d_1^2);$$

　　　A_e——密封流体压力作用在补偿环上使之对于非补偿环趋于闭合的有效作用面积，

$$A_e = \frac{\pi}{4}(d_2^2 - d_b^2);$$

　　　d_b——平衡直径，指密封流体压力作用在补偿环辅助密封圈处轴（或轴套）的直径。

② 平衡式机械密封。平衡系数 $\beta < 1$ 的机械密封称为平衡式机械密封，如图 5-7（b）所示。平衡系数 $\beta \leqslant 0$ 的机械密封称为过平衡机械密封，如图 5-7（c）所示。平衡型机械密封能部分或全部平衡液体压力对端面的作用，但通常采用部分平衡式，端面比压随液体压力增高而缓慢增加，可改善端面磨损情况，但结构比较复杂。

（八）按密封端面的对数分类

（1）单端面机械密封。由一对密封端面组成的机械密封。单端面机械密封结构简单，制造、

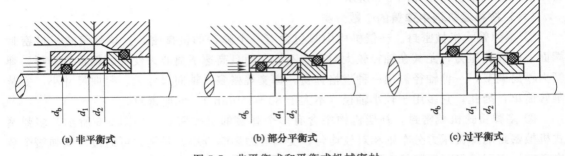

(a) 非平衡式　　　　　　　(b) 部分平衡式　　　　　　　(c) 过平衡式

图 5-7　非平衡式和平衡式机械密封

安装容易，适用于一般液体场合，如油品等，与其他辅助装置合用时，可用于带悬浮颗粒、高温、高压液体等场合。但当介质有毒、易燃、易爆以及对泄漏量有严格要求时，不宜使用。

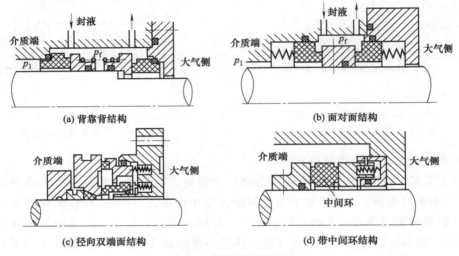

(a) 背靠背结构　　　　　　　　　　　　　(b) 面对面结构

(c) 径向双端面结构　　　　　　　　　　　(d) 带中间环结构

图 5-8　双端面机械密封

（2）双端面机械密封。由两对密封端面组成的机械密封称为双端面机械密封，双端面机械密封适用于腐蚀、高温、带固体颗粒及纤维、润滑性能差的介质，以及有毒、易燃、易爆、易挥发、易结晶和贵重的介质。根据双端面位置不同还可分为以下三种。

① 轴向双端面机械密封。沿轴向相对或相背布置的双端面机械密封，如图 5-8（a）、（b）所示。

② 径向双端面机械密封。沿径向布置的双端面机械密封，如图 5-8（c）所示。

③ 带浮动环的机械密封。一个密封环被一个动环和一个静环所夹持与其贴合并在径向能够浮动的机械密封，如图 5-8（d）所示。

（3）串联机械密封。由两套或两套以上同向布置的单端面机械密封所组成的机械密封，密封流体压力依次递减，可用于高压工况，如图 5-9

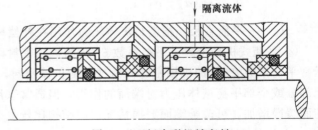

图 5-9　双级串联机械密封

所示。

（九）按波纹管机械密封所用波纹管材料分类

（1）金属波纹管机械密封。补偿环的辅助密封为金属波纹管的机械密封称为金属波纹管机械密封。根据金属波纹管的制造方法不同可分为以下两类。

（2）聚四氟乙烯波纹管机械密封。补偿环的辅助密封为聚四氟乙烯波纹管的机械密封，如图 5-10（c）所示。

（3）橡胶波纹管机械密封。补偿环的辅助密封为橡胶波纹管的机械密封，如图 5-10（d）所示。

① 压力成型金属波纹管机械密封。使用压力成型金属波纹管的机械密封，如图 5-10（a）、图 5-11 所示。

② 焊接金属波纹管机械密封。使用金属波片环节组合而成的金属波纹管机械密封，如图 5-10（b）所示。

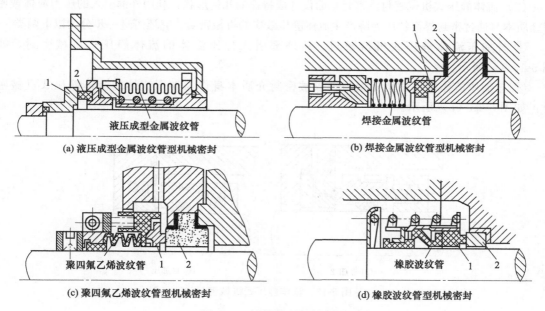

(a) 液压成型金属波纹管型机械密封   (b) 焊接金属波纹管型机械密封

(c) 聚四氟乙烯波纹管型机械密封   (d) 橡胶波纹管型机械密封

图 5-10 波纹管型机械密封

1—动环；2—静环

（十）受控膜式机械密封

可以控制密封端面间流体膜厚度的机械密封总称为受控膜式机械密封。根据控制力的性质，可以分为流体静压式机械密封和流体动压式机械密封。

（1）流体动压式机械密封，如图 5-12 所示。密封端面设计成特殊的几何形状，利用相对旋转自行产生流体动压效应的机械密封称为流体动压式机械密封。根据产生动压效应的位置不同，还可分为以下两类。

图 5-11 金属波纹管机械密封

① 切向作用流体动压式机械密封。能在切向形成流体动压分布的流体动压式机械密封。

② 径向作用流体动压式机械密封。能在径向形成具有抵抗泄漏作用的流体动压力分布的流体动压式机械密封。

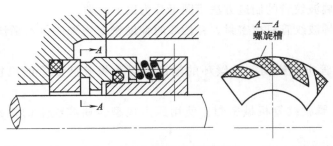

图 5-12 流体动压式机械密封

（2）流体静压式机械密封。密封端面设计成特殊的几何形状，利用外部引入的压力流体或密封介质本身通过密封界面的压力降产生流体静压效应的机械密封。它还可进一步分为以下两类。

① 外加压流体静压式机械密封。从外部引入加压流体的流体静压式机械密封，如图 5-13（a）所示。

② 自加压流体静压式机械密封。以被密封介质本身作为加压流体的流体静压式机械密封，如图 5-13（b）所示。

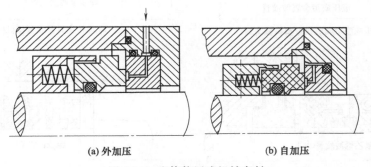

(a) 外加压　　　　　　　　　　(b) 自加压

图 5-13 流体静压式机械密封

三、机械密封端面摩擦状态

1. 端面摩擦状态分析

机械密封的工作状况首先取决于密封面间的摩擦状态。机械密封可能处于流体摩擦、混合摩擦、边界摩擦或干摩擦状态下工作。

① 干摩擦状态。在两密封端面间不存在润滑膜，摩擦主要取决于滑动面的固体相互作用。在一般工程条件下，密封面上还可能吸附有气体（或介质的蒸气）或氧化层。此时固体与固体的接触磨损很大，并主要取决于载荷和配合材料。

② 边界摩擦状态。两密封端面摩擦时，其表面吸附着一种流体分子的边界膜。此流体膜非常薄，使两端面处于被极薄的分子膜所隔开的状态。这种状态下的摩擦称为边界摩擦。边界摩擦中起润滑作用的是边界膜，可是测不出任何液体压力来。一般来说，边界膜的分子有 3～4 层，并且部分是不连续的，局部地方发生固体接触，载荷几乎都由表面的高峰承担。液膜介质的黏度对摩擦性质没有多大影响，摩擦性能主要取决于膜的润滑性和摩擦副材料。

③ 流体摩擦状态。在理想的条件下，两密封端面由一层足够厚的润滑膜所隔开，滑动面之间不直接接触。此时摩擦仅由黏性流体的剪切产生，故其大小通常要比固体摩擦小得多，而且不存在固体的磨损。这种润滑状态为流体润滑，这种状态下的摩擦称为流体摩擦。在完全流体摩擦状态下，润滑剂的动力黏度影响摩擦的性质。此时，润滑剂流体表现出它的体积特性，摩擦发生在润滑剂的内部，是属于润滑剂的内摩擦。

④ 混合摩擦状态。这是介于上述三种摩擦状态之间的一种摩擦状态，在密封端面间，能够形成局部中断的流体动压或流体静压的润滑膜，即接触面间几种摩擦同时出现。

2. 端面摩擦状态对机械密封性能的影响

机械密封在运行过程中最重要的现象是摩擦，端面摩擦状态决定了端面间的摩擦、磨损和泄漏。为了减少摩擦功耗，降低磨损，延长使用寿命，提高机械密封工作的可靠性，端面间应该维持一层液膜，且保持一定的厚度，以避免表面微凸体的直接接触。因此，液膜的特性和形态对研究端面摩擦有重要的意义。一般认为，端面间液膜形成原因是表面粗糙度、不平度、热变形等产生了不规则的微观润滑油楔，引起动压效应，减少了端面摩擦，改善了密封端面的摩擦性能。又由于在沿密封端面宽度上形成不连续的凹隙，当两密封环相对运动时，在介质压力和离心力的作用下，在两密封端面的空隙内会产生流体的交换作用。可见，液膜的形态、性能与端面的粗糙度、比压、相对滑动速度以及离心力的大小和方向都有着密切的关系，即液膜的形成与端面摩擦状态有密切的关系。

密封端面的不同摩擦状态，对密封装置的泄漏和磨损有着不同的影响。密封端面处于干摩擦状态时，两端面间的固体直接接触，磨损很大。随着磨损的加剧泄漏量增大，机械密封应避免在干摩擦状态下工作。

密封端面处于流体摩擦状态时，摩擦仅由黏性流体的剪切产生，故其大小通常要比固体摩擦小得多，而且也不存在固体的磨损，摩擦发生在润滑剂的内部，是属于润滑剂的内摩擦。但流体液膜越厚，泄漏量越大，因此减少摩擦和磨损必须付出泄漏量增大的代价。普通的机械密封在流体摩擦状态下工作时泄漏量较大，将失去密封的意义，因此一般不采用。

密封端面处于边界摩擦状态时，润滑膜的黏度对摩擦性质没有多大影响。摩擦性能主要取决于边界膜的润滑性能和摩擦副材料。边界摩擦下的泄漏量很小，磨损通常也不大，可是这种磨损与摩擦副是否合适以及润滑介质有密切的关系。

密封端面处于混合摩擦状态时，在密封端面间能够形成局部中断的流体动压或流体静压的润滑膜。润滑膜的动力黏度和摩擦副材料特性对摩擦过程有明显的影响。混合摩擦状态下存在轻微的磨损，摩擦系数较小，泄漏量不大。

对于普通机械密封而言，液膜太厚显然密封性能变差，而干摩擦会引起剧烈磨损，造成早期失效，考虑到密封性能以及摩擦、磨损特性，机械密封端面的最佳摩擦状态应该是混合摩擦状态，如密封性能要求很高，则应该是边界摩擦状态。

第二节　机械密封的典型结构与特殊工况下的机械密封

一、机械密封的典型结构

（一）泵用机械密封

1. 泵用机械密封基本形式

JB/T 1472—2011 将泵用机械密封分为七种基本形式。

① 103 型、B103 型机械密封（如图 5-14、图 5-15 所示）。103 型、B103 型机械密封均为内装单端面单弹簧传动的机械密封，区别在于前者为非平衡型，后者为平衡型，使用压力比前者高。这两种型号的结构特点是利用弹簧两端的并圈以过盈形式装在弹簧座和推环上，推环以耳环形式带动动环旋转故为柔性传动，因而动环具有较好的浮动性，动静环密封面的追随性好，偏转力矩小，端面振摆小，增强了密封性能。另外它们还具有结构较简单，通用性好等优点。其主要缺点是弹簧传动有方向性，因此应正确选择弹簧的旋向，使其随轴转动时越转越紧。其次由于这两种形式的密封在安装前无预压缩，故轴向尺寸较长。尤其是 B103 型密封，由于在轴（或轴套）上有平衡台阶，在安装过程中，动环密封圈轴向压缩时容易被台阶擦伤、扭曲或挤压，因此在安装时必须小心注意。

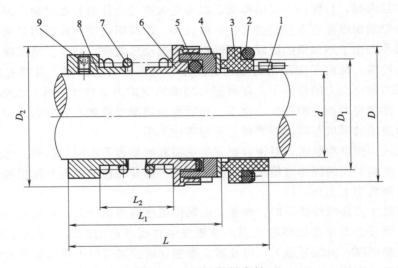

图 5-14　103 型机械密封

1—防转销；2,5—辅助密封圈；3—静止环；4—旋转环；6—推环；7—弹簧；8—弹簧座；9—紧定螺钉

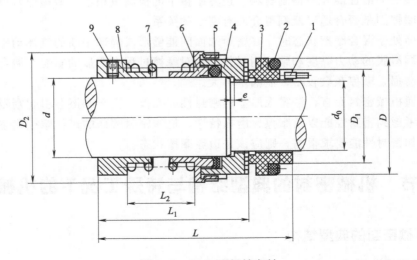

图 5-15　B103 型机械密封

1—防转销；2,5—辅助密封圈；3—静止环；4—旋转环；6—推环；7—弹簧；8—弹簧座；9—紧定螺钉

② 104 型、B104 型机械密封（如图 5-16、图 5-17 所示）。104 型、B104 型与 103 型、B103 型的区别在于传动方式不同。104、B104 型采用带耳环的传动套传动，传动无方向性。密封在安装前，已进行了预压缩并与传动套组装在一起，因而轴向尺寸小，装拆方便，B104 型还克服了 B103 型的缺点，动环密封圈在安装泵盖以前已可靠地装上平衡台阶，不会使动环密封圈损坏。缺点是耗材多，成本高，且传动套内易积存脏物和结晶物，影响弹簧弹力，严重时使弹簧失去弹力造成密封失效。用冲压拉伸的方法制作传动套等零件，可以大大节约钢材和提高生产效率，以弥补耗材多，成本高的问题，但由于压制结构在泵体上无相应的插口，使用时常感到十分不便，有时其至还发现有掉爪现象，故其使用受到一定限制。有时也把 104 型机械密封作为外装式密封使用，以排除传动套内积存污物的现象，但只能用在压力很低的情况下，否则当介质压力高到一定数值时，密封面即打开而发生泄漏。

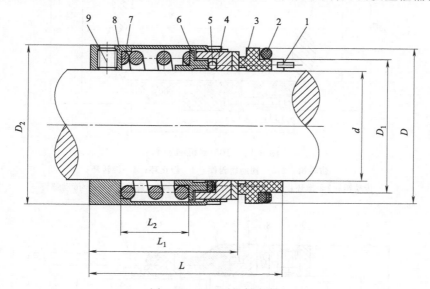

图 5-16　104 型机械密封

1—防转环；2,5—密封圈；3—静止环；4—旋转环；6—推环；7—弹簧；8—弹簧座；9—紧定螺钉

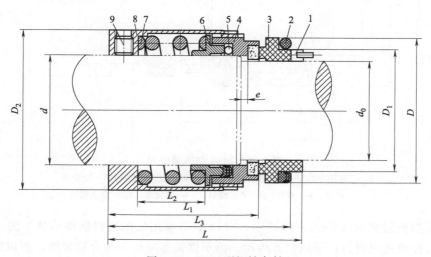

图 5-17　B104 型机械密封

1—防转销；2,5—密封圈；3—静止环；4—旋转环；6—推环；7—弹簧；8—弹簧座；9—紧定螺钉

③ 105 型、B105 型机械密封（如图 5-18、图 5-19 所示）。105 型、B105 型均为内装单端面多弹簧传动销钉传动的机械密封。105 型为非平衡型，B105 型为平衡型。这两种型号的结构特点是轴向尺寸短，占据空间小。小弹簧的圆周均布，使密封面受力均匀，通过调整弹簧数量可调节轴向压紧力，从而特别适用于较大轴径的密封。其不足之处是小弹簧易结存结晶物和污物，且耐腐蚀性不如大弹簧好。此外，传动销钉易松动，且在传动处有磨损，因此常使密封端面产生偏斜和弹簧比压不均匀使密封失效。

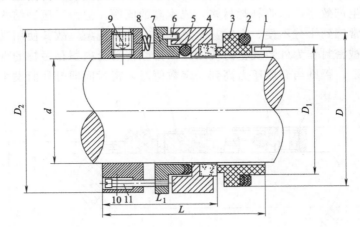

图 5-18　105 型机械密封

1—防转销；2,5—辅助密封圈；3—静止环；4—旋转环；
6—传动销；7—推环；8—弹簧；9—紧定螺钉；10—弹簧座；11—传动螺钉

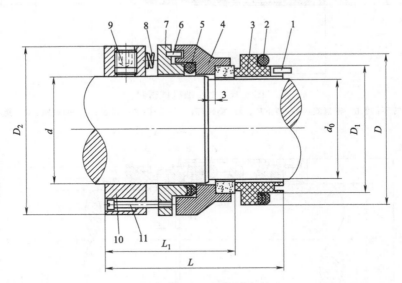

图 5-19　B105 型机械密封

1—防转销；2,5—辅助密封圈；3—静止环；4—旋转环；6—传动销；
7—推环；8—弹簧；9—紧定螺钉；10—弹簧座；11—传动螺钉

④ 114 型机械密封（如图 5-20 所示）。114 型是泵用机械密封标准中唯一的一种外装外流单端面大弹簧机械密封，采用拨叉传动。由于弹簧等零件不与介质接触，所以适用于弱腐蚀或中等腐蚀介质的泵用密封。在强腐蚀或颗粒的介质下难以达到令人满意的效果。

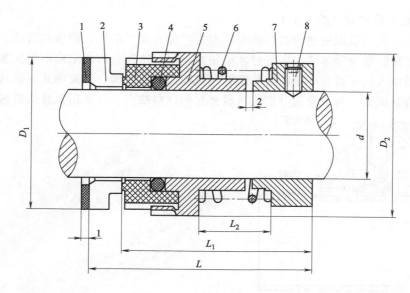

图 5-20　114 型机械密封

1—密封垫；2—静止环；3—旋转环；4—密封圈；5—推环；6—弹簧；7—弹簧座；8—紧定螺钉

2. 耐酸泵用机械密封

JB/T 7372—2011 将耐酸泵用机械密封分为四种基本型式。

① 151 型机械密封。151 型机械密封是一种单弹簧旋转式外装外流四氟波纹管型耐腐蚀机械密封。它适用于无颗粒强酸性腐蚀介质，最高使用温度 70℃，常温下最高使用压力为 0.5MPa。

151 型机械密封主要零件材料为：静环采用高纯氧化铝陶瓷或氮化硅，动环与波纹管组合成一整体元件，动环段为填充聚四氟乙烯，波纹管段为纯聚四氟乙烯。固定形式可采用螺母压紧，亦可用对开环压紧。

② 152 型机械密封。152 型机械密封结构为多弹簧旋转式外装外流四氟波纹管型。其主要零件材质与 151 型相同，固定形式采用对开环压紧。152 型使用温度为 70℃，常温下最高使用压力为 0.5MPa，适用于无颗粒强酸性腐蚀介质。

③ 153 型机械密封。153 型机械密封为多弹簧静止式内装内流四氟波纹管型机械密封。其主要零件材料与 151 型相同。最高使用温度为 70℃，最高使用压力为 0.5MPa，适用于无颗粒强酸性腐蚀介质。其结构特点是既保持内装的优点，弹簧又与介质隔离。

④ 154 型机械密封。154 型机械密封结构特点为单弹簧旋转式内装内流型。

3. 耐碱泵用机械密封

JB/T 7371—2011 将耐碱泵用机械密封分为三种基本形式。

167（I105）型为多端面、多弹簧非平衡型机械密封，168 型为外装单端面多弹簧聚四氟乙烯波纹管式机械密封，169 型为外装单端面多弹簧聚四氟乙烯波纹管式机械密封。以上三种密封适用于密封介质压力 0～0.5MPa，密封介质温度不高于 130℃，转速不大于 3000r/min，介质为氢氧化钠、氢氧化钾、碳酸钠、碳酸氢钠、碳酸钙、碳酸钾等碱性液体，七种苛性碱浓度不大于 42%，固相颗粒含量小于 20% 的场合。轴径 167 型为 28～85mm，168 型为 30～45mm，169 型为 30～60mm。

4. 集装式机械密封（图 5-21）

目前使用的几类泵用机械密封标准形式多为"分离式"结构，即密封的动、静环以及配套的轴套、密封腔端盖等零件在安装时才组装在一起。这种分离式结构不但安装不便，而且要求维护、维修人员要具有一定的安装经验和熟练的操作技能，即便如此，密封的安装质量也不一定能得到保证。为了克服分离式机械密封的这些缺点，可采用集装式机械密封结构。

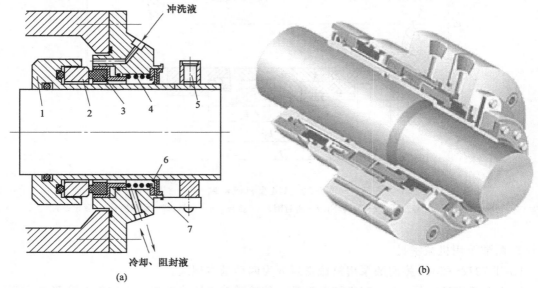

图 5-21　集装式机械密封
1—轴套；2—动环；3—静环；4—弹簧；5—卡环；6—唇形密封；7—对中调节片

集装式机械密封将轴套、端盖、主密封、辅助密封等集成为一个整体，并预留冷却、冲洗等接口，出厂前已将各部位的配合及比压调整好，使用时只需将整个装置清洗干净，同时将密封腔及轴清洗干净，即可将整套密封装置装入密封腔内，拧紧密封端盖螺栓和轴套紧定螺钉就可使用。集装式机械密封是一种结构新颖、性能可靠、安装维护方便的密封结构，尽管初始投资较高，但后期使用维护成本低，是很有发展前途的机械密封结构。美国石油协会对离心泵转子泵用的机械密封执行 API682 标准，该标准要求机械密封全部采用集装式结构，并规定了 A、B、C 三种基本形式的标准机械密封。

① A 型推环式机械密封，如图 5-22（a）所示。该型为单级内置旋转平衡式集装推环机械密封。标准密封的挠性元件为旋转式，摩擦副为反应烧结碳化硅对优质抗疱疤碳石墨，辅助密封为氟橡胶 O 形密封圈，弹性元件为多个圆柱形哈氏 C（耐腐蚀耐高温镍基）合金小弹簧，轴套、端盖、环座和其他金属零件用 306 型镍铬合金制成。此外，端盖内还配有优质碳石墨浮环作为抑制密封，保证密封达到工艺流体零逸出。

② B 型金属波纹管式机械密封，如图 5-22（b）所示。B 型为单级内置旋转平衡式集装波纹管机械密封。标准密封的挠性元件为旋转式，摩擦副为反应烧结碳化硅对优质抗疱疤碳石墨，辅助密封为氟橡胶 O 形密封圈，弹性元件为多个边缘焊接哈氏 C 合金波纹管，轴套、端盖、环座和其他金属零件用 316 型镍铬不锈钢制成。此外，端盖内还配有优质碳石墨浮环作为抑制密封，保证密封达到工艺流体零逸出。

③ C 型金属波纹管式机械密封，如图 5-22（c）所示。C 型为单级内置静止平衡式集装波纹管机械密封。标准密封的挠性元件为静止式，摩擦副为反应烧结碳化硅对优质抗疱疤碳

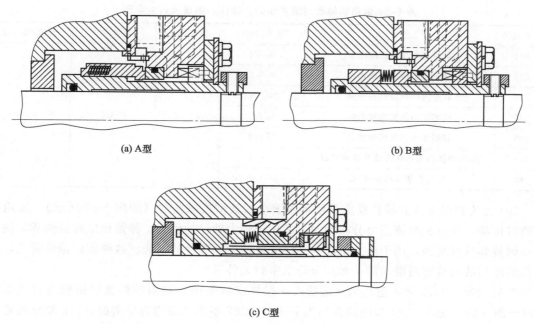

(a) A型　　　　　　　　　　　　(b) B型

(c) C型

图 5-22　API 标准机械密封

石墨，辅助密封为柔性石墨密封，其他金属零件用 316 型镍铬不锈钢制成。此外，端盖内还配有优质碳石墨浮环作为抑制密封，保证密封达到工艺流体零逸出。并装有供背冷蒸汽用的抗结焦青铜折流套。

大多数情况下可选用 A 型标准密封，高温情况下可选用 C 型标准密封，B 型密封可作为其他用途可以接受的任选标准密封。

（二）釜用机械密封

釜用机械密封与泵用机械密封的原理基本相同，但釜用机械密封有其自身特点。

① 釜用机械密封绝大部分密封介质是气体而不是液体。这是因为反应釜很少有满釜操作的，故机械密封部分所接触的介质为气体。这样，从密封断面的工作条件来看，比较恶劣，处于干摩擦状态，端面磨损较大。同时由于气体渗透性强，因此对密封的要求较高。

② 泵一般多为卧式，而反应釜则一般均采用立式结构。反应釜的转轴直径大，尺寸小，且下端带有搅拌器，所以转轴的摆动量和振动要远比泵轴大得多。故对密封端面的影响较大，往往使动、静环表面不能很好地贴合，有时还会因支承刚度不足而将静环撞坏使密封失效。为了解决这个问题，一般要采取增设中间轴承、釜底轴瓦及减速器支架轴承等措施，以尽量减少轴的摆动及振动对密封性能的影响。

③ 反应釜往往由于工艺条件要求压力是变化的，因而要求机械密封在高压操作时不漏，且在低压甚至真空时也不漏。

④ 釜用机械密封由于支架支承机构及搅拌轴尺寸大，零件重，更换比较复杂，因此，一般釜用密封以外装式为主要形式。为了装拆机械密封方便，一般在搅拌轴与传动轴之间留有一定尺寸的空挡，使空挡尺寸大于密封件中最高零件或部件的尺寸，这样当要检修或更换机械密封时，只要拆卸联轴器的空挡垫块就可更换密封件了。

HG/T 2098—2001 将釜用机械密封分为 204 型、205 型、206 型、207 型、208 型、212型和 222 型七个型号，各种釜用机械密封适用压力、轴径、温度及转速范围见表 5-2。

表 5-2　釜用机械密封适用压力、轴径、温度及转速范围

型号代号	型号	压力/MPa	轴径/mm	温度/℃	转速/(m/s)
204	单端面小弹簧机械密封	≤0.4			
205	双端面小弹簧机械密封	≤0.6			
206	双端面小弹簧机械密封	≤1.6			
207	双端面小弹簧机械密封	≤2.5	30～220	≤350	≤2
208	双端面小弹簧机械密封	≤6.3			
212	单端面聚四氟乙烯波纹管机械密封	≤0.4			
222	径向双端面机械密封	≤1.6			

204 型为顶部插入式搅拌反应釜用单端面小弹簧型机械密封（如图 5-23 所示），采用传动销钉传动，优点是弹簧压力分布均匀，适用于较大轴径的密封，弹簧比压容易调节，缺点是小弹簧容易被腐蚀，用于压力不高、介质无腐蚀性和毒性的场合。这种密封是外装式，由常压的冷却液润滑密封滑动端面和部分降低密封元件温度。

205、206、207、208 型均为顶部插入式搅拌反应釜用双端面小弹簧型机械密封（如图 5-24～图 5-27 所示）。205 型两端面均为平衡型，207 型两端面均为平衡型，206 型介质端为平衡型。双端面密封从外部向两端面之间的密封腔内注入清洁的密封液，靠密封液与密封介质间的压力差达到改变流体泄漏方向而实现密封。引入的清洁密封液，其压力通常比釜内压力高 0.05～0.2MPa，且应与被密封介质相容。密封液使密封断面将受到清洁液体的润滑与冷却冲洗，滑动端面可形成一层稳定的液膜，及时带走机械密封所产生的摩擦热、搅拌热以及通过釜体及轴传来的热量，因在介质端产生了液力平衡，所以压差小，密封可靠。但是密封结构复杂，密封液要靠一套辅助装置来提供，所以一般仅用于易燃、易爆、有毒介质以及强腐蚀等对密封要求很严格的场合。

212 型为单端面小弹簧聚四氟乙烯波纹管釜用机械密封（如图 5-28 所示）。由于该密封与介质接触的材料均为聚四氟乙烯和氧化铝陶瓷，故具有很强的耐腐蚀性，主要用于搪玻璃反应器，也可用于强腐蚀介质的不锈钢釜。搪玻璃釜搅拌轴上有搪瓷保护层，涂层厚度在 0.8～2.0mm 之间。由于涂层厚度很难均匀，经高温焙烧后轴的圆度偏差大，也影响表面粗糙度。这种密封结构正是根据上述情况设计的。其主要特点为：在波纹管固定端内圆处设置一橡胶 O 形圈，用两个分半环卡紧固定在轴上以弥补轴的不圆度，防止泄漏。波纹管具有良好的浮动性，使两密封面始终保持贴合。为使密封不致在干摩擦条件下工作，密封端面两侧常安装开式储液槽，液面高于密封端面。当操作温度大于 50℃ 时，密封下部设置冷却水套，以减少釜体传导给密封的热量。必要时，还可在夹套下部增设填料函，装填柔性石墨填料，以减小搅拌轴的偏摆，且能减轻釜内压力突然升高对机械密封的冲击。

222 型为径向双端面釜用机械密封（如图 5-29 所示），也称为内、外双端面密封，其结构原理与轴向双端面相同，只是滑动端面与轴同心布置，轴向尺寸短小，结构非常紧凑，成套性好，便于运输和安装。当密封部位的轴向位置受到限制时，采用这种形式的机械密封是很理想的。径向双端面的密封环构成了密封液腔，不需要设密封夹套，密封液处于内、外两端面之间较小的空间内，同样起压力平衡、强化润滑冷却的效果。密封液由釜外的辅助系统提供，密封液压力高于釜内的压力，它既能密封釜内气体，又起到润滑摩擦副和带走密封摩擦热的作用。端面上的弹簧比压分别由两组静止式多弹簧提供。要得到准确的弹簧比压，必

须准确地控制弹簧压缩量，这个压缩量是通过安装定距卡子来实现的（密封安装后，在搅拌轴运转之前须先放松螺钉，将定距卡子转一个角度，使它不与旋转环接触，然后再拧紧螺钉，将卡子固定住）。高压时，内、外端面要采用平衡型结构，它的密封性能取决于补偿环的浮动性，因此要求弹簧在缓冲伸缩过程中不应有卡滞故障。

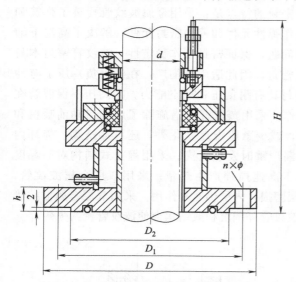

图 5-23　204 型单端面小弹簧釜用机械密封

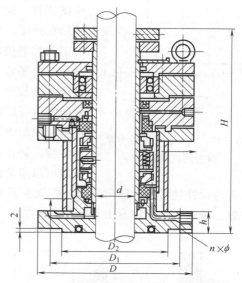

图 5-24　205 型双端面小弹簧釜用机械密封

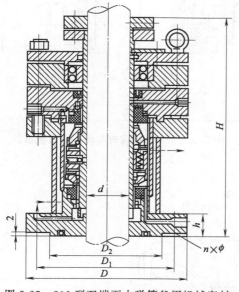

图 5-25　206 型双端面小弹簧釜用机械密封

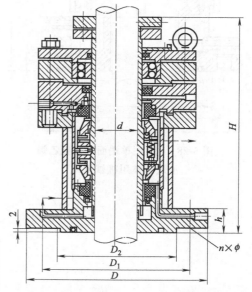

图 5-26　207 型双端面小弹簧釜用机械密封

二、特殊工况下的机械密封

1. 高温条件下用机械密封

当工作温度超过 80℃ 时，视为高温机械密封。高温使摩擦副的润滑条件恶化，甚至出现端面液膜汽化，可能造成密封件材料变质，加剧介质的腐蚀性。高温会使摩擦副产生较大

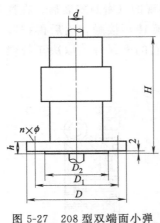

图 5-27 208 型双端面小弹
簧釜用机械密封

变形，并改变各零件的间隙量或过盈量。因此高温机械密封应采用有效的冷却措施，把密封部位的温度转化为普通温度条件。

图 5-30 所示为减压塔底热油泵用静止式焊接金属波纹管机械密封。这种密封的特点是：采用金属波纹管代替了弹簧和辅助密封圈，兼作弹性元件和辅助密封元件，解决了高温下辅助密封难解决的问题，保证密封工作稳定性；波纹管密封本身就是部分平衡式密封，因此适用范围广，在低（负）压下有冲洗液，波纹管密封具有耐负压和抽空能力，在高压下保温管在耐压限内可以工作；采用蒸汽背冷措施除了起到启动前暖机和正常时冷却作用，减少急剧温度变化外，还可冲洗动、静环内部污物，防止泄漏严重时发生火灾；采用静止式结构对高黏度液体可以避免由于高速搅拌产生热量；采用双层金属波纹管，可以保持低弹性常数且能耐高压，在低压下外层磨损，内层仍然起作用。采用双层金属波纹管弹性好。使用时必须注意由于操作条件变化，波纹管外围沉积或结焦会使波纹管密封失效。

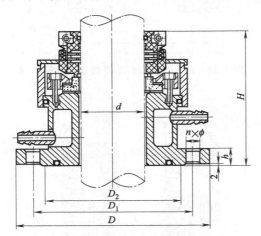

图 5-28 212 型单端面聚四氟乙烯
波纹管釜用机械密封

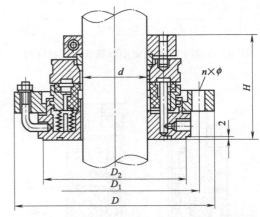

图 5-29 222 型径向双端面釜用机械密封

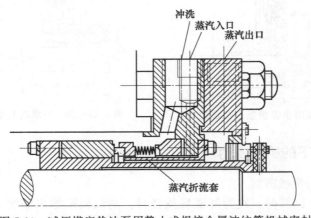

图 5-30 减压塔底热油泵用静止式焊接金属波纹管机械密封

2. 高黏度液体用机械密封

在石油及石油化学工业中，有高黏度液体、易凝固的液体和附着性强的液体（如塑料、橡胶原液等），因密封面宽，这类液体易在密封面间生成凝固物，从而使密封丧失工作能力，故一般机械密封不能适应。图 5-31 所示为密封面做成刀刃状的刃边密封。这种密封的特点是：密封的非补偿环端面宽度极小，形如刀刃；弹簧比压为普通密封的 10～60 倍，可以把密封面间生成的凝聚物切断排除，以保证正常密封性能；由于刃边窄，散热性好，内外侧温差小，受热变形和压力变形的影响较小，密封性能稳定；弹性元件采用液压成型 U 形波纹管，有较大的间距，避免凝聚物、沉淀物填塞间隙而失去弹性。刃边密封首先用于密封乳

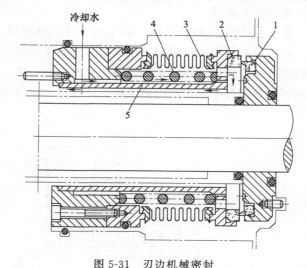

图 5-31 刃边机械密封

1—刃边动环；2—平面静环；3—波纹管；4—弹簧；5—折流套

胶液，现在正广泛用于阳离子涂料工业以及沥青和食品等领域难以密封的高黏度液体。

3. 易挥发液体机械密封

化工厂、炼油厂中，有许多泵是在接近介质沸点温度下工作的，这些泵的机械密封有可能在液相、气相或气液混合相状态下工作。因为这些介质的常压沸点均低于一般泵的周围环境，而且周围压力都是大气压力，因此，必须注意不得使这类密封干运转或不稳定工作，在结构、辅助措施和工作条件控制方面采取有力的措施，例如加强冲洗保证密封腔压力和温度，可使密封在液相状态下工作或在类似液相状态下工作；采用流体动压密封可以使密封在良好的润滑状态下工作；采用加热方法可以使密封在稳定的气相状态下工作；此外还可以采用串级式机械密封。

图 5-32 所示为一种液化石油气用机械密封。这种密封是采用多点冲洗的旋转式大弹簧平衡式机械密封。这种密封的特点是：采用多点冲洗要比一般单点冲洗沿圆周分布均匀、变形小、散热好、端面温度均匀稳定，有利于密封面润滑，冷却和相态稳定；采用多点冲洗可以降低液体间的传热速率，增大传热系数，有利于液膜稳定；一律采用平衡式密封，采用合适的平衡系数，使之处于合适的膜压系数变化范围内，不至于

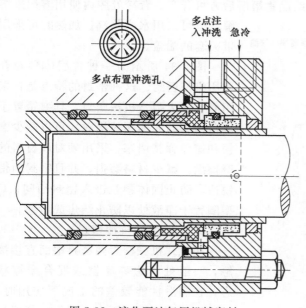

图 5-32 液化石油气用机械密封

发生气振或气喷等问题；为安全起见，除主密封外还装有起节流、减漏、保险作用的副密封；密封腔端盖处备有蒸汽放空孔，在启动前排放聚集在密封腔内的蒸汽，以免形成气囊造成机械密封干运转。

图 5-33 所示为轻烃泵用热流体动压型机械密封。为了防止密封面间液膜汽化形成干摩擦，在一般机械密封中采用冲洗方法来提高密封腔压力、降低密封液温度以保持密封腔稳定运转的条件。但由于近年来轻烃泵的介质趋向轻质、高蒸汽压、高吸入压力方向发展，开发了动环密封面开半圆形槽的热流体动压密封。流体动压垫有 6~10 个。

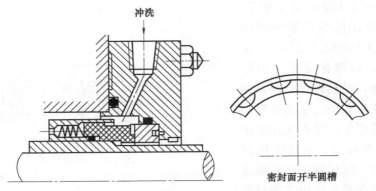

图 5-33 轻烃泵用热流体动压型机械密封

4. 含固体颗粒介质用机械密封

介质含有固体颗粒及纤维对机械密封的工作十分不利。固体颗粒进入摩擦副，会使密封面发生剧烈摩擦而磨损，导致失效。同样纤维进入摩擦副也将引起密封严重泄漏。因此，必须进行专门设计来解决含固体颗粒介质或溶解成分结晶或聚合等问题。解决这类问题要考虑结构、冲洗及过滤，以及材料的选择。另外解决结晶或聚合等问题可分别采用不同办法。加热密封腔中介质，使之高于结晶温度，待结晶物溶解后方可开车。背冷处腔内使用溶剂来溶解，也可采用水或蒸汽。加热时可采用带夹套的端盖。

图 5-34 所示为一种含固体颗粒介质用机械密封。这种密封的特点是：采用静止式大弹簧机械密封，且弹簧置于端盖内不与固体颗粒接触，可以减少磨损和避免弹簧堵塞；采用硬对硬材料的摩擦副，减少材料磨损，并且密封面带锐边，防止固体颗粒进入密封面间；O型圈置于净液处以防止结焦或堵塞。

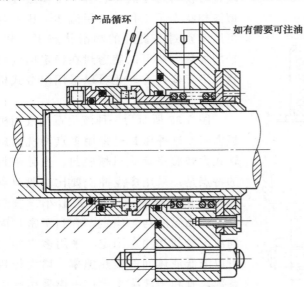

图 5-34 含固体颗粒介质用机械密封

5. 上游泵送机械密封

接触式机械密封两密封端面直接接触，一般处于边界摩擦或混合摩擦状态，在润滑性能较差的工况下应用时，常因摩擦磨损严重而寿命很短，甚至根本无法正常工作。利用流体膜使两密封端面分开形成非接触，能有效改善密封面润滑状态。上游泵送液膜润滑非接触式机械密封是基于现代流体动压润滑理论的新型非接触式机械密封，国内外已在各种转子泵上推广应用。

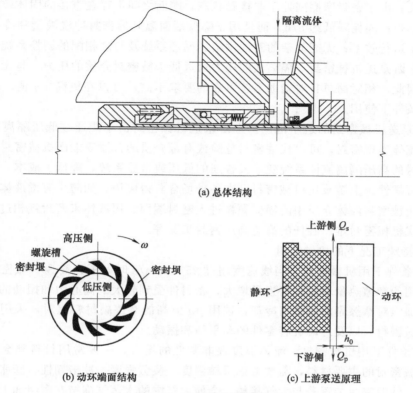

图 5-35　上游泵送机械密封

① 上游泵送机械密封的工作原理。上游泵送机械密封依靠开设流体动压槽的一个端面与另一个平行端面在相对运动时产生的泵吸作用把低压侧的液体泵入密封端面之间，使液膜的压力增加并把两密封端面分开。上游泵送机械密封的端面流体动压槽是把由高压侧泄漏到低压侧的密封介质再反输至高压侧，或者把低压侧微量的隔离流体泵送至高压密封介质侧，可以消除密封介质由高压侧向低压侧的泄漏。

图 5-35 所示为典型的内径开螺旋槽式上游泵送机械密封，该密封由一内装式机械密封和装于外端的唇形密封所组成，唇形密封作为隔离流体的屏障，将隔离流体限制在密封端盖内。机械密封的动环端面开有螺旋槽，根据密封工况的不同，其深度从两微米到十几微米不等。动环外径侧为高压被密封介质，内径侧为低压隔离流体。动环以图 5-35 所示方向旋转时，在螺旋槽黏性流体动压效应的作用下，动静环端面之间产生一层厚度极薄的液膜，这层液膜的厚度 h_0 一般在 $3\mu m$ 左右。在内径压力差的作用下，高压被密封介质产生由外径上游侧指向内径下游侧的压差流 Q_p，两端面螺旋槽流体动压效应所产生的黏性剪切流 Q_s 由内径下游侧指向外径上游侧，与压差流 Q_p 的方向相反，实现上游泵送功能。

当 $Q_s = Q_p$ 时，密封可以实现零泄漏。若低压侧无隔离流体，则可以实现被密封介质的零泄漏，但不能保证被密封介质以气态形式向外界逸出。当 $Q_s > Q_p$ 时，低压侧流体向高压侧泄漏。若低压侧有隔离流体，则有少量隔离流体从低压侧泵送至高压侧，不仅可以实现高压被密封介质的宏观零泄漏，而且可以达到被密封介质向外界的零逸出。

② 上游泵送机械密封的特点。理论、试验研究和工业应用表明，与普通的接触式机械密封相比，上游泵送机械密封具有以下技术优势：可以实现被密封介质的零泄漏或零逸出，消除环境污染；由于密封摩擦副处于非接触状态，端面之间不存在直接的固体摩擦磨损，使用寿命大大延长；能耗降低约 5/6，而且用于降低端面温升的密封冲洗液量和冷却水量大大减少，提高了运行效率；无需复杂的封油供给、循环系统及与之相配的调控系统，对带隔离液的零逸出上游泵送机械密封，隔离液的压力远远低于被密封介质的压力，且无须循环，消耗量也小，因此，相对简单且对辅助系统可靠的要求不高；可以在更高 pv 值、高含量固体颗粒介质等条件下使用。

③ 上游泵送机械密封的适用范围。上游泵送机械密封由于能通过低压隔离流体对高压的工艺介质流体实现密封，可以代替密封危险或有毒介质的普通双端面机械密封，从而使双端面机械密封的高压隔离流体系统变成极普通的低压或常压系统，降低了成本，提高了设备运行的安全可靠性。上游泵送机械密封已在各种场合获得应用，如防止有毒液体向外界环境的泄漏、防止被密封液体介质中的固体颗粒进入密封端面、用液体来密封气相过程流体，或者普通接触式机械密封难以胜任的高速高压密封工况等。

6. 其他特殊工况下的机械密封

① 高速条件下用机械密封。当线速度超过 25～30m/s 时，视为高速机械密封。高速条件下使摩擦副的摩擦热量增加和磨损量增大，密封件受到较大的离心力和振动的影响。高速机械密封应加强对摩擦副的润滑与冷却，选用 pv 值高的摩擦副材料组对，采用静止式结构及受控膜机械密封，以及考虑旋转零件的动平衡和振动。

② 低温条件下用机械密封。流体温度在非常低的场合，一般常用材料都会发生冷脆现象。作为机械密封的主要材料，需要考虑机械强度、疲劳强度、冲击韧性、膨胀系数、导热系数等因素。低温密封装置若与大气接触，会使大气中的水蒸气冻结在密封面上，加速摩擦副的磨损，使密封恶化。另外，低温条件下密封面上的液膜汽化现象对密封特性也有重大影响。因此，深冷设备的密封问题，特别是对易燃、有毒的液化气体的密封，更要慎重考虑低温因素。

③ 高压条件下的机械密封。当工作压力超过 4～5MPa 时，一般为高压机械密封。高压可能使石墨环破裂或出现较大的变形，端面负荷上升，端面液膜可能遭到破坏，加速摩擦磨损。高压机械密封必须选用平衡型结构或受控膜机械密封。有时也可采用辅助措施（如连接平衡管线等），降低密封腔压力。摩擦副环的结构形状及支承方式要考虑降低高压造成的端面变形，避免应力集中。

三、干气密封

干气密封是利用流体动力学原理，通过在密封端面上开设动压槽而实现密封端面非接触运行的，是 20 世纪 60 年代末期从气体动压轴承的基础上发展起来的一种新型非接触式密封。经过数年的研究，英国约翰克兰公司于 20 世纪 70 年代末期率先将干气密封应用到海洋平台的气体输送设备上，并获得成功。干气密封最初是为了解决高速离心压缩机轴封问题而出现的。由于密封非接触运行，因此密封摩擦副材料基本不考虑 pv 值的限制，特别适合作为高速高压设备的轴封。随着干气密封技术的日益成熟，其应用范围也越来越广。它不仅可以用在高速转动的设备上，而且可以用在转速为 1000r/min 左右的低转速设备上。从其工作原理上看，凡是使用接触式机械密封的转动设备均可以使用干气密封。国内四川日机在干气密封领域也有了 10 多年的研发和一定的工程应用。目前，干气密封正逐渐在国内石油化工装置的离心泵、搅拌机、压缩机和反应釜上开始大量的工程应用。

（一）干气密封工作原理

典型的干气密封结构如图 5-36 所示，它由旋转环（动环）、静环、弹簧、密封圈以及弹簧座和轴套组成。在动环密封面上加工出流体动压槽，表面进行研磨、抛光处理，如图 5-37所示。首先，动环被固定在旋转轴上，当泵旋转时，动环也跟着一起旋转，此时，密封气体沿着动压槽由外沿向内运动，由于动压槽围堰的节流作用，进入动压槽内的气体被压缩，气体的压力升高，在该压力作用下，静环密封端面被推开，流动的气体使动环和静环之间形成一层很薄的气膜。随着动环和静环密封端面之间的间隙增大，端面间的气压降低，已形成的气膜被破坏，此时密封端面间隙将逐渐变小，当间隙降低到原来状况时，密封气体沿动压槽经围堰节流后，密封端面气压又升高，重新形成气膜。从原来气膜被破坏到建立新气膜所需时间极短以至于被密封的介质将要向外泄漏时就被密封住了，如此往复循环。

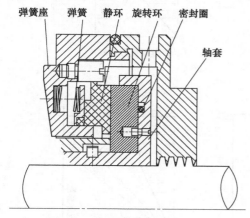

图 5-36　干气密封结构示意图

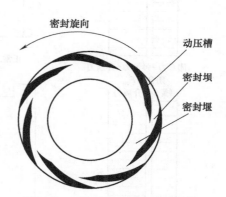

图 5-37　干气密封端面动压槽简图

（二）干气密封静环受力分析

由于干气密封的静环是非平衡型，因此静环所受力为弹簧的弹力、密封气体的压力、气膜的压力，其中，弹簧的弹力与密封气体的压力作用方向相同，称之为密封端面闭合力，它使动环、静环紧贴在一起，而气膜的压力正好与闭合力作用方向相反，称之为密封端面开启力，如图 5-38 所示。

在正常工作状态下，即动环与静环之间的间隙在一定范围内，闭合力等于开启力。在外部条件改变时，一般来说，旋转轴转速不会变化，主要是气源压力变化。当气源压力降低时，形成气膜的开启力逐渐减小，开启力小于闭合力，此时，动环与静环之间的间隙逐渐变小，气膜厚度逐渐减小。气膜厚度逐渐减小，气膜的反作用力将逐渐增大，这时，开启力又大于闭合力，迫使动静环密封端面之间的间隙增大并恢复到正常值。当气源压力增加时，气膜厚度逐渐增大，形成气膜的开启力逐渐减小，开启力小于闭合力，此时，动环与静环之间的间隙将逐渐变小，气膜厚度逐渐减小。气膜厚度逐渐减小，气膜的反作用力逐渐增大，这时，开启力又大于闭合力，迫使动静环密封端面之间的间隙增大并恢复到正常值。

（三）动环端面气体动力分析

密封气体在动压槽内，不仅随旋转的动环旋转，而且沿着动压槽从动压槽外部向内部流动。密封气体随着动环的旋转运动称之为圆周运动，其速度称为圆周速度，用符号 U 表示，

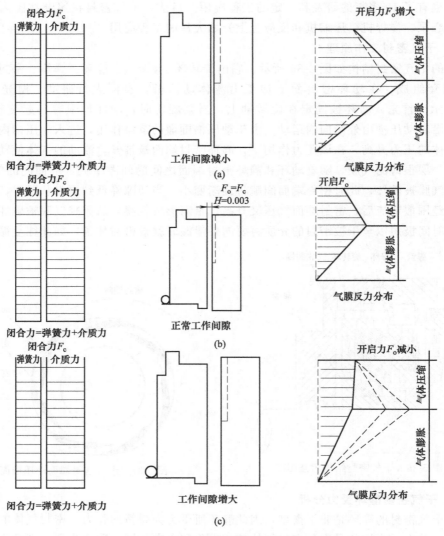

图 5-38 干气密封受力图

方向与动环的圆周的切线方向相同；另外，密封气体在动压槽内沿着动压槽由外向内流动称之为相对运动，其速度称之为相对速度，用符号 W 表示，方向与动压槽切线方向一致，圆周速度与相对速度矢量和称为密封气体在动压槽内的绝对速度，用符号 V 表示，即 $V = U + W$，绝对速度的方向为圆周速度和相对速度的合成速度方向。有流体的质量守恒定律，即伯努利方程

$$P_1 + \gamma z_1 + \gamma V_1^2/2g = P_2 + \gamma z_2 + \gamma V_2^2/2g \tag{5-2}$$

式中　　γ——流体比重，kgf/m^3；

z_1，z_2——单位重量流体的位置高度，m；

　　P_1——动压槽里端气体压力，Pa；

　　P_2——动压槽外端气体压力，Pa；

　　V_1——动压槽里端气体绝对速度，m/s；

　　V_2——动压槽外端气体绝对速度，m/s。

　　由于动压槽里端和外端相对于旋转周轴位置，可以认为 $z_1 = z_2$；又因为动压槽里端围堰阻挡了密封气体继续向里运动，起到节流作用，所以，$W_1 = 0$，$V_1 = U_1 = Wr_1 = 2\pi n r_1$，密封气体在动压槽外端的相速度 W_2 可以近似为零，即 $W_2 = 0$，$V_2 = U_2 = Wr_2 = 2\pi n r_2$，伯努利方程

$$P_1 + \gamma z_1 + \gamma V_1^2 / 2g = P_2 + \gamma z_2 + \gamma V_2^2 / 2g$$

　　简化为

$$P_2 = P_1 + \gamma \times 4\pi^2 n^2 (r_2^2 - r_1^2) / 2g \tag{5-3}$$

式中　n——动环转速，r/s；

　　　r_1——动压槽里端到旋转轴中心的距离，m；

　　　r_2——动压槽外端到旋转轴中心的距离，m。

　　从式（5-2）可以看出，动静环端面的密封气体压力与气源压力、旋转轴转速、动压槽结构尺寸以及密封气体的类型有关，公式中第一部分是气源静压效应在密封端面产生的气膜膜压，公式中第二部分是气源动压效应在密封端面产生的气体膜膜压。一般地，动压槽形状为对数螺旋槽，槽深度为 $3 \sim 10\mu m$，考虑到动环的强度，动压槽的里端离动环内孔应有一定的距离。

（四）影响干气密封性能的主要参数

　　干气密封的性能主要表现在密封运行的稳定性和密封端面泄漏量上，影响干气密封泄漏量的直接原因就是干气密封的气膜厚度，也就是干气密封运转时密封端面间形成的工作间隙。影响干气密封性能的参数分为密封结构参数和密封操作参数。

　　1. 密封结构参数

　　① 干气密封动压槽形状。流体动力学认为，在干气密封端面开设任何形状的沟槽，都能产生动压效应。理论研究表明，对数螺旋槽产生的流体动压效应最强，用这种形状的沟槽作为干气密封动压槽而形成的气膜刚度（气体压力梯度和气体厚度的物理量）最大，干气密封的稳定性最好。

　　② 干气密封动压槽深度。流体动力学表明，干气密封流体动压槽深度与气膜厚度为同一数量级时的气膜刚度最大。在实际应用中，干气密封的动压槽深度一般为 $3 \sim 10\mu m$。在其余参数确定情况下，干气密封的动压槽深度有一最佳深度值。

　　③ 干气密封动压槽数量、动压槽宽度、动压槽长度。流体动力学研究阐明，干气密封动压槽数量趋于无限多时，动压效应最强，然而当动压槽数量达到一定数量时，再增加槽数，对干气密封性能的影响已经很小了，而实际上，在有限单元内也不可能开设无限多个动压槽。干气密封动压槽宽度越宽，气膜刚度越大，但在有限单元上，动压槽数量与动压槽宽度是一对矛盾。从式（5-3）可以看出，动压槽的长度越长，即 $r_2^2 - r_1^2$ 越大，气膜压力越大，但实际上也不可能开设很长，这既要考虑密封腔尺寸，又要考虑动环的材质强度。

　　2. 操作参数对密封泄漏量的影响

　　① 密封直径、转速对泄漏量的影响。从式（5-3）可以看出，密封直径越大，转速越高，即 n^2 与 $(r_2^2 - r_1^2)$ 越大，P_2 越大，在前面的工作原理及受力分析中，P_2 越大，动静环工作间隙越大，气膜将被破坏，从密封端面泄漏的量就变得越大。

　　② 密封介质压力对密封泄漏量影响。从式（5-3）可以看出，P_1 越大，P_2 越大，同理，动静环工作间隙越大，气膜将被破坏，从密封端面泄漏的量就变得越大。

　　③ 介质温度、黏度对泄漏量的影响。介质温度高，必然传热给密封气体，密封气体温

度高，其密度就越低，从式（5-3）可得，P_2 越小，动静环工作间隙将变得越小，气膜厚度变小，密封端面泄漏的量就变得越大。当温度降低时，密封介质黏度增加，动压效应增强，气膜厚度增大，但泄漏介质通过密封端面的阻力增加，因此，对密封泄漏量影响不大。

（五）干气密封的类型

1. 离心压缩机、风机用干气密封

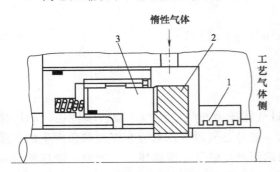

图 5-39　带有迷宫密封的单端面干气密封
1—迷宫密封；2—动环；3—静环

离心压缩机、风机用干气密封根据动静环组对数，可分为单级干气密封，双级干气密封以及多级串联式干气密封。单级干气密封采用单端面密封结构，如图 5-39 所示，主要用于中低压条件下，允许少量工艺气体泄漏到环境中的场合，用于密封的气体为空气、氮气、二氧化碳、蒸汽等对环境无污染的气体；双级干气密封采用双端面结构，即双端面干气密封，密封气体为外部引入的非工艺介质气体，用于密封气体的压力应高于工艺介质压力 0.2～0.3MPa，这种结构的干气密封可用于有毒有害介质。多级串联干气密封采用串联结构，如图 5-40 所示，主要用于离心压缩机轴封，结构特点是前端密封承受全部工作压力负荷，后端密封作为次密封在低压条件下运行，起保护作用，在主密封失效时，次密封可以起到主密封作用，保证机组能继续运行。以上三种干气密封使用条件是密封气体必须稳定供应，如密封气体突然中断供应，那么，这种类型的干气密封就作为接触式机械密封运行，但时间应较短，原因是动静环之间摩擦的热量会大量聚集，但当被密封的介质是易燃或易爆时，将产生火灾爆炸事故。

2. 离心泵用干气密封

离心泵用干气密封根据不同工况条件，可采用双端面干气密封、串联式干气密封。双端面干气密封可用于绝大多数离心泵的旋转轴轴封上，如图 5-41 所示，它具有以下优点。

① 用"气膜阻塞"代替传统的"液膜阻塞"原理，即用带压的密封气体替代带压的密封液体，这样，保证工艺介质实现零逸出。

② 整套密封非接触运行，其功率消耗仅为传统双端面密封功耗的 5%，其主要原因是液体分子之间的吸引力远远

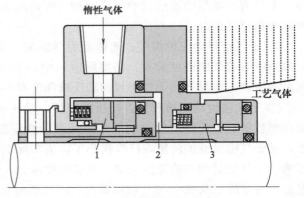

图 5-40　串联式干气密封
1—外侧干气密封；2—隔离腔；3—内侧干气密封

大于气体分子之间的吸引力，因而，液体分子之间做相对运动所需的推动力远远大于气体分子之间所需的推动力。在功耗上，液体阻塞要远远大于气体阻塞，干气密封使用寿命比接触式机械密封寿命长 5 倍以上。

③ 由于干气密封辅助系统结构简单，保证工艺介质不受密封液体的污染以及工艺介质不向大气泄漏，彻底摆脱了传统双端面接触式机械密封对密封油的依赖，密封气体可采用工

业氮气或工业仪表压缩风，其压力只要高于工艺气 0.15~0.2MPa。

当然，这种干气密封也有缺点。

① 它需要一定压力的稳定气源，且气源压力要高于工艺气 0.15MPa。

② 有微量密封气体泄漏到工艺气中去。

串联式干气密封就是干气密封和接触式机械密封串联使用，接触式机械密封为主密封，干气密封为次密封，这种密封主要用于易挥发介质的场合，对密封气压力要求不高。次密封与主密封之间通入工业氮气，保证主密封具有一定的背压，它能极大地延长主封的使用寿命。主密封泄漏的工艺介质随密封气体排到废气收集系统，保证工艺介质不向大气泄漏，是一种环保型密封。在主密封失效后，干气密封在短时间内起到主密封作用，这类密封寿命取决于接触式机械密封的使用寿命，一般在 2~3 年。由于该密封是串联式干气密封，不是完全意义上的干气密封，

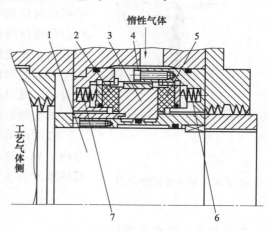

图 5-41　双端面干气密封

1—轴；2,5—静环；3—动环；4—保护环；6,7—弹簧

其总体性能介于接触式机械密封和干气密封之间，也仅适用于易挥发介质场合，应用范围较窄。

3. 低速搅拌器用干气密封

低速搅拌器特点是转速低，轴摆动大，压力高等。搅拌器旋转轴轴封最常用的密封是填料密封和接触式机械密封，填料密封由于磨损大，密封效果差，使用寿命短，目前已逐渐淘汰。搅拌器用的接触式机械密封一般采用双端面机械密封，密封腔中通入高于工艺介质压力的密封液体来对机械密封动静环端面摩擦产生的高温进行冷却。在工艺运行时，很多搅拌器不允许像润滑油、水等机械密封液体进入工艺流程中去，这就使得接触式机械密封使用受到限制或工艺要求不得不降低，允许少量密封液体进入工艺流程中。而使用转速允许小于300r/min 的低转速干气密封为低速搅拌器旋转轴轴封形式提供了更好的选择。它极大地提高了轴封的使用寿命，延长了搅拌器的运行周期，降低了搅拌器的维修费用，实现了该种设备的安全、稳定、长周期经济运行。搅拌器所使用的干气密封一般采用双端面结构形式，密封腔通入密封气体（一般使用工业氮气），密封气体压力高于介质压力 0.2 MPa 左右，其使用寿命一般在 3~5 年。

第三节　机械密封的主要参数及零件结构形式

一、机械密封的主要参数

（一）端面液膜压力

为了保证端面间有一层稳定的液膜（半液体润滑膜或边界润滑膜），就必须正确控制端面承受的载荷 W，而 W 值究竟多大合适，是与液膜承载能力密切相关的。与平面轴承类似，机械密封端面间隙的承载能力，称为端面液膜的压力，它包括了液膜静压力和液膜动压

力两部分。

1. 液膜静压力

当密封间隙有微量泄漏时，由于密封环内、外径处的压差促使流体流动，而流体通过间隙受到密封面的节流作用，压力将逐步降低。假设密封端面间隙内流体的单位阻力沿半径方向是不变的，则流体沿半径 r 的压力呈线性分布。假如为中等黏度的液体（如水），其沿径向的压力就近似于三角形分布，低黏度液体（如液态丙烷等）则呈凹形，高黏度液体（如重油）压力分布呈凸形。

端面间的液膜静压力是力图使端面开启的力。设沿半径方向 r 处，宽度为 d_r 的环面积上液膜静压力为 p_r，设密封流体压力为 p（图 5-42），则作用在密封面上的开启力 R 为

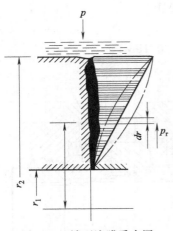

图 5-42　端面液膜受力图

$$R = \int_{r_1}^{r_2} 2\pi r \, dr \, p_r$$

根据相似三角形关系得

$$p_r = \frac{r - r_1}{r_2 - r_1} p$$

代入上式，积分得

$$R = \frac{\pi}{3}(r_2 - r_1)(2r_2 + r_1)p$$

又因为

$$R = \pi(r_2^2 - r_1^2)p_m$$

式中　p_m——端面平均液膜静压力，Pa。

因此

$$p_m = \frac{2r_2 + r_1}{3(r_2 + r_1)} p \tag{5-4}$$

令

$$\frac{2r_2 + r_1}{3(r_2 + r_1)} = \lambda$$

则

$$p_m = \lambda p \tag{5-5}$$

式中，λ 称为介质反压系数。它表示密封端面间液膜平均压力与密封流体（即介质）压力之比，即

$$\lambda = \frac{p_m}{p} \tag{5-6}$$

在实际运行工况下，密封端面上的液膜压力并非呈线性分布，除黏度影响外，液膜还会出现局部不连续等复杂因素，因此反压系数 λ 值还不能准确进行计算，一般通过实验确定，推荐的经验数值如表 5-3 所示。

表 5-3　不同密封工况的反压系数经验值

密封工况	介质反压系数 λ	液膜压力 p_m
一般液体	0.5	$0.5p$
黏度较大的液体	$\frac{1}{3}$	$\frac{1}{3}p$
气体、液态烃等易挥发介质	$\frac{\sqrt{2}}{2}$	$\frac{\sqrt{2}}{2}p$

2. 液膜动压力

机械密封环端面即使经过精细的研磨加工，在微观上仍然存在一定的波纹度，当两个端面彼此相对滑动时，由于液膜作用会产生动压效应。经理论分析，一般有以下结论。

① 液膜动压力与液体沿运动方向流动的线速度成正比关系，当液体流动的线速度为0时，动压力也为0，说明压力是由于流体运动而产生的。

② 动压力与断面间液体黏度成正比，液体的黏度越大，产生的动压力也越大。

③ 密封两端面任一处的间隙，即该处的膜厚与液膜压力出现最大值处的膜厚差值大于0，则液膜动压力大于0，动压力沿端面方向是递增的；但无论液膜动压力大于0或小于0，动压效应都是使液膜产生正压力而具有承受外载荷的能力。

④ 液膜厚度越小，液膜动压力越大，说明液膜越薄，承载能力越高。

⑤ 如果两端面任一处的膜厚与液膜压力出现最大值处的膜厚相等，即两滑动表面平行，此时液膜动压力为0，表示不产生动压效应。实际上机械密封端面总是存在一定的粗糙度和不平直度，将使端面间形成不规格的微观楔形间隙，而端面上不均布的摩擦热膨胀，又会增大楔形间隙的倾角，更增强了液膜动压效应。

（二）端面比压

作用在密封环带上单位面积上净剩的闭合力称为端面比压，以 p_c 表示，单位为 MPa。端面比压大小是否合适，对密封性能和使用寿命影响很大。比压过大，会加剧密封端面的磨损，破坏流体膜，降低寿命，比压过小会使泄漏量增加，降低密封性能。

1. 端面比压的计算

端面比压可根据作用在补偿环上的力平衡来确定。它主要取决于密封结构形式和介质压力。现以内流式单端面机械密封为例来说明端面比压的计算方法，对补偿环做受力分析，其轴向力平衡见图 5-43。

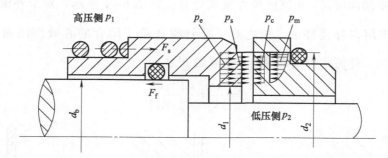

图 5-43 内流式单端面机械密封补偿环轴向力平衡

① 弹簧力 F_s。由弹性元件产生的作用力，其作用总是使密封环贴紧。用弹簧力 F_s 除以密封环带面积 A，即弹性元件施加到密封环带单位面积上的力，称为弹簧比压 p_s，单位为 MPa。

$$p_s = \frac{F_s}{A}$$

② 密封流体推力 F_p。在图 5-43 结构中，密封流体压力在轴向的作用范围是从 d_b 到 d_2 的环形面，其效果是使密封环贴紧。显然，由于密封流体压力而产生的轴向推力为

$$F_p = \frac{\pi(d_2^2 - d_b^2)}{4} p = A_e p$$

式中　A_e——密封流体压力有效作用面积，mm^2；

　　　　p——密封流体压力，指机械密封内外侧流体的压力差，MPa。

密封流体推力 F_p 在密封面上引起的压力，称为密封流体压力作用比压 p_e，单位为 MPa。

$$p_e = \frac{F_p}{A} = \frac{A_e p}{A}$$

由式（5-1）可得

$$p_e = \beta p$$

③ 端面流体膜反力 F_m。密封端面间的流体膜是有压力的，这种压力必然产生一种推开密封环的力，这种力称为流体膜反力。端面流体膜反力 F_m 可由下式计算。

$$F_m = p_m A = \lambda p A$$

④ 补偿环辅助密封的摩擦阻力 F_f。F_f 的方向与补偿环轴向移动方向相反。补偿环向闭合方向移动时，F_f 为负值；反之，则为正值。影响摩擦阻力 F_f 的因素很多，目前还难以准确计算 F_f 值。在稳定工作条件下，F_f 一般较小，可忽略。

以上诸力都沿着轴向作用，它们的合力就是实际作用在密封端面上净剩的闭合力 F_c'。当忽略补偿环辅助密封的摩擦阻力 F_f 时，净闭合力 F_c' 为

$$F_c' = F_s + F_p - F_m = p_s A + p_e A - p_m A$$

上式两边同除以密封环带面积 A，则得端面比压 p_c 为

$$p_c = \frac{F_c'}{A} = p_s + p_e - p_m = p_s + (\beta - \lambda) p \tag{5-7}$$

需要说明的是，上述计算式是根据内流式单端面密封推导出来的，对其他情况仍然适用，但需做适当处理。

① 外流式单端面密封，β 值应按外流式计算。如图 5-44 所示，对于外流式机械密封，密封流体压力作用在补偿环上，使之对于非补偿环趋于闭合的有效作用面积为 $A_e = \frac{\pi}{4}(d_b^2 - d_1^2)$。因此，外流式机械密封的平衡系数 β 为

$$\beta = \frac{A_e}{A} = \frac{d_b^2 - d_1^2}{d_2^2 - d_1^2}$$

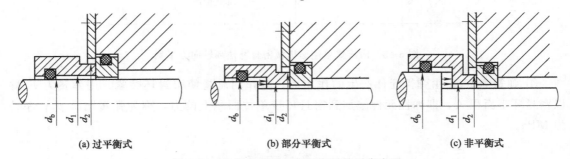

(a) 过平衡式　　　　　(b) 部分平衡式　　　　　(c) 非平衡式

图 5-44　外流式单端面机械密封的平衡类型

② 双端面机械密封端面比压的计算。如图 5-8（a）、（b）所示的轴向双端面密封，靠大气侧的密封端面受力情况与内流式一样，其端面比压的计算式为

$$p_c = p_s + (\beta - \lambda) p_f$$

式中 p_f——封液压力，MPa。

对于介质端，可以看作压力为 p_f 的封液向压力为 p_1 环境泄漏的内流单端面密封，其端面比压的计算式为

$$p_c = p_s + (\beta - \lambda) p = p_s + (\beta - \lambda)(p_f - p_1)$$

③ 对于波纹管式机械密封，端面比压的计算和弹簧式机械密封完全相同，只是在计算平衡系数 β 时，采用波纹管的有效直径 d_e 代替弹簧式机械密封的平衡直径 d_b。波纹管的有效直径 d_e 与波纹管的工作状态、波形、波数及材料等有关，可近似按下列公式计算。

矩形波（如车制的聚四氟乙烯波纹管）为

$$d_e = \sqrt{\frac{1}{2}(d_i^2 + d_o^2)}$$

锯齿形波（如焊接金属波纹管）为

$$d_e = \sqrt{\frac{1}{3}(d_i^2 + d_o^2 + d_i^2 d_o^2)}$$

U 形波（如挤压成型的金属波纹管）为

$$d_e = \sqrt{\frac{1}{8}(3d_i^2 + 3d_o^2 + 2d_i^2 d_o^2)}$$

上述三式中 d_i 和 d_o 分别为波纹管的内外直径，且计算值与实际值有一定偏差，压力越高，偏差越大。

2. 端面比压中各项参数的确定

(1) 弹簧比压 p_s。弹簧力的主要作用是保证主机在启动、停车或介质压力波动时，使密封端面能紧密贴合。同时用以克服补偿环辅助密封圈与相关元件表面间的摩擦阻力，补偿环能追随端面的磨损沿轴向移动。显然，p_s 值过小，难以起到上述作用；p_s 过大，则会加剧端面磨损。对于内流式机械密封，通常取 $p_s = 0.05 \sim 0.3$MPa，常用范围 $0.1 \sim 0.2$MPa。介质压力小或介质波动较大者，取较大值；反之，取小值。

对于外流过平衡式结构，弹簧力除克服端面液膜压力和辅助密封圈与相关元件间的摩擦阻力外，还需克服介质压力对密封端面产生的开启力，故需较大的弹簧压力才能保证足够的端面压力。此种结构的弹簧比压通常比介质压力大 $0.2 \sim 0.3$MPa。对于外流部分平衡式或背面高压式结构，由于介质进入背端面区域，起压紧端面的作用，故弹簧比压可比外流过平衡式取得小些或按内流式结构的弹簧比压范围选取，通常可取 $0.15 \sim 0.25$MPa。

真空条件下的弹簧比压 p_s 取 $0.2 \sim 0.3$MPa；补偿辅助密封圈为橡胶 O 形圈者，p_s 取较小值，辅助密封为聚四氟乙烯 V 形圈者，p_s 取较大值。

(2) 平衡系数。平衡系数表示了密封流体压力变化时，对端比压 p_c 影响的程度。其数值大小由结构尺寸决定，通常可通过在轴或轴上设置台阶，减小 A_e 改变 β 值。采用平衡式的目的主要是为了减少被密封介质作用在密封端面上的压力，使端面比压在合适范围内，以扩大密封适用的压力范围。平衡系数对机械密封的密封性、使用寿命和可靠性等有很大影响。从密封性角度考虑希望平衡系数大一些，可得到较高的端面比压，密封的稳定性和可靠性都较好。但是平衡系数大产生的摩擦热多，如不能及时散去，将导致密封端面温度过高。当温度达到被密封液体汽化温度时，将发生汽化，液膜破坏，磨损加大，使用寿命缩短。尤其是在压力较高的工作条件下，采用平衡系数大于或等于 1.0 的非平衡式密封是不允许的。

一般对于内流非平衡式结构，$\beta = 1.1 \sim 1.3$；内流平衡式 $\beta = 0.55 \sim 0.85$；外流平衡式

$\beta = 0.65 \sim 0.8$；外流平衡式 $\beta = -0.15 \sim -0.30$。在上述 β 值范围内，当介质压力和 pv 值较小时，β 可选较大值（绝对值），反之选较小值。

上述端面比压的计算，尽管比较粗略，但由于引入了大量经验数据而具有一定可靠性。从端面比压计算公式的推导过程可见，端面比压实质上表明了接触式机械密封必要的密封面微凸体承载能力，只有接触式机械密封才存在端面比压。端面比压数值的大小，对端面间的摩擦、磨损和泄漏起着重要作用。端面上的比压过大，将造成摩擦面发热，磨损加剧和功率消耗增加；端面比压过小，易于泄漏，密封破坏。因此，为保证机械密封具有长久的使用寿命和良好的密封性能，必须选择合理的端面比压。

端面比压可按下列原则进行选择。

① 为使密封端面始终紧密地贴合，端面比压必须为正值，即 $p_c > 0$；

② 端面比压不能小于端面间温度升高时的密封流体或冲洗介质的饱和蒸气压，否则会导致液态的流体膜汽化，使磨损加剧，密封失效；

③ 端面比压是决定密封端面间存在液膜的重要条件，因此一般不宜过大，以避免液膜汽化，磨损加剧。当然从泄漏量角度考虑，也不宜过小，以防止密封性能变差。推荐的端面比压见表 5-4。

表 5-4　推荐的端面比压值　　　　　　　　　　　　MPa

设备类型	密封形式		一般介质	低黏度介质	高黏度介质
泵	内装式		$0.3 \sim 0.6$	$0.2 \sim 0.4$	$0.4 \sim 0.7$
	外装式		0.15～0.4		
釜	外装式	平衡式	0.2～0.5		
		非平衡式	0.3～0.7		

（三）端面摩擦热及功率消耗

机械密封在运行过程中，不仅摩擦副因摩擦生热，而且旋转组件与流体摩擦也会生热。摩擦热不仅会使密封环产生热变形而影响密封性能，同时还会使密封端面间液膜汽化，导致摩擦工况的恶化，密封端面产生急剧磨损，甚至密封失效。

机械密封的功率消耗包括密封端面的摩擦功率 N_f 和旋转组件对流体的搅拌功率 N_s。一般情况后者比前小得多，而且难以准确计算，通常可以忽略，但对于高速机械密封，则必须考虑搅拌功率及其可能造成的危害。

端面摩擦功率常用下式近似计算

$$N_f = f p_c v A$$

式中　N_f——端面摩擦功率，W；

　　　f——密封端面摩擦系数；

　　　p_c——端面比压，MPa；

　　　v——密封端面平均线速度，m/s；

　　　A——密封环带面积，mm²。

摩擦系数 f 与许多因素有关，表 5-5 列出不同摩擦工况下 f 值的范围。对于普通机械密封，当无实验数据时，可取 $f = 0.1$ 进行估算。

表 5-5 机械密封端面摩擦系数范围

摩擦工况	摩擦系数 f	摩擦工况	摩擦系数 f
全液摩擦	0.001~0.05	边界摩擦	0.05~0.15
混合摩擦	0.005~0.1	干摩擦	0.1~0.6

（四）pv 值与 $p_c v$ 值

pv 值是密封流体压力与密封端面平均线速度的乘积，它表示密封的工作能力。极限 pv 值是指密封失效时的 pv 值，它说明了密封的水平。许用 pv 值以 $[pv]$ 表示，它是极限 pv 值除以安全系数的数值。

$p_c v$ 值是密封端面比压 p_c 与密封端面平均线速度 v 的乘积。极限 $p_c v$ 是密封失效时的 $p_c v$ 值，它表示密封材料的工作能力。许用 $p_c v$ 以 $[p_c v]$ 表示，它是极限 $p_c v$ 值除以安全系数的数值。

pv 值及 $p_c v$ 值是机械密封设计及选择时的一个重要参数，尤其是 $p_c v$ 值，是选择与比较机械密封的重要依据。

$p_c v$ 值影响密封的性能参数。摩擦功率及摩擦热量均与 $p_c v$ 值成正比。更为重要的是 $p_c v$ 值影响着密封端面间液膜的形态和厚度，当 $p_c v$ 值超过一定的数值范围后，端面间便不可能维持一个基本完整的液膜，使摩擦副最佳的摩擦工况遭到破坏。所以，$p_c v$ 值应限制在 $[p_c v]$ 范围内使用。

$[p_c v]$ 值通过试验确定。它的大小受密封端面材质、粗糙度、介质性能、摩擦工况、端面平均直径及接触面积等因素的影响。表 5-6 给出了一组 $[p_c v]$ 值范围，适用于常用的摩擦材料、良好的加工、普通状况及中等寿命要求。当实际 $p_c v$ 值大于表内所列 $[p_c v]$ 值时，就得采取改善润滑状况和加强冲洗、冷却等措施。

表 5-6 $[p_c v]$ 值范围　　　　　　　　　　MPa·m/s

工况	干摩擦	润滑差	中等润滑	良好润滑
$[p_c v]$	<0.49	<1.47	<4.90	<14.71 或略高
介质	气相介质等	易挥发介质	常温水等	油类等

严格讲，端面比压 p_c 与端面平均线速度 v 单项均有极限值，且对 v 值更为敏感。因此，在高速情况下要更加予以重视。

（五）泄漏率

机械密封的泄漏率是指单位时间内通过主密封和辅助密封泄漏的流体总量，是评定密封性能的主要参数。泄漏率的大小取决于许多因素，其中主要的是密封运行时的摩擦状态。在没有液膜存在而完全由固体接触的情况下机械密封的泄漏率接近为零，但通常是不允许在这种摩擦状态下运行，因为这时密封环的磨损率很高。为了保证密封具有足够寿命，密封面应处于良好的润滑状态。因此必然存在一定程度的泄漏，其最小泄漏率等于密封面润滑所必需的流量。这种泄漏是为了在密封面间建立合理的润滑状态所付出的代价。所有正常运转的机械密封都有一定泄漏，所谓"零泄漏"是指用现有仪器测量不到的泄漏率，实际上也有微量的泄漏。如果泄漏介质为水溶液或液态烃，它在离开密封面边缘时，就可能已被摩擦热蒸发成气相而逸出，从而看不到液相泄漏。但对于烃类流体，泄漏即使是看不见的气体，也必须进行监控。

对处于全流体膜润滑的机械密封，如流体静压或流体动压机械密封，泄漏率一般较大，但近年已出现一些泄漏率很低，甚至泄漏率为零的流体动压润滑非接触机械密封。

机械密封允许的泄漏率，目前尚无统一标准，实际使用主要取决于密封介质的特性以及密封运行的环境。我国机械行业标准 JB/T 4127.1—2013《机械密封　第 1 部分：技术条件》规定：当被密封介质为液体时，平均泄漏率在轴（或轴套）外径大于 50mm 时，不大于 5mL/h；而当轴（或轴套）外径不大于 50mm 时，不大于 3mL/h；对于特殊条件及被密封介质为气体时不受此限。

JB/T 8723—2008《焊接金属波管机械密封》对焊接金属波管机械密封运转试验的平均泄漏率做了如表 5-7 所示的规定。

表 5-7　焊接金属波纹管机械密封运载试验的平均泄漏率

轴径 d/mm	转速 n/(r/min)	压力 p/MPa	试验平均泄漏率 Q/(mL/h)
$\leqslant 50$	$\leqslant 3000$	$p \leqslant 2.2$	$\leqslant 3$
		$2.2 < p \leqslant 4.2$	$\leqslant 5$
	> 3000	$p \leqslant 2.2$	$\leqslant 6$
		$2.2 \leqslant p \leqslant 4.2$	$\leqslant 8$
> 50	$\leqslant 3000$	$p \leqslant 2.2$	$\leqslant 5$
		$2.2 < p \leqslant 4.2$	$\leqslant 6$
	> 3000	$p \leqslant 2.2$	$\leqslant 8$
		$2.2 < p \leqslant 4.2$	$\leqslant 12$

（六）磨损量

磨损量是指机械密封运转一定时间后，密封端面在轴向长度上的磨损值。磨损量的大小要满足机械密封使用寿命的要求。JB/T 4127.1—2013《机械密封　第 1 部分：技术条件》规定：以清水为介质进行试验，运转 100h 软质材料的密封环磨损量不大于 0.02mm。

磨损率是材料是否耐磨，即在一定的摩擦条件下抵抗磨损能力的评定指标。当发生黏着磨损或磨粒磨损时，材料的磨损率与材料的压缩屈服极限或硬度成反比，即材料越硬越耐磨。而有一类减磨材料则是依靠低的摩擦系数，而不是高硬度获得优良耐磨特性的。例如具有自润滑性的石墨、聚四氟乙烯等软质材料就具有优异的减磨特性，在某些条件下，甚至比硬材料有更长的寿命。在轻烃等易产生干摩擦的介质环境中，软密封环选用软质的高纯电化石墨就比选用硬质碳石墨能获得更低的磨损率。值得注意的是，材料的磨损特性并不是材料的固有特性，而是与磨损过程的工作条件（如载荷、速度、温度）、配对材料性质、接触介质性能、摩擦状态等因素有关的摩擦学系统特性。合理选择配对材料，提供良好的润滑和冷却条件是保证机械密封摩擦副获得低磨损率的重要措施。

（七）使用寿命

机械密封的使用寿命是指机械密封从开始工作到失效累积运行的时间。机械密封很少是由于长时间磨损而失效的，其他因素则往往能促使其过早地失效。因此，密封的寿命应视为一个统计学量，难以得到精确值。密封的有效工作时间在很大程度上取决于应用情况。JB/T 4127.1—2013《机械密封　第 1 部分：技术条件》规定：选型合理、安装使用正确的情况下，被密封介质为清水、油类及类似介质时，机械密封的使用期一般不少于 1 年；被密封介质为腐蚀性介质时，机械密封的使用期一般为 6 个月到 1 年；但在使用条件苛刻时不受此限。JB/T 8723—2008《焊接金属波管机械密封》规定：在选型合理、安装使用正确、系统工作良好、设备运行稳定的情况下，焊接金属波管机械密封使用期不少于 8000h，特殊工况例外。美国石油学会制定的石油、化工类泵用机械密封标准 API 682—2004《泵 离心泵和回转泵的轴封系统》规定机械密封要连续运行 25000h 不用更换。

为延长机械密封使用寿命应注意以下几方面。

① 在密封腔中建立适宜的工作环境，如有效地控制温度，排除固体颗粒，在密封端面间形成有效液膜（在必要时应采用双端面密封和封液）；

② 满足密封的技术规范要求；

③ 采用具有刚性壳体、刚性轴、高质量支撑系统的机泵。

（八）转矩

机械密封转矩概念包括正常运转时由端面摩擦而引起的端面摩擦转矩，机械密封启动时所需的启动转矩，密封运转时由旋转组件对流体的搅拌而引起的搅拌转矩。端面摩擦转矩和搅拌转矩决定着机械密封的功率消耗和运行成本，是评价机械密封性能的一个常用指标，对于应用于高压、高速、大轴径的重型机械密封，其功率消耗也颇为可观。尽管中国机械密封的技术标准《机械密封 第1部分：技术条件》（JB/T 4127.1—2013）并未对转矩指标提出具体要求，但另一技术标准《机械密封试验方法》（GB/T 14211—2010）表明，必要时需要对机械密封摩擦转矩和功率消耗进行测量和评价。另外，启动时摩擦转矩一般为正常运转时的 5 倍左右。

（九）追随性

是指当机械密封存在跳动、振动和转轴的窜动时，补偿环对于非补偿环保持贴合的性能。如果这种性能不良，密封端面将会分离从而导致较大的泄漏。可以通过泄漏量的大小来间接判断密封追随性的优劣。

二、机械密封的零件结构形式

（一）密封环

密封环包括动环和静环，它们是机械密封中最主要的零件，其性能好坏直接关系到密封效果和寿命。密封环的结构形式很多，主要根据使用要求确定。

1. 动环的结构形式

动环的结构型式是多种多样的。常用的结构形式如图 5-45 所示，图（a）比较简单，省略了推环，适合采用橡胶 O 形辅助密封圈，缺点是密封圈沟槽直径不易测量，使加工与维修不便。图（b）对于各种形状的辅助密封圈都能适应，装拆方便，且容易找出因密封圈尺寸不合适而发生泄漏的原因。图（c）只适合用 O 形密封圈，对密封圈尺寸精度要求低，容易密封，但密封圈易变形。图（d）和图（e）为镶嵌式结构，这种结构是将密封端面做成矩形截面的环状零件（称为动环），镶嵌在金属环座内（称为动环座），从而可节约贵重金属。图（d）为采用压装和热装的刚性过盈镶嵌结构，加工简便，但由于动环与动环座材料的线膨胀系数不同，高温时易脱落，一般使用于轴径小于 100mm、使用压力小于 5MPa、密封端面平均线速度小于 20m/s 的场合。图（e）为柔性过盈镶嵌结构，其径向不与动环座接触，而是支承在柔性的辅助密封圈上，并采用柱销连接，从而克服了图（d）的缺点，但加工困难，在标准型机械密封中很少采用。图（f）为喷涂结构，是将硬质合金粉或陶瓷粉等离子喷涂于环座上，该结构特点是省料，但由于涂层往往不致密，使用中存在涂层开裂及剥落现象，因此，粉料配方及喷涂工艺还有待改进。以上各种结构中，以图（d）目前国内采用最为普遍。

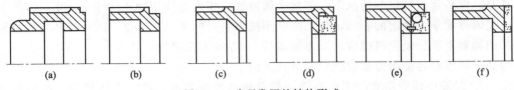

图 5-45 动环常用的结构形式

2. 静环的结构形式

静环常用的结构形式如图 5-46 所示，图（a）为最常用的形式，O 形、V 形辅助密封圈均可使用；图（b）的尾部较长，安装两个 O 形密封圈，中间环隙可通水冷却；图（c）也是为了加强冷却；图（d）形式的静环两端均是工作面，一端失效后可调头使用另一端；图（e）为 O 形圈置于静环槽内，从而简化了静环座的加工；图（f）为采用端盖及垫片固定在密封腔体上，多用于外装式或轻载的简易机械密封上。

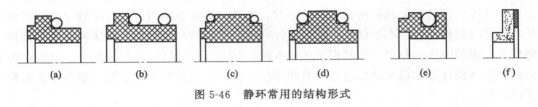

图 5-46 静环常用的结构形式

（二）辅助密封

摩擦副动、静环的结构形式往往取决于所采用的辅助密封元件的形式。辅助密封元件有两类：径向接触式辅助密封与波纹管辅助密封。

1. 径向接触式辅助密封

径向接触式辅助密封包括动环密封圈和静环密封圈，它们分别构成动环与轴、静环与端盖之间的密封。同时，由于密封圈材料具有弹性，能对密封环起弹性支撑作用，并对密封端面的歪斜和轴的振动有一定的补偿和吸振效果，可提高密封端面的贴合度。当端面磨损后，在弹性力作用下，密封圈随补偿环沿轴向做微小的补偿移动。

用作动环及静环的辅助密封圈主要有如图 5-47 所示的几种断面形状。最常用的有 O 形和 V 形两种，还有方形、楔形、矩形、包覆形等几种。一般是根据使用条件决定。如一般介质可以采用 O 形，溶剂类、强氧化性介质可用聚四氟乙烯制的 V 形圈，高温下可用柔性石墨或氟塑料制的楔形环，矩形垫一般只用在图（f）形式。氟塑料全包覆橡胶 O 形圈可应用在普通橡胶 O 形圈无法适应的某些化学介质环境中。它既有橡胶 O 形圈所具有的低压缩永久变形性能，又具有氟塑料特有的耐热、耐寒、耐油、耐磨、耐天候老化、耐化学介质腐蚀等特性，可替代部分传统的橡胶 O 形圈，广泛应用于 $-60 \sim 200 ℃$ 温度范围内，除卤化物、熔融碱金属、氟碳化合物外各种介质的密封场合。

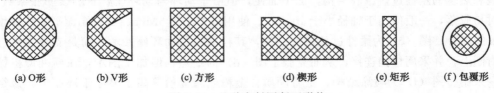

(a) O形　　(b) V形　　(c) 方形　　(d) 楔形　　(e) 矩形　　(f) 包覆形

图 5-47 几种密封圈断面形状

2. 波纹管辅助密封

波纹管有辅助密封的功能。波纹管密封的特点就是摩擦副挠性安装环的所有相对位移可以由弹性波纹管来补偿，这就允许安装摩擦副密封环有较大的偏差。不存在径向接触式辅助密封圈沿密封面滑移的问题。

（三）传动形式

动环需要随轴一起旋转，为了考虑动环具有一定的浮动性，一般它不直接固定在转轴上，通常在动环和轴之间，需要有一个转矩传递机构，带动动环旋转，并克服搅拌和端面的摩擦转矩。

转矩传递机构在有效传递转矩的同时，不能妨碍补偿机构的补偿作用和密封环的浮动减振能力。转轴将转矩传递到密封组件的常见机构有紧定螺钉、销钉、平键及分瓣环等。密封组件将转轴传递来的转矩传递给动环的常见机构有如图 5-48 所示的几种形式。

1. 弹簧传动

弹簧传动中有并圈弹簧传动和带钩弹簧传动 ［图 5-48（a）、（b）］。弹簧传动结构简单，但传动转矩一般较小，且只能单方向传动，其旋转方向与弹簧的旋向有关，应使弹簧越转越紧。并圈弹簧传动，弹簧两端过盈安装在弹簧座和动环上，利用弹簧末圈的摩擦张紧来传递转矩；带钩弹簧传动是将弹簧两端的钢丝头部弯成与弹簧轴线平行或垂直的钩子，分别钩住弹簧座和动环来传动。

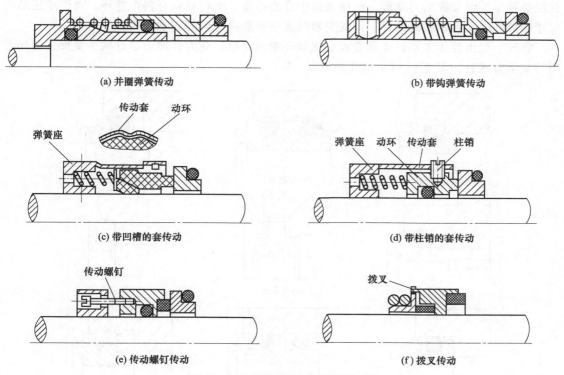

(a) 并圈弹簧传动　　　　　　　　　　(b) 带钩弹簧传动

(c) 带凹槽的套传动　　　　　　　　　(d) 带柱销的套传动

(e) 传动螺钉传动　　　　　　　　　　(f) 拨叉传动

图 5-48　几种传递转矩的结构形式

2. 传动套传动

传动套传动结构简单，工作可靠，常与弹簧座组成整体结构。传动套传动包括带凹槽（亦称耳环）的套结构和带柱销的套结构 ［图 5-48（c）、（d）］，后者的传动套厚度比前者要厚一些，以便过盈镶配柱销。

3. 传动螺钉传动

如图 5-48（e）所示，利用螺钉传动，结构简单，在传递转矩时仅存在切向力，常用于多弹簧的结构中。

4. 拨叉传动

如图 5-48（f）所示，拨叉传动结构简单，常与弹簧座组成冲压件整体结构。由于拨叉径向尺寸小（较薄）且冲压后冷作硬化、易断裂，常用于中性介质。

5. 波纹管传动

波纹管是集弹性元件、辅助密封和转矩传动机构于一身的密封元件。其转矩的传动方式是波纹管机械密封所特有的，波纹管的两端分别与传动座和动环连接，至于连接方式依波纹管材料而定。例如，对于金属波纹管，采用焊接；对于橡胶波纹管和聚四氟乙烯波纹管，则采用整体或其他方法连接。转轴通过紧定螺钉、键等机构将转矩传递到传动座，传动座通过波纹管即把转矩传递到动环。

（四）静环支承方式

如果密封环的支承方式不合理，在受介质压力、弹簧力及支承反力作用下，可能会引起密封环过大的变形而使密封失效。一般金属材料的弹性模量较大，即使在较高压力作用下，环的变形也不显著。而对于弹性模量低的材料，如石墨、塑料环等，当处于较高的压力时，往往会发生不可忽视的力变形。机械密封中常将石墨、塑料等软材料作静环，对于给定结构尺寸的静环，在一定载荷条件下，其变形程度主要取决于环的支承方式。

静环一般由腔体支承。支承方式应使静环密封可靠，受力合理，尽量减少变形。静环常用的支承方式有如图 5-49 所示的几种形式。

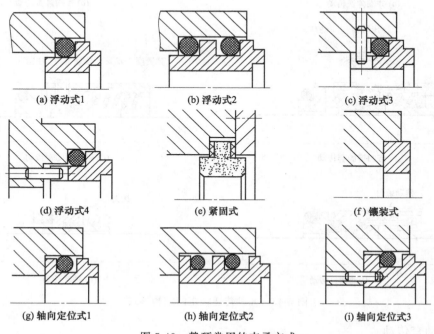

(a) 浮动式1   (b) 浮动式2   (c) 浮动式3

(d) 浮动式4   (e) 紧固式   (f) 镶装式

(g) 轴向定位式1   (h) 轴向定位式2   (i) 轴向定位式3

图 5-49　静环常用的支承方式

1. 浮动式

静环靠柔性件（如 O 形圈等）的压缩变形支承在密封腔体上，并允许轴向和径向略作浮动，如图 5-49（a）所示。密封要求严格时，可安装两道密封，如图 5-49（b）所示。高黏度介质和高压、高速条件下应设置防转销，如图 5-49（c）、（d）所示。浮动式支承方式结构简单，拆装方便，能吸收部分轴和腔体的振动。但柔性体把静环隔离，不利于热传导。

2. 紧固式

静环靠机械方法支承，如图 5-49（e）所示。结构简单、传热好，但不能吸收腔体振动。

3. 镶装式

静环过盈配合在密封腔体上，如图 5-49（f）所示。结构简单、传热好，但配合部位精度和粗糙度要求高，不能吸收腔体的振动，端面磨损后不易更换。

4. 轴向定位式

静环由密封腔体定位，靠柔性件的压缩变形支承，如图 5-49（g）所示。密封要求严格时，可安装两道密封，如图 5-49（h）所示。高黏度介质和高压、高速条件下，应设置防转销，如图 5-49（i）所示。轴向定位式结构简单，拆装方便，传热好，但不能吸收腔体轴向振动。

三、主要零件尺寸确定

1. 密封环的主要尺寸

密封环的主要尺寸如图 5-50 所示，有密封端面宽度 b、端面内直径 d_1、外直径 d_2 以及窄环高度 h 和密封环与轴配合间隙。

动环和静环密封端面为了有效地工作，相应地做成一窄一宽。软材料做窄环，硬材料做宽环，使窄环被均匀地磨损而不嵌入宽环中去。此时，软材料的端面宽度为密封端面宽度 b［其值为 $(d_2-d_1)/2$］。在强度、刚度允许的前提下，端面宽度 b 应尽可能取小值，宽度太大，会导致冷却、润滑效果降低，端面磨损增大，摩擦功率增加。宽度 b 与摩擦副材料的匹配性、密封流体的润滑性和摩擦性、机械密封自身的强度和刚度都有很大的关系。一般分为宽、中、窄 3 个尺寸系列，可取表 5-8 的推荐值。宽系列一般用于摩

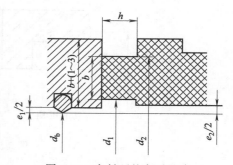

图 5-50 密封环的主要尺寸

擦副材料匹配对摩擦磨损性能好的情况，如石墨/硬质合金、石墨/碳化硅；密封流体润滑性好的情况，如不易挥发的油类和水；机械密封需刚性良好的情况。窄系列一般用于摩擦副材料摩擦性能较差的情况，如硬质合金/硬质合金、青铜/硬质合金以及饱和蒸汽压高，易于挥发的密封介质、颗粒介质。中系列具有兼顾宽窄系列的优点。

表 5-8　密封环带 b 推荐值　　　　　　　　　　　　　mm

轴径 d		≤16	≤35	≤55	≤70	≤100	≤120
宽度 b	宽系列	2.5	3.0	4.0	5.0	6.0	7.0
	中系列	2.0	2.5	3.0	4.0	5.0	5.0
	窄系列	1.5	2.0	2.0	2.5	3.0	3.0

硬环端面宽度应比软环大 1～3mm。当动环和静环均为硬材料，则两者可取相等宽度。

窄环高度 h 取决于材料的强度、刚度及耐磨性，一般取 2～3mm。石墨、填充聚四氟乙烯、青铜等可取 3mm，硬质合金可取 2mm。

当平衡系数 β、端面宽度 b 及平衡直径 d_b 或有效直径 d_e 确定后，即可由平衡系数 β 的计算公式算出端面内径 d_1 及外径 d_2。窄环端面内、外径处不允许倒角、倒棱。

对于密封环与轴的配合间隙，动环与静环取值不同。对于动环，虽然与轴无相对运动，但为了保证具有一定浮动性以补偿轴与静环的偏斜和轴振动等影响，取直径间隙 $e_1 = 0.5\sim 1mm$。对于静环，因为它与轴有相对运动，其间隙值应稍大，一般取直径间隙 $e_2 = 1\sim 3mm$。石墨环、青铜环、填充聚四氟乙烯环，当轴径为 16～100mm 时取 e_2 为 1mm，轴径 110～120mm 时取 2mm。硬质合金环当轴径为 16～100mm 时取 2mm，轴径 110～120mm 时取 3mm。

2. 密封圈尺寸

常用的密封圈有橡胶 O 形圈及聚四氟乙烯 V 形圈，为使二者可互换，设计时直径方向公称尺寸应相同。

安装在动环或静环上的橡胶 O 形圈的压缩量要掌握适当，过小会使密封性能差，过大会使安装困难，摩擦阻力加大，且浮动性差。如图 5-51（a）所示，压缩率为 $\dfrac{a_1 - a}{a_1}$，一般取 6%～10%。

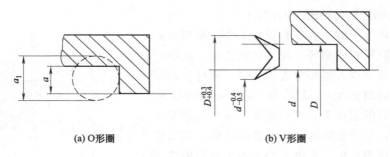

(a) O形圈 (b) V形圈

图 5-51　密封圈及相关尺寸

聚四氟乙烯 V 形圈由两侧密封唇进行密封，属自紧式密封，介质压力越高，密封性能越好。为使低压时也有良好的密封性能，V 形圈的内径必须比轴径小，外径比安装尺寸大。V 形圈一般与推环或撑环一起安装，以使 V 形圈两侧密封唇紧贴在内外环形的密封表面。V 形圈的安装尺寸如图 5-51（b）所示，内径比轴径尺寸小 0.4～0.5mm，外径比安装处尺寸大 0.3～0.4mm。

3. 弹簧的确定

机械密封中采用的弹性元件有圆柱螺旋弹簧、波形弹簧、碟形弹簧和波纹管。波形弹簧和碟形弹簧具有轴向尺寸小，刚度大，结构紧凑的优点，但轴向位移和弹簧力较小，一般适用于轴向尺寸要求很紧凑的轻型机械密封。波纹管常用于高温、低温、强腐蚀等特殊条件。圆柱螺旋弹簧使用最广，又可分为普通弹簧、并圈弹簧（两端的并圈各为 2 圈）和带钩弹簧，后两者用于动环采用弹簧传动的机械密封。

各种轴径圆柱螺旋弹簧的丝径及弹簧安装在弹簧座上的过盈量可参见表 5-9。

表 5-9　弹簧丝径、数量、过盈量的推荐值

轴径/mm	大弹簧丝径/mm	并圈弹簧丝径/mm	并圈弹簧过盈量/mm	小弹簧丝径/mm	小弹簧数量配置
16	1.6	1.6	1	—	—
18	1.6	1.6	1	—	—
20	2	2	1	—	—
22	2	2	1	—	—
25	2.5	2.5	1	—	—
28	2.5	2.5	1	—	—
30	3	3	1	—	—
35	3.5	3.5	1	0.8	8
40	4	4	1	0.8	8
45	4.5	4.5	1	0.8	8
50	5	5	1.5	0.8	8
55	5	5	1.5	0.8	8
60	6	6	1.5	1	8
65	6	6	1.5	1	8
70	6	6	1.5	1	8
75	6	6	1.5	1	10
80	7	7	1.5	1	10
85	7	7	1.5	1	12
90	7	7	1.5	1	12
95	7	7	1.5	1	15
100	7	7	1.5	1	15
110	8	8	2	1	18
120	8	8	2	1	18

第四节　机械密封材料

　　机械密封材料包括密封端面摩擦副、辅助密封圈、弹簧及其他零件的材料。正确合理地选择各种材料，特别是摩擦副材料，对保证机械密封工作的稳定性，延长其使用寿命、降低成本等有着重要的意义。往往一种结构设计较差，但摩擦副材料选择合适的机械密封，要比一种结构设计很好，但摩擦副材料选择不合适的机械密封性能好。这就说明在某些情况下，材料的选择更成为一个关键性的问题，甚至决定密封的成败。随着工业技术的不断发展，对机械密封材料也提出了越来越高的要求。

一、密封端面摩擦副材料

　　造成密封端面摩擦副材料破坏的原因往往是多方面的。例如：腐蚀、过热、超过允许的强度值或由于配对材料选择不当等都会导致摩擦副材料的破坏。因此，摩擦副材料应满足如下要求。

① 在防腐蚀方面有较好的化学稳定性，能抵抗介质的腐蚀、磨蚀、溶解和溶胀；

② 在物理机械性能方面有较高的弹性模量、强度及许用 pv 值，低的滑动摩擦系数、膨胀系数、优良的耐磨性和自润滑性以及良好的不渗透性；

③ 在热力性能方面有很好的导热性，耐热、耐寒性和耐温度急变性；

④ 材料来源方便，加工容易，成本低廉。

目前用作摩擦副材料的种类很多。常用的非金属材料有：石墨、聚四氟乙烯、酚醛塑料、陶瓷等。常用的金属材料有铸铁、碳钢、铬镍钢、青铜以及硬质合金等。此外，还有通过堆焊、烧结、喷涂等表面处理及复合工艺改变或改善金属材料或摩擦副表面性能来做摩擦副材料的。各种材料都具有一定的特性，在选择摩擦副材料时，应扬长避短，根据具体工作条件合理使用。

（一）石墨

石墨是机械密封中用量最大、应用范围最广的摩擦副组对材料。它具有许多优良的性能，如良好的自润滑性和低的摩擦系数，优良的耐腐蚀性能（除了强氧化性介质如王水、铬酸、浓硫酸及卤素外，能耐其他酸、碱、盐类及一切有机化合物的腐蚀），导热性好、线膨胀系数低、组对性能好，且易于加工、成本低。石墨是用焦炭粉和石墨粉（或炭黑）作基料，用沥青作黏结剂，经模压成型在高温下烧结而成的。根据所用原料及烧结时间、烧结温度的不同，常见的有碳石墨和电化石墨两种。前者质硬而脆，后者质软、强度低、自润性好。密封面软材料中应用最普遍的是碳石墨。如图 5-52 为石墨密封环。

图 5-52　石墨密封环

然而，碳石墨存在着气孔率大（18％～22％），机械强度低的缺点。因此，碳石墨用作密封环材料时，需要用浸渍等办法来填塞孔隙，并提高其强度。浸渍剂的性质决定了浸渍石墨的化学稳定性、热稳定性、机械强度和可应用温度范围。目前常用的浸渍剂有合成树脂和金属两大类。当使用温度小于或等于170℃时，可选用浸合成树脂的石墨。常用的浸渍树脂有酚醛树脂、环氧树脂和呋喃树脂。酚醛树脂耐酸性好，环氧树脂耐碱性好，呋喃树脂耐酸性和耐碱性都较好，因此浸呋喃树脂石墨环应用最为普遍。当使用温度大于170℃时，应选用浸金属的石墨环，但应考虑所浸金属的熔点、耐介质腐蚀特性等。常用的浸渍金属有巴氏合金、铜合金、铝合金、锑合金等。浸锑碳石墨抗弯与抗压强度高，分别达 30MPa 和 90MPa，使用温度可达 500℃；浸铜或铜合金的碳石墨使用温度为 300℃；浸巴氏合金的碳石墨使用温度为 120～180℃。表 5-10 为国产机械密封用石墨材料性能。

对密封用碳石墨来说，抗疱疤是个很重要的问题。对疱疤较普遍的解释是一定量的流体被碳石墨基层所吸收，由于摩擦热形成基层压力顶出，形成疤状凹坑。疱疤通常在烃类产品或温度交变的场合下使用时可以发现。采用碳化硅作为配对材料，可以减少甚至消除这一疱疤问题。

表 5-10 国产机械密封用石墨材料性能

牌号	材料	体积密度/g·cm⁻³	硬度/HS	抗弯强度/MPa	抗压强度/MPa	膨胀系数/℃⁻¹	气孔率/%	使用温度/℃
M121	碳石墨	1.56	65	25.5	73.56	$4.0×10^{-6}$	17	350
M106H	浸渍环氧树脂碳石墨	1.60	60	9.42	107.87	$11.0×10^{-6}$	5	200
M120H		1.68	60	41.19	88.26	$11.0×10^{-6}$	5	200
M204H		1.90	40	29.42	68.55	$8.0×10^{-6}$	5	200
M220H		1.90	45	39.23	83.36	$11.0×10^{-6}$	5	200
M106K	浸呋喃树脂碳石墨	1.69	80	50	117.68	$11.0×10^{-6}$	5	220
M232L	浸铝合金碳石墨	2.15	40	98.065	196.13	$8.0×10^{-6}$	4	400
M106Y	浸巴氏合金碳石墨	2.36	50	58.84	196.13	$6.0×10^{-6}$	5	180
M232Y		2.06	50	39.23	147.1	$6.0×10^{-6}$	5	180
M158K	浸呋喃树脂碳石墨	1.68	75～85	58.84～68.65	58.84～68.65	$4.0×10^{-6}$～$6.0×10^{-6}$	<1	−103～250
M158H	浸环氧树脂碳石墨	1.70	65～76	196.13～294.2	147.1～196.13	$4.0×10^{-6}$～$6.0×10^{-6}$	<1	−103～250

（二）聚四氟乙烯

聚四氟乙烯具有优异的耐腐蚀性（几乎能耐所有强酸、强碱和强氧化剂的腐蚀），自润滑性好，具有很低的摩擦系数（仅 0.04），较高的耐热性（高至 250℃）和耐寒性（低至 −180℃），耐水性、抗老化性、不燃性、韧性及加工性能都很好。但它也存在着导热性差（仅为钢的 1/200）、耐磨性差、成型时流动性差、热膨胀系数大（约为钢的 10 倍）、长期受力下容易变形（称为冷流性）等缺点。为克服这些缺点，通常是在聚四氟乙烯中加入适量的各种填充剂，构成填充聚四氟乙烯。最常用的填充剂有玻璃纤维、石墨等。填充聚四氟乙烯密封环常用于腐蚀性介质环境中。图 5-53 为聚四氟乙烯制密封零件。

填充玻璃纤维 20% 的聚四氟乙烯环可以与多种陶瓷材料组对，如与铬刚玉陶瓷组对在稀硫酸泵中应用效果很好。填充 15% 玻璃纤维、5% 石墨的密封环常与氧化铝陶瓷组对，用于强腐蚀介质。填充 15% 钛白粉、5% 玻璃纤维的密封环与碳化硅组对适用于硫酸、硝酸介质等。食品、医药机械用密封，不应选用碳石墨或填充石墨的聚四氟乙烯作摩擦副材料，因为被磨损的石墨粉有可能进入产品，污染产品。即使石墨无害，也会使产品染色，影响产品的纯净度和外观质量。对这种情况，填充玻璃纤维的聚四氟乙烯是优选材料。

图 5-53 聚四氟乙烯制密封零件

（三）铜合金

铜合金（青铜、磷青铜、铅青铜等的铸品）具有弹性模量大、导热性好、耐磨性好、加工性好和与硬面材料对磨性好的特点。与碳石墨相比强度高、刚度好。但耐蚀性差，无自润滑性并容易烧损。主要用于低速及海水、油等中性介质。

（四）硬质合金

硬质合金是一类依靠粉末冶金方法制造获得的金属碳化物。它依靠某些合金元素，如钴、镍、钢等作为黏结相，将碳化钨、碳化钛等硬质相在高温下烧结黏合而成。硬质合金具有硬度高（87～94HRA）、强度大（其抗弯强度一般都在 1400MPa 以上）、耐磨损、耐高温、导热系数高、线膨胀系数小、摩擦系数低和组对性能好，且具有一定的耐腐蚀能力等综合优点，是机械密封不可缺少的摩擦副材料。常用的硬质合金有钴基碳化钨（WC-Co）硬质合金、镍基碳化钨（WC-Ni）硬质合金、镍铬基碳化钨（WC-Ni-Cr）硬质合金、钢结碳化钛硬质合金。

钴基碳化钨（WC-Co）硬质合金是机械密封摩擦副中应用最广的硬质合金，但由于其黏结相耐腐蚀性能不好，不适用于腐蚀性环境。为了克服钴基碳化钨硬质合金耐蚀性差的缺陷，出现了镍基碳化钨（WC-Ni）硬质合金，含镍 6%～11%，其耐蚀性能有很大提高，但硬度有所降低，在某些场合中使用受到了一定限制。因此出现了镍铬基碳化钨（WC-Ni-Cr）硬质合金，它不仅有很好的耐腐蚀性，其强度和硬度与钴基碳化钨硬质合金相当，是一种性能良好的耐腐蚀硬质合金。

钢结硬质合金是以碳化钛（TiC）为硬质相，合金钢为黏结相的硬质合金，其硬度与耐磨性与一般硬质合金接近，机加工性能与一般金属材料类同。金属坯材烧结后经退火即可加工，加工后再经高温淬火与低温回火等适当热处理后，便具有高硬度（69～73HRC）、高耐磨性和高刚性（弹性模量较高），并具有较高的强度与一定的韧性。另外，由于 TiC 颗粒呈圆形，所以它的摩擦系数大大降低，且具有良好的自润滑性。同时它还有良好的抗冲击能力，可用在温度有剧烈变化的场合。

硬质合金的高硬度、高强度，良好的耐磨性和抗颗粒性，使其广泛适用于重负荷条件或用在含有颗粒、固体及结晶介质的场合。

（五）工程陶瓷

工程陶瓷具有硬度高、耐腐蚀性好、耐磨性好及耐温变性好的特点，是较理想的密封环端面材料。缺点是抗冲击韧性低、脆性大、硬度高、机加工困难。目前用于机械密封摩擦副的主要是氧化铝陶瓷（Al_2O_3）、氮化硅陶瓷（Si_3N_4）和碳化硅陶瓷（SiC）。表 5-11 为某些陶瓷材料的典型制造法。

表 5-11 某些陶瓷材料的典型制造法

制造方法		主要优点	主要确定	示例
单体成型法	烧结法	①各种形状都能制造 ②单价低廉	尺寸精度高（需二次加工）	Al_2O_3 SiC
	热压法	制品密度高	①复杂形状不能制造 ②生产性差	Al_2O_3 Si_3N_4 SiC
	反应烧结法	①任意形状都可以 ②制造方法简单 ③可大批生产	制品密度小	SiC Si_3N_4

续表

制造方法			主要优点	主要确定	示例
涂层法	化学方法	化学气相沉积法（CVD）	①可得到高密度 ②形状可任意选定	①难以制造 ②涂层温度上升 ③涂层薄	SiC TiC BN
		转化法或反应法（CVR）	涂层薄	有空隙率	SiC
	物理方法	物理气相沉积法（PVD） 喷涂法	①可得到耐低温、高熔点涂层 ②附着强度高 ③可大批生产	①花费时间长 ②涂层温度上升 ③涂层薄	SiC TiC TiN
		等离子喷涂法	①可得到纯的涂层 ②容易做到全面喷涂	涂层薄	SiC TiC TiN
		熔射法	母材可任选	涂层密度小	Al_2O_3 Cr_2O_3 WC

① 氧化铝陶瓷。氧化铝陶瓷的主要成分是 Al_2O_3 和 SiO_2，Al_2O_3 超过 60％ 的叫刚玉瓷。目前用作机械密封环较多的是（95％～99.8％）Al_2O_3 的刚玉瓷，分别被简称为 95 瓷和 99 瓷。Al_2O_3 含量很高的刚玉瓷除氢氟酸、氟硅酸及热浓碱外，几乎耐各种介质的腐蚀。但抗拉强度较低，抗热冲击能力稍差，易发生热裂。其热裂主要是由于温度变化引起的热应力达到了材料的屈服极限。

在 95％Al_2O_3 刚玉瓷坯料中加入 0.5％～2％ 的 Cr_2O_3，经 1700～1750℃ 高温焙烧可制得呈粉红色的铬刚玉陶瓷，它的耐温度急变性能好，脆性减低，抗冲击性能得到提高。铬刚玉陶瓷与填充玻璃纤维聚四氟乙烯组对，用于耐腐蚀机械密封时性能很好。

氧化铝陶瓷密封环由于优良的耐腐蚀性能和耐磨性能，被广泛应用于耐腐蚀机械密封中。但值得注意的是，一套机械密封的动静环不能都使用氧化铝陶瓷制造，因为有产生静电的危险。

② 氮化硅陶瓷。氮化硅陶瓷（Si_3N_4）是 20 世纪 70 年代我国为发展耐腐蚀用机械密封而开发的材料。通过反应烧结法生产的氮化硅陶瓷（Si_3N_4）应用较多。能耐除氢氟酸以外的所有无机酸及 30％ 的碱溶液的腐蚀，热膨胀系数小、导热性好，抗热冲击性能优于氧化铝陶瓷，且摩擦系数较低，有一定的自润滑性。

在耐腐蚀机械密封中，Si_3N_4 与碳石墨组对性能良好，而与填充玻璃纤维聚四氟乙烯组对时，Si_3N_4 的磨耗大，其磨损机理有待深入研究。Si_3N_4 与 Si_3N_4 组对的性能也不太好，会导致较大的磨损率。

③ 碳化硅陶瓷。碳化硅陶瓷（SiC）是新型的、性能非常良好的摩擦副材料。它质量轻、比强度高、抗辐射能力强；具有一定的自润滑性，摩擦系数小；硬度高、耐磨损、组对性能好；化学稳定性高、耐腐蚀，它与强氧化性物质只有在 500～600℃ 高温下才起反应，在一般机械密封的使用范围内，几乎耐所有酸、碱；耐热性好（在 1600℃ 下不变化，极限工作温度可达 2400℃）、导热性能良好、耐热冲击。自 20 世纪 80 年代以来，国内外各大机械密封公司纷纷把碳化硅作为高 pv 值的新一代摩擦副组对材料。图 5-54 为碳化硅制密封零件。

根据制造工艺不同，碳化硅分为反应烧结 SiC、常压烧结 SiC 和热压 SiC 三种。机械密封中常用的为反应烧结 SiC。

图 5-54　碳化硅制密封零件

（六）表面复层材料

随着表面工程技术和摩擦学的发展，机械密封材料也发展到通过表面技术来改进材料的性能。

① 表面堆焊硬质合金。在金属表面堆焊硬质合金可以有效地改善耐磨性能及耐腐蚀性能。目前机械密封上使用的堆焊硬质合金主要有钴基合金、镍基合金和铁基合金。这类合金具有自熔性和低熔点的特性，有良好的耐磨和抗氧化特性，但不耐非氧化性酸和热浓碱。它的硬度不算高，抗热裂能力也较差，不宜用于带颗粒介质的密封和高速密封，比较适宜在中等负荷的条件下作摩擦副材料。

② 表面热喷涂。热喷涂是利用一种热源，将金属、合金、陶瓷、塑料及复合材料、组合材料等粉末或丝材、棒材加热到熔化或半熔化状态，并用高速气流雾化，以一定的速度喷洒于经预处理过的工作表面上形成喷涂层。如将喷涂层再用火炬或感应加热方法重熔，使之与工件表面呈冶金结合则称为热喷焊。机械密封用的热喷涂硬质材料多为各种陶瓷。将高熔点的陶瓷喷涂在基体金属上，其表面可获得耐磨、耐蚀的涂层，涂层厚度可以控制，一般能从几十微米到几毫米，这样材料就兼有基体材料的韧性和涂层的耐蚀及耐磨性，并且可以大大降低密封环的成本。

③ 表面烧覆碳化钨耐磨层。表面烧覆碳化钨耐磨层是用铸造碳化钨（WC）粉为原料，以铜或 NiP 合金作黏结剂，直接冷压在金属（不锈钢或碳钢）表面，然后经高温烧结而成的。在金属的表面烧覆碳化钨而获得耐磨层，国外称为 RC 合金（Ralit Copper）。它制成密封环既节省碳化钨又缩短加工工时，可大大降低成本，同时还可克服常用热套或加密封垫镶嵌环在高温下可能出现从座圈中脱出的缺点，或密封垫材料蠕变、碳化而失效的弊端。同时根据需要能方便地控制耐磨层厚度（可控制在 $1\sim4\mathrm{mm}$）。实际使用结果表明，在高温（大于 $290℃$）油类介质和含固体磨粒的场合，RC 合金是一种具有优良耐磨性和热稳定性的密封材料。国内采用渗透法工艺研制出 RC（WC-Cu）合金和 WV-NiP 合金。其中 RC 合金比钴基碳化钨（WC-Co）类硬质合金有更好的热稳定性，不易发生热裂，主要适用于油类、海水、盐类、大多数有机溶剂及稀碱溶液等，而 WC-NiP 合金主要是针对大多材料均不耐非氧化性酸而提出的，同时它在碱溶液、水及其他介质中与 RC 合金和 WC-Co 硬质合金的耐蚀性能相近。

④ 真空烧结环。真空熔结工艺是一种表面冶金工艺。它是以自熔性镍基合金在金属母体表面扩散、润湿，在真空炉中熔结于母体（环坯）表面而成的。镍基合金与母体在短时间加热的过程中，充分扩散互熔，成为冶金结合。其合金层与母体材料结合强度高，耐热冲击性能好，且母材对合金层的影响小。由于表面采用镍基合金，故具有良好的耐磨性和耐腐蚀性。真空熔结环的硬度适中，摩擦系数低，耐磨性好，耐腐蚀性接近斯太利特合金，且有良好的耐温度剧变性能，加工量小，成品率高，成本低，用于机械密封环已取得满意的效果。

二、辅助密封圈材料

机械密封的辅助密封圈包括动环密封圈和静环密封圈。根据其作用，要求辅助密封材料具有良好的弹性、较低的摩擦系数，耐介质的腐蚀、溶解、溶胀、耐老化，在压缩后及长期的工作中永久变形较小，高温下使用具有不黏着性，低温下不硬脆而失去弹性，具有一定的强度和抗压性。

辅助密封圈常用的材料有合成橡胶、聚四氟乙烯、柔性石墨、金属材料等。合成橡胶是使用最广的一种辅助密封圈材料，常用的有丁腈橡胶、氟橡胶、硅橡胶、氯丁橡胶、乙丙橡胶等。不同种类的橡胶有不同的耐腐蚀性能、耐溶剂性能和耐温性能，在选用时需加以注意。辅助密封圈材料，在一般介质中可使用合成橡胶制成的 O 形圈；在腐蚀性介质中可使用聚四氟乙烯制成的 V 形圈、楔形环等；在高温下（输送介质温度不低于200℃）可优先采用柔性石墨，但柔性石墨的强度较低，应注意加强和保护；在高压下，尤其是高压和高温同时存在时，前几种材料并不能胜任，这时只有选用金属材料来制作辅助密封。根据不同的工作条件有不同的金属材料供选用，金属空心 O 形圈的材料有 0Cr18Ni9、0Cr18Ni12Mo2Ti、1Cr18Ni9Ti 等，对于端面为三角形的楔形环，则常采用铬钢，如 0Cr13。表 5-12 列出了常用辅助密封材料的适用范围。

表 5-12　辅助密封材料

材料名称		使用温度/℃	适用介质或特征
橡胶	丁腈橡胶	−30～100	油、水、醇等
	氯丁橡胶	−40～100	无机酸、碱溶液，水，醇等
	乙丙橡胶	−50～150	碱、溶剂和各种化学、放射性介质
	氟橡胶	−20～200	酸、油类、溶剂等
	硅橡胶	−60～230	醇、碱、低溶胀性矿物油
聚四氟乙烯		−100～250	各种腐蚀性介质
金属	沉积硬化不锈钢 AM350	−40～450	热处理后强度高，耐腐蚀性与 1Cr18Ni9Ti 相似
	高镍合金 Inconel-750	−250～750	高、低温强度好，耐腐蚀性好，但焊接困难，成本高
	镍钼合金 Hastelloy C	约 1000	耐腐蚀性最好，不用热处理，强度高，但成本高

三、弹性元件材料

机械密封弹性元件有弹簧和金属波纹管等。要求材料强度高、弹性极限高、耐疲劳、耐腐蚀以及耐高（或低）温，使密封在介质中长期工作仍能保持足够的弹力维持密封端面的良好贴合。

泵用机械密封的弹簧多用 4Cr13、1Cr18Ni9Ti（304 型）和 0Cr18Ni12Mo2Ti（316 型）；在腐蚀性较弱的介质中，也可以用碳素弹簧钢；磷青铜弹簧在海水、油类介质中使用良好；60Si2Mn 和 65Mn 碳素弹簧钢可用于常温无腐蚀性介质中；50CrV 用于高温油泵中较多；3Cr13、4Cr13 铬钢弹簧钢适用于弱腐蚀介质；1Cr18Ni9Ti 等不锈钢弹簧钢在稀硝酸中使用。对于强腐蚀性介质，可采用耐腐蚀合金（如高镍铬合金等）或弹簧加聚四氟乙烯保护套或涂覆聚四氟乙烯，来保护弹簧使之不受介质腐蚀。

金属波纹管的材料可以用奥氏体不锈钢、马氏体不锈钢、析出硬化性不锈钢（17-7PH）、高镍铜合金（Monel）、耐热高镍合金（Inconel）、耐蚀耐高温镍铬合金（Hastelloy B 及 C）和磷青铜，还可采用 1Cr18Ni9Ti 和 0Cr18Ni9Ti 不锈钢。

四、其他零件材料

机械密封其他零件，如动静环的环座、推环、波纹管座、弹簧座、传动销、紧定螺钉、轴套、集装套等，虽非关键部件，但其设计选材也不能忽视，除应满足机械强度要求外，还要求耐腐蚀。这些零件材料中，石油化工常用的有不锈钢、铬钢，如 1Cr13、2Cr13、1Cr18Ni9Ti 等。根据密封介质的腐蚀性也可以采用其他的耐腐蚀材料。

五、机械密封主要零件材料选择

机械密封所选用的材料对密封的使用寿命和运转可靠性具有重大的意义。然而，机械密封材料的选择却是一个复杂的问题。

对于接触式机械密封，摩擦副材料的选择和组对最重要，必须考虑其配对性能。在应用过程中，可靠性比经济性更为重要，在可能的情况下，应优先考虑选择高等级的配对材料。端面摩擦副材料组对方式多种多样，下面为几种常用的组对规律。

对于轻载工况（$v \leqslant 10\text{m/s}$，$p \leqslant 1\text{MPa}$），优先选择一密封环材料为浸树脂石墨，而另一配对密封环材料，则可根据不同的介质环境进行选择。例如，油类介质可选用球墨铸铁，水、海水可选用青铜，中等酸类介质可选用高硅铸铁、含铝高硅铸铁等。轻载工况也可选择等级更高的材料，如碳化钨、碳化硅等。

对于高速、高压、高温等重载工况，石墨环一般选择浸锑石墨，与之配对材料通常选择导热性能很好的反应烧结或无压烧结碳化硅，当可能遭受腐蚀时，选择化学稳定性更好的热压烧结碳化硅。

对于同时存在磨粒磨损和腐蚀性的工况，端面材料必须均选择硬材料以抵抗磨损。常用的材料组合为碳化硅对碳化钨，或碳化硅对碳化硅。碳化钨材料一般选择钴基碳化钨，但有腐蚀危险时，选择更耐腐蚀的镍基碳化钨。对于强腐蚀而无固体颗粒的工况，可选择填充玻璃纤维聚四氟乙烯对超纯氧化铝陶瓷（99% Al_2O_3）。

随着材料开发研究和科学技术水平的不断提高，可以研制出更加合适的机械密封用材料。常用机械密封主要零件材料见表 5-13。

表 5-13 常用机械密封主要零件材料

工况			摩擦副		辅助密封
介质	浓度	温度/℃	旋转环	静止环	
清水			石墨	陶瓷、高镍铸铁、堆焊钴铬钨	丁腈橡胶
河水	含泥沙	室温	碳化钨、碳化硅	碳化钨、碳化硅	丁腈橡胶
海水			石墨	高镍铸铁、碳化钨、陶瓷	丁腈橡胶
汽油		−20～80	石墨	高镍铸铁、碳化钨、陶瓷	氟橡胶
		80～135			PTFE
煤油		−20～80	石墨	高镍铸铁、碳化钨、陶瓷	丁腈橡胶
		80～200			氟橡胶、PTFE
机油		−20～30	石墨	高镍铸铁、碳化钨、堆焊钴铬钨、青铜、陶瓷	丁腈橡胶

第五节 机械密封的辅助装置

一、辅助装置的作用

机械密封的辅助装置主要包括润滑、冲洗、冷却、过滤、封液系统等。这些装置同机械密封配套使用，对保证机械密封长久可靠的工作起着重要的作用。

由于密封流体温度高或密封端面相互摩擦而产生热量，都会使密封端面温度升高，如不采取冷却措施，就会出现下列问题：密封端面间液膜的黏度降低、汽化、甚至破坏，使密封端面磨损，密封失效；使密封环变形，造成密封端面接触状态的改变；加速流体对密封零件的腐蚀作用，造成橡胶、塑料等材料的老化、分解，浸渍金属石墨环中的浸渍剂熔化。采取冷却措施后，可以降低因机械密封端面摩擦而产生的热量和密封腔内流体的温度，从而保证机械密封的正常工作。

被密封的介质中带有的泥沙、铁锈等杂质或悬浮颗粒，均会对机械密封产生极大的危害。当杂质进入机械密封端面时，会使密封环端面产生剧烈磨损。当杂质集结在密封圈和弹簧周围时，会使密封环失去浮动性，弹簧失去弹性，造成密封失效。因此，必须采取适当的措施加以克服或降低影响。除从机械密封本身结构及材料选择上加以考虑外，很重要的一条就是要采取冲洗和过滤等措施。冲洗主要是利用被密封介质或其他与被密封介质相容的有压力流体，引入密封腔，进行不断循环，这样，既可以起到冷却作用，又可以防止杂质等沉积。另一个积极可靠的方法是设置必要的过滤装置，以清除被密封介质及管道中的杂质，保证机械密封正常工作。

在双端面机械密封中，需要从外部引入与被密封介质相容的密封流体，通常称为封液。封液在密封腔体中不仅有改善润滑条件和冷却的作用，还起"封"和"堵"的作用。由于封液压力稍高于被密封介质压力，故工作介质端密封端面两侧的压力差很小，密封容易解决，且发生泄漏时，只能是封液向设备内漏，而不会发生被密封介质外漏。因此，它被广泛用于易燃、易爆、有害气体、强腐蚀介质等密封要求严格的场合。为使封液与被密封介质之间保持一定的压力差，并当介质压力波动时，所需压差仍保持不变，则需要有压力平衡装置。

二、润滑

对密封端面进行适当润滑是减小磨损和延长寿命的必要措施，部分摩擦热也可由润滑剂带走。一般可直接利用介质本身作为润滑剂，若介质本身润滑性差或对泄漏要求严时，必须采取相应措施，如密封气体时可采用双端面机械密封，在两端面间引入封液，变密封气体为密封液体。

端面润滑与泄漏量之间有密切关系。由于对密封泄漏量都有一定限制，故端面间通常都维持在边界润滑或半流体润滑状态。只有在高压、高速等特殊工况下，为保证正常工作和延长寿命，才放宽对泄漏量的要求。

三、冲洗

冲洗是一种控制温度、延长机械密封寿命的最有效措施。冲洗的目的在于带走热量，降低密封腔温度，防止液膜汽化，改善润滑条件，防止干运转、杂质沉积和气囊形成。

根据冲洗液的来源和走向，冲洗可分为外冲洗、自冲洗和循环冲洗。

(1) 外冲洗。利用外来冲洗液注入密封腔，实现对密封的冲洗称为外冲洗［图 5-55 (a)］。冲洗液应是与被密封介质相容的洁净液体，冲洗液的压力应比密封腔内压力高 0.05～0.1MPa。这种冲洗方式用于被密封介质温度较高、容易汽化、腐蚀性强、杂质含量较高的场合。

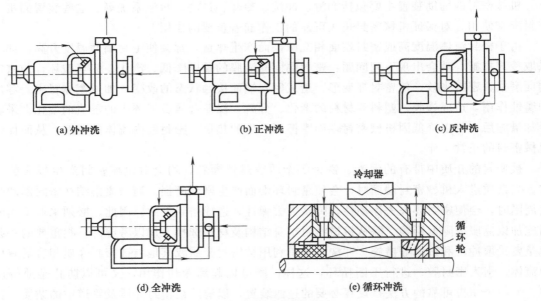

(a) 外冲洗   (b) 正冲洗   (c) 反冲洗

(d) 全冲洗   (e) 循环冲洗

图 5-55　不同冲洗方式

(2) 自冲洗。利用被密封介质本身来实现对密封的冲洗称为自冲洗，适用于密封腔内的压力小于泵出口压力、大于泵进口压力的场合。具体有正冲洗、反冲洗和全冲洗。

① 正冲洗。利用泵内部压力较高处（通常是泵出口）的液体作为冲洗液来冲洗密封腔［图 5-55 (b)］，这是最常用的冲洗方法。为了控制冲洗量，要求密封腔底部有节流衬套，管路上装孔板。

② 反冲洗。从密封腔引出密封介质返回泵内压力较低处（通常是泵入口处），利用密封

介质自身循环冲洗密封腔［图 5-55（c）］。这种方法常用于密封腔压力与排出压力差极小的场合。

③ 全冲洗。从泵高压侧（泵出口）引入密封介质，又从密封腔引出密封介质返回泵的低压侧进行循环冲洗［图 5-55（d）］。这种冲洗又叫贯穿冲洗。对于低沸点液体要求在密封腔底部装节流衬套，控制并维持密封腔压力。

（3）循环冲洗。利用循环轮（套）、压力差、热虹吸等原理实现冲洗液循环使用的冲洗方式称为循环冲洗。图 5-55（e）为利用装在轴（轴套）上的循环轮的泵送作用，使密封腔内介质进行循环，带走热量，此法适用于泵进、出口压差很小的场合。

冲洗液的注入位置应尽可能设在使冲洗液直接射到密封端面处。

（4）冲洗液流量。冲洗液流量按密封装置的热平衡核算原理确定。常规机械密封装置的冲洗液量可按密封件轴径规格确定，见表 5-14。

表 5-14　常规机械密封装置冲洗液流量

密封件轴径/mm	≤45	>45~60	>60~85	>85~95	>95~135	>135~185	>185~235	>235~275	>275~300
冲洗液量/(L/min)	3	4	6	8	11	15	19	26	34

四、冷却

当密封装置依靠自然散热不能维持密封腔工作允许温度时以及采用热介质进行自冲洗时，应进行强制冷却。冷却是温度调节设施中的重要组成部分，是经常采用的一种辅助设施，对及时导出机械密封的摩擦热及减少高温介质的影响有很大作用。冷却可分为直接冷却和间接冷却两种。前面介绍的冲洗实质上是一种直接冷却。

（一）间接冷却

间接冷却有密封腔夹套冷却、静环外周冷却、轴套冷却和换热器冷却等方式。换热器冷却中有密封腔内置式换热器和外置式冷却器、蛇（盘）管冷却器、套管冷却器、翅片冷却器以及缺水地带用的蒸发冷却器。常用的传热介质是水、蒸汽和空气。图 5-56 和图 5-57 为几种间接冷却的示意图。

间接冷却的效果比直接冷却要差一些，但冷却液不与介质接触，不会被介质污染，可以循环使用，同时也可以与其他冷却措施配合在一起，实现综合冷却。

对于密封易结晶、易凝固的液体介质，有时需要加热或保温。密封高黏度介质，在

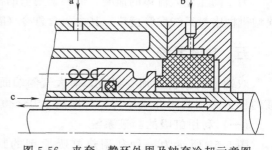

图 5-56　夹套、静环外周及轴套冷却示意图
a—夹套冷却；b—静环外周冷却；c—轴套冷却

启动前需要预热，以便减少启动转矩。对于实现间接冷却的结构，同样可以用来实现加热或保温。

（二）急冷或阻封

急冷是从机械密封低压侧将清水等冷却液直接引入密封端面的一种冷却方式。急冷或阻封具有冷却密封端面、隔绝空气或湿气、防止或清除沉淀物、润滑辅助密封、熄灭火花、稀

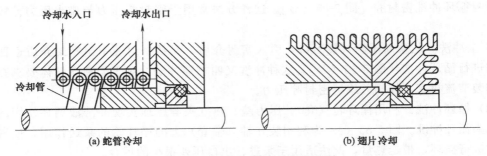

图 5-57 蛇管和翅片冷却示意图

释和回收泄漏介质等功能。

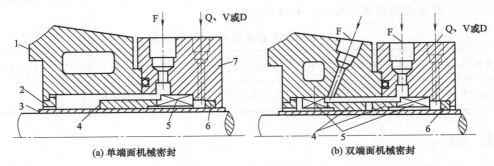

(a) 单端面机械密封   (b) 双端面机械密封

图 5-58 机械密封系统配管接口

1—密封腔；2—底衬套；3—轴套；4—补偿环组件；5—非补偿环组件；6—辅助密封装置或节流衬套；7—端盖；
F—冲洗液接口；Q—急冷液接口；D—排液接口；V—排气接口

当密封流体为易凝固、易结晶的液体时，可送入蒸汽、溶剂等防止液体凝结。

冷却液流量一般以轴径大小考虑，进出口温度差控制在 3～5℃为宜。应尽量采用软水冷却以防止水垢产生破坏密封端面。

为了防止注入流体的泄漏，需要采用辅助密封，如衬套密封、油封或填料密封。图 5-58 为典型机械密封系统配管接口，其中包含急冷（阻封）接口及密封急冷液的辅助密封。

五、封液系统

双端面机械密封须有封液，对大气侧端面进行冷却、润滑，对介质侧端面进行液封。封液的压力必须高于介质压力，一般高 0.05～0.2MPa。封液系统主要有以下几种。

（一）利用虹吸的封液系统

图 5-59 所示为一种利用热虹吸原理的封液系统。该系统利用密封腔的压力和虹吸罐的位差，保证封液与介质间具有稳定压差。由于温差相应地有了密度差而造成热虹吸封液循环供给系统。为了产生良好的封液循环，罐内液位可以比密封腔高出 1～2m（不允许管路上有局部阻力），系统循环液体量为 1.5～3L（即在密封腔和管路内的液体量），罐的容量通常

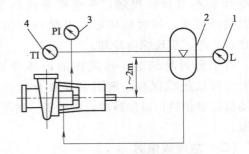

图 5-59 利用虹吸的封液系统

1—液位计；2—虹吸罐（蓄压器）；3—压力表；4—温度计

为循环液体量的 5 倍。

（二）封闭循环的封液系统

图 5-60 所示为一种封闭循环的封液系统。内置泵送机构通常为螺旋轮，此外，冷却器和封液系统构成一整体。利用虹吸自然循环的封液系统在功耗小于 1.5kW 时有效，而利用泵送机构的强制循环封液系统功率消耗可达 4kW 时有效。通过冷却器的水温为 20℃，出密封腔液温不超过 60℃。

（三）利用工作液体压力的封液系统

图 5-61 所示为工业上广泛采用的利用工作液体压力的封液系统。其中差级活塞的面积比为 1∶1.15，缸下方由泵出口加压，依靠

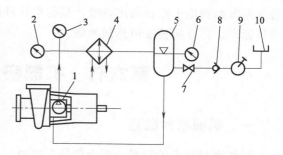

图 5-60 封闭循环的封液系统
1—内置泵送机构；2—压力表；3—温度计；
4—冷却器；5—储液罐；6—液位计；7—截止
阀；8—止回阀；9—手动泵；10—供液罐

差级活塞将压力提高到要求值。当液位低于允许值时限位开关动作停泵。图 5-61（b）中采用与图 5-61（a）不同的带弹簧的液力蓄压器，最大压力可达 6MPa，容量为 6L。当泵出口无液压时，封液压力由弹簧保证。蓄压器中封液补给可以通过双位分配器自动地由加油站提供。

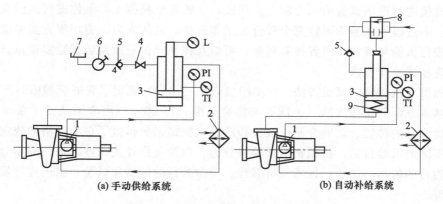

（a）手动供给系统　　　　　　　　　　　（b）自动补给系统

图 5-61 利用工作液体压力的封液系统
1—内置泵送轮；2—冷却器；3—差级活塞；4—截止阀；5—止回阀；6—手动泵；
7—补给罐；8—双位分配器；9—弹簧；L—限位开关；PI，TI—压力及温度指示计

六、过滤

密封介质中往往会由于介质本身含有固体颗粒、易结晶、结焦等性质，在一定工作条件下出现固体颗粒，还有一些特殊用途泵的密封（如塔底泵、釜底泵的密封）在系统中有残渣、铁锈、污垢，甚至于安装时有残留杂物，都会给机械密封带来较大的危害。除去固体颗粒等杂质是机械密封系统的一种基本功能，可采用过滤器或旋液分离器来除去系统中的杂质。机械密封系统用过滤器有滤网过滤器和磁环加滤网过滤器等，适用于固体成分密度接近或小于密封流体的情况，其分离精度为 $10\sim100\mu m$，但易堵塞，应并联两台使用。加磁环的过滤器能除去磁性微粒。旋液分离器是利用离心沉降原理来分离固体颗粒的器件。含有固体颗粒的流体沿切向进入旋液分离器后，由于存在压差，流体沿锥形内表面高速流动，形成

沿锥形腔的漩涡，在漩涡产生的离心力作用下，密度比流体大的小颗粒被抛向锥形壁面，然后逐渐沉积到位于锥顶的出口处，呈泥浆状排出。分离后，清洁的液体从旋液分离器的上部出口流出。其分离精度可达微米级。

第六节　机械密封的使用与维修

一、机械密封试验

机械密封技术的发展，至今仍处在理论与试验相结合的阶段。尽管某些密封理论已有相当大的发展，且不乏精辟的分析，也极大地推动了密封技术的进步，但仅根据理论分析和理论数据还不能完全解决问题。目前大多数密封问题的解决还得依靠经验的积累和试验技术数据的分析与研究。通过试验，可以确认密封制造合格和安装无误，证实密封选用正确；可以验证新设计机械密封的正确性；可以考察机械密封的某些特殊性能；可以研究和发现机械密封的新现象、新规律。

根据试验条件，试验分为现场试验和模拟试验两大类。现场试验的优点在于切实符合实际情况，能认定在一定工况条件下新产品的各项性能指标，特别是泄漏率和使用寿命。但缺乏系统性和完整性，受现场安装、维护及主机操作等工艺条件因素的影响较大。对参数较高的密封，直接进行现场试验的风险较大。相反，试验室里模拟工作条件进行的试验却可避免这些缺点，不过模拟试验不可能完全符合其工作条件，且从人力、费用等方面考虑，不可能长时间地进行试验与考核。两者各有利弊，可以互相补充。一般是经试验室模拟试验后，再进行工业现场试验与考核。

国家标准《机械密封试验方法》（GB/T 14211—2010）规定了普通机械密封产品常规性能试验的基本原则和试验方法。美国石油协会标准 API 682（《离心泵及转子泵轴封系统》）对机械密封试验的种类、试验介质、试验程序、试验结果分析做了更为严格的规定。

根据不同的试验目的，机械密封试验可分为：以验证设计正确性为目的的型号实验；以质量控制为目的的出厂试验；以考核可靠性、寿命为目的的特殊试验；以研究开发为目的的试验研究等。

1. 型号试验

型号试验是为判断新设计的机械密封是否具有规定的性能而进行的试验。通常模拟密封的基本工作条件，并测量几个主要参数。模拟密封的基本工作条件，包括安装密封轴的尺寸、密封腔体及压盖等结构尺寸；密封流体的压力、温度、轴的转速等；试验介质可根据情况，分别选择油、水、气等。试验内容主要有：测量密封静压和运转时的泄漏量；测量摩擦副的磨损量；测量密封的摩擦转矩和功耗；测量流体的温升等，并观察有关零件的磨损形态及变形。

一般先进行静压试验，合格后，再进行运转试验。静压试验可以考核密封是否满足制造和装配的技术要求。静压试验的压力一般为产品最高使用压力的 1.25 倍，温度为常温。从系统压力达到规定值时，开始计算试验时间和测量泄漏量，其保压时间不少于 10min。

运转试验可以更全面地考核机械密封的性能。用做过静压试验的那套机械密封做运转试验。运转试验的压力为产品的最高工作压力，转速为产品的设计转速。启动试验装置，待系统温度、压力和轴转速稳定在规定值时，开始计算试验时间并收集泄漏流体，试验时间原则上为连续运转 100h，每隔 4h 测量并记录一次密封流体压力、密封流体温度、转速、泄漏量和功率消耗，每 4h 的平均泄漏量不得超过有关技术条件的规定值。在达到型号试验规定的运转时间后，停机测量机械密封的端面磨损量。

某些密封标准如 API 682，要求的机械密封型号试验程序更为严格，其运转试验包括试验压力循环、温度循环、启动和停车运转循环等。

2. 出厂试验

出厂试验是机械密封产品质量控制的一个重要手段。型号试验合格的机械密封产品，原则上出厂前应对同一规格的每批产品至少抽取一套进行试验。出厂试验同样包含静压试验和运转试验，试验条件和程序与型号试验相同，只是运行试验的时间为连续运转 5h，每隔 1h 测量并记录一次密封流体压力、密封流体温度、转速、泄漏量和功率消耗，每小时的泄漏量不得超过有关技术要求的规定值。

3. 特殊性能试验

为考核机械密封的某些特殊性能，可以设计并实施相应的性能试验。例如：材料选择试验、润滑状态试验、温度裕度试验、耐晃动和振动性试验及耐固体颗粒磨损试验等。

① 材料选择试验。密封材料的选择通常可不借助于试验，但对于新材料或已有材料用于新工况，则必须进行材料的选择试验。一般可先进行材料的静态浸泡试验，即将材料置于模拟使用温度和压力的介质环境中，考察材料的耐腐蚀能力。材料的耐腐蚀能力一般是依靠在材料表面形成一层耐腐蚀薄膜而获得的，在动态情况下，腐蚀可能加剧，耐蚀膜可能破裂，形成磨损腐蚀失效。因此，必要时进行动态腐蚀或动态磨损试验，以评价材料的耐腐蚀、耐磨损性能，并选择合适的机械密封材料。

② 润滑状态试验。密封要能满意地工作，其端面间要能建立起良好的润滑状态。密封端面间的润滑状态从理论上讲是可预测的，但实际上却很复杂，而且也很难预测，往往还得依靠试验方法来评价密封的润滑状态和性能。

密封端面间的润滑状态类似于推力轴承，其特性可用无量纲状态参数 G 来表示。无量纲参数 G 定义为

$$G = \eta \frac{vb}{F_c}$$

式中　η——密封流体的勃度；

v——密封端面平均线速度；

b——密封端面宽度；

F_c——作用在端面上的总载荷。

如果 G 很小，则表明密封端面间的液膜很薄，其结果使磨损加剧。如果 G 很大，则表明密封端面间的液膜很厚，其结果使泄漏量增大。

进行试验时，G 值必须是类似于特定工作条件下的值。压力和温度的改变会使密封端面间的润滑状态发生变化，从而改变动压支撑能力。因此，密封的试验条件，如压力、温度、速度和黏度应尽可能与工作条件接近。对于试验条件与工作条件之间可能出现的不可避免的差异，可以适当调整速度，以便取得正确的 G 值。

③ 温度裕度试验。密封在运行时，其端面由于相对运动会产生摩擦热，从而使摩擦副温度升高并形成对周围的温差，然后通过散热达到热平衡。如果端面温升太大，端面间的液膜就会蒸发，从而破坏端面的润滑状态，最终使密封失效。

温度裕度是由密封腔介质的温度与在密封腔压力下液体沸点的差来确定的。温度裕度通常用 ΔT 表示。温度裕度 ΔT 的试验必须有与特定条件相同的发热状况、速度和压力。试验温度要可以进行调节。液体的性质（黏度、比热容、热导率）会影响 ΔT，但一般认为很小，可以忽略不计。

④ 耐晃动和振动性试验。所有的密封试验都有一定的晃动和振动，但某些特殊设计的实验装置可以测量和控制给定的晃动量和振动量，从而考察试验机械密封耐晃动和振动的极限。

⑤ 耐固体颗粒磨损试验。固体颗粒对密封端面的危害是严重的。可以设计专门的试验台架，通过选择不同硬度的颗粒、不同的固体颗粒含量等，来考核和评价试验机械密封耐固体颗粒磨损的性能。

4. 试验研究

试验研究是通过设计、实施特殊的试验方法和手段来研究、探索机械密封的某些内在规律的，它是对机械密封性能进行深入研究的重要手段和方法。根据不同的研究目的，有不同的试验设计思想。例如，端面间流体压力分布的试验研究；密封端面温度分布的试验研究；密封腔体形状和尺寸对密封性能的影响规律研究等。

二、机械密封的选择与使用

（一）机械密封的选择

针对某一具体的过程装备，正确合理地选择机械密封，无论对密封的最终用户，还是过程装备的设计制造者，甚至对密封件的制造者来说，都不是一件简单的事，尤其是对于新工艺过程装备更是如此。

1. 影响密封选择的主要因素

（1）过程装备的特点。过程装备的特点对机械密封的选择有重要影响，必须考虑过程装备的重要程度、种类、规格、安装和运行方式等。不同类型的过程装备要求选择不同类型的机械密封。比较典型的有泵用机械密封、釜用机械密封、压缩机用机械密封等。

（2）被密封介质的性质。有化学性质、物理性质及危险性等。

① 化学性质。密封介质不仅要与所接触的密封元件产生化学、物理作用，而且其泄漏可能对环境、人体产生严重危害。详细而全面地了解密封介质的化学性质对密封选型十分重要。例如，密封有毒、有害、易燃、易爆介质，一般得选用双端面机械密封。

密封部件材料要能耐介质的腐蚀。介质中的微量元素也可能起显著作用，如介质中的氯离子能使密封结构通常使用的不锈钢（如 1Cr18Ni9Ti）遭受腐蚀。

介质的挥发特性也必须加以考虑。机械密封的泄漏量通常很小，泄漏介质由于挥发而形成的溶质结晶，或泄漏介质与空气形成的任何沉积物（如烃类的结焦）都会对密封产生重要的影响，决定着密封形式和材料的选择。在输送易挥发性物质时，应考虑如何保持密封面的液相润滑。当有汽化危险时，过程装备的主密封应采用平衡式结构和低摩擦系数的密封面材料，以减少摩擦热量，并采用导热性能良好的材质，以便将摩擦产生的热量迅速从可能汽化的区域移走，同时应尽可能提供良好的冲洗方式和冲洗流程。

② 物理性质。选择机械密封时需要重点考虑介质的物理性质有饱和蒸气压、凝固点、结晶或聚合点、黏度、密度、固体颗粒、溶解的固体。

介质的饱和蒸气压决定着其沸腾或起泡的条件，要使密封正常操作，必须保证密封腔内液体的温度和压力在介质沸点或起泡点之间要有足够的裕度。凝固点、结晶或聚合点决定着介质出现固体颗粒的条件，同样，密封腔内介质温度必须高于介质出现固体颗粒的温度，并有一定的裕度。

介质黏度直接影响着密封的启动力矩及摩擦功耗，也影响着密封腔体内的传热和界面液膜的形成。用于正位移泵（如螺杆泵、齿轮泵等）的机械密封，可能遇到黏度很大的工况，其操作黏度和启动黏度都必须加以考虑，而且还应注意某些介质可能具有很特殊的黏度特性。而对于黏度很低的介质，如液氨、高温高压水、轻烃等，普通密封端面间则难以形成良好的润滑膜，必须加以特别注意。

介质的密度虽不直接影响机械密封的操作性能，但能预示可能存在的其他影响因素。烃类的密度低，挥发性高，因此可用于与其主介质的蒸气压数据相比较。水溶液的密度高，表明有大量的溶解物。另外，密封制造厂总是考虑压力的大小，但泵的特性曲线仅反映压头（扬程）的大小，需要知道介质的密度，以便进行两者的换算。

泵送液体中的固体颗粒会对机械密封产生不良的影响。这些固体颗粒可能是饱和溶液中不溶解的物质，它们可能是软的，也可能是硬的。颗粒的形状、大小决定着对密封性能的影响行为。纤维状物体能使密封腔体及封液的循环线路堵塞，导致密封的适应性降低。大颗粒的固体会对密封造成冲击性损害；小颗粒的固体能进入密封端面，并可能对密封端面造成严重损害，硬质颗粒更是如此。不过，微米级以下的颗粒不易造成太大的问题，大多数的损伤是由粒度与液膜相近的颗粒（$0.5 \sim 20 \mu m$）造成的。

含有固体溶解物的液体似乎不会给密封造成困难，但是当介质沿密封端面向大气侧泄漏时，由于泄漏液体的逐渐蒸发而使局部溶液浓度提高，可能有固体物析出或沉结。一旦出现固体物的析出或沉结，就会对密封端面产生严重影响。

③ 危险性。危险性分为三类：毒性、可燃性和易爆性、腐蚀性。对介质的危险性必须进行充分评估，根据对潜在危险的评估情况，提出密封的选型要求，并对泵及现场公用工程进行改造。

在关键设备、安全标准和密封选择者的改造措施等方面，需要密封制造厂、过程装备制造厂、密封件的最终用户之间很好地合作与协商。

（3）操作条件。除被密封介质特性外的其他操作条件或运行工况，对机械密封的选择也具有非常重要的影响。这些条件包括温度、压力、速度、密封腔体、密封寿命、泄漏等。

① 温度。温度对密封材料的选择有重要的影响，尤其是对摩擦副材料、辅助密封材料、波纹管材料的选择；同时，也决定着冷却或保温方法及其辅助装置。密封材料具有高低温的限制，例如丁腈橡胶密封圈的安全使用温度是$-30 \sim 100℃$，氟橡胶是$-20 \sim 200℃$。通过温度数据可以帮助选择何种材料适用运行工况。在高温操作时，许多密封界面呈气液混合相，端面材质应能承受此工况。密封用于高温烃类时，还会出现结焦问题，即泄漏的物质氧化而形成固体沉结物。对此，需选择不易被卡住的密封类型，并采用低压饱和蒸汽阻封以防止结焦。

② 压力。密封腔的压力决定着选择单级密封还是多级密封；选择非平衡式机械密封，还是平衡式机械密封。也决定着安装的某些方面，如压盖结构、循环方式、清洁冲洗液注入压力、双端面机械密封用封液的注入压力等。

③ 速度。在高速情况下，离心力对密封元件可能产生不良影响，必须保证密封的旋转元件能正常发挥作用，同时，轴加工时的缺陷通常要求密封有更高的轴向追随能力，以保持

稳定的液膜。当转速超过 4500r/min，或圆周线速度超过 20m/s 时，通常选择静止式结构。在高速操作条件下，密封界面上边界润滑条件起主要作用（非接触机械密封除外），必须注意选择密封面的材料。另外，许多密封面材料的抗拉强度低，在高速情况下必须考虑对密封环的有效支撑，不能在无支撑的条件下使用。

压力和速度的乘积，即通常称为 pv 值，也对密封的选择产生影响。不同类型、不同结构的密封具有不同的 pv 极限值，考虑一定的安全裕度后，即得到许可的 pv 值。操作工况的 pv 值应在密封许可的 pv 值范围内。

④ 密封腔体。密封腔体的详细尺寸，包括径向尺寸、轴向尺寸，腔体内各种影响放置密封的障碍，密封端盖的空间位置等对密封结构形式的选择有重要影响，只有获得这些尺寸信息，才能确定密封的尺寸，或确定能否将密封装入而不必改动密封腔体，并判断是否有足够的径向间隙以形成合理的流道。

⑤ 密封寿命。不同的密封工况对密封寿命有不同的要求，有的只需要几十分钟，如火箭发射装置；有的则要求能无故障运行许多年，如核电站泵用的密封。合理的寿命要求影响着密封结构和材料的选择。昂贵的端面密封材料和特殊的密封设计（如金属波纹管密封、集装式密封）通常都能延长密封寿命。

⑥ 泄漏。允许泄漏的限制条件也影响着密封的选择。对需要严格控制泄漏的场合，一般都得采用双端面机械密封。

（4）外部公用工程。在需要详细考虑密封的选用问题时，对能提供冷却水、阻封蒸汽和清洁注入液的公用工程应充分关注，获取公用工程的介质特性、温度和压力等是十分有用的。例如，对于高黏度液体在启动时可能需要加热；液体中能沉积出蜡或胶体的工况，可能需要蒸汽阻封，以延长密封寿命。

（5）密封标准。在选择密封时，应关注相关标准，包括允许泄漏的标准，安装密封结构尺寸标准，密封技术要求标准等，其中有国际标准、国家标准、部颁标准、某些公司或协会标准等。

（6）其他因素。除上面介绍的因素外，安装维修的难易程度、密封的购置成本和运行成本、获取密封件的难易程度等，都可能影响选型。因此，机械密封的选型需要综合判断考虑。

2. 密封选择的主要程序

① 获取数据。尽可能获取上面介绍的影响选型因素的各种数据，并注意交货前的检验要求和验收指标规定，也需要注意某些特殊要求，如核准机构、交货期和包装等。

② 结构形式及其密封辅助系统的选择。根据获得的各种数据可对密封的结构形式、材料匹配和密封辅助系统进行合理而恰当的选择。许多机械密封制造厂或有关机械密封的手册均提供有机械密封的选型用表格。一般根据介质和工况数据，可选择出密封类型、各种合适的结构材料、冲洗方法和措施等。但往往有多种方案可满足特定的密封工况，这就需要在众多方案中进行充分比较，以确定最合理的一种。

（二）机械密封的使用

机械密封是过程装备中的精密部件，为了达到预期的密封效果，在正确合理选择密封的基础上，还必须保证机械密封的正确安装与使用。

1. 机械密封的安装

① 对设备的精度要求。对安装机械密封部位的轴或轴套的径向跳动、表面粗糙度、外

径公差、运转时轴的轴向窜动等都有一定的要求，对于安装普通工况机械密封轴或轴套的精度要求如表 5-15 所示，密封腔与压盖（或釜口法兰）结合定位端面对轴（或轴套）表面的跳动如表 5-16 所示。由于反应釜转轴速度较低，机械密封对设备的精度要求可以适当降低。

表 5-15　安装普通机械密封轴或轴套的技术精度要求

类别	轴径或轴套外径/mm	径向跳动/mm	表面粗糙度 $Ra/\mu m$	外径尺寸公差	转轴轴向跳动/mm
泵用	10～50	≤0.04	≤1.6	h6	≤0.1
	＞50～120	≤0.06			
釜用	20～80	≤0.4	≤1.6	h9	≤0.5
	＞80～130	≤0.6			

表 5-16　密封腔体与压盖（或釜口法兰）定位端面对轴（或轴套）表面的跳动要求

类别	轴径或轴套外径/mm	跳动偏差/mm
泵用	10～50	≤0.04
	＞50～120	≤0.06
釜用	20～130	≤0.1

② 安装准备及安装检查机械密封的型号、规格是否与要求的型号、规格相吻合，零件是否完好，密封圈尺寸是否合适，旋转环、非旋转环表面是否光滑平整。若有缺陷，必须更换或修复。检查设备的精度是否满足安装机械密封的要求。清洗干净密封零件、轴表面、密封腔体，并保证密封液管路畅通。根据说明书或产品样本确定弹簧的压缩量或工作高度，进而确定密封的安装位置。一般单弹簧密封轴向安装尺寸最大允差为±1.0mm，多弹簧为±0.5mm。

安装准备完成后，就可按一定顺序实施安装，完成旋转环组件在轴上的安装和非旋转环组件在压盖内的安装，最后完成密封的总体组合安装。在安装过程中应保持密封的清洁和完整，不允许用工具敲打密封元件，以防止密封件被损害。

③ 安装检查。安装完毕后，用手盘动旋转环，应保证转动灵活，并有一定的浮动性。对于重要设备的机械密封，必须进行静压试验和动压试验，试验合格后方可投入正式使用。

2. 机械密封的运转

① 启动前的注意事项及准备。启动前，应检查机械密封的辅助装置、冷却系统是否安装无误；应清洗物料管线，以防铁锈、杂质进入密封腔内。最后，用手盘动联轴器，检查轴是否轻松旋转。如果盘动很重，应检查有关配合尺寸是否正确，设法找出原因并排除故障。

② 密封的试运转和正常运转。首先将封液系统启动、冷却水系统启动、密封腔内充满介质，然后就可以启动主密封进行试运转。如果一开始就发现有轻微泄漏现象，但经过 1～3h 后逐步减少，这是密封端面磨合的正常过程。如果泄漏始终不减少，则需停车检查。如果机械密封发热、冒烟，一般为弹簧比压过大，可适当降低弹簧的压力。

经试运转考验后即可转入操作条件下的正常运转。升压、升温过程应缓慢进行，并密切注意有无异常现象发生。如果一切正常，则可正式投入生产运行。

③ 机械密封的停车。机械密封停车应先停主机，后停密封辅助系统及冷却系统。如果停车时间较长，应将主机内的介质排放干净。

三、机械密封的失效分析

一般来说，轴封是过程流体机械的薄弱环节，它的失效是造成过程装备维修的主要原因。对机械密封的失效原因进行认真分析，常常能找到排除故障的最佳方案，从而提高密封的使用寿命。

（一）机械密封的失效

1. 密封失效的定义

被密封的介质通过密封部件并造成下列情况之一者，则认为密封失效。

① 从密封系统中泄漏出大量介质。

② 密封系统的压力大幅度降低。

③ 封液大量进入密封系统（如双端面机械密封）。

2. 密封失效的外部特征

在密封件处于正常工作位置，仅从外界可以观察和发现到的密封失效或即将失效前的常见特征有以下几种。

① 密封持续泄漏。泄漏是密封最易发现和判断的密封失效特征。一套机械密封总会有一定程度的泄漏，但泄漏率可以很低，采用了先进材料和先进技术的单端面机械密封，其典型的质量泄漏率可以低于 1g/h，所谓"零泄漏"通常描述为"用现有仪器测量不到的泄漏率"，采用带高压封液的双端面机械密封可以实现对过程流体的零泄漏，但封液向系统的内泄漏和对外界的外泄漏总是不可避免的。

判断密封泄漏失效的准则可以有多种，如《机械密封　第1部分：技术条件》要求普通离心泵及其他类似旋转式机械的机械密封泄漏量不大 3mL/h（当轴或轴套外径不大于 50mm）或不大于 5mL/h（当轴或轴套大于 50mm），但在实践中，往往还依赖于工厂操作人员的目测。就比较典型的滴漏频率来说，对于有毒、有害介质的场合，即使滴漏频率降低到很低的程度，也是不允许的；同样，如果预料密封滴漏频率会迅速加大，就应当判定密封失效。对于非关键性场合（如水），即使滴漏频率大一些，也常常是允许的。目前生产实践中判定密封失效，既依赖于技术，也依赖于操作人员的经验。

密封出现持续泄漏的原因有：密封端面问题，如端面不平、端面出现裂纹、破碎、端面发生严重的热变形或机械变形；辅助密封问题，如安装时辅助密封被压伤或擦伤、介质从轴套间歇中漏出、O形圈老化、辅助密封变硬或变脆、辅助密封出现化学腐蚀而变软或变黏；密封零件问题，如弹簧失效、零件发生腐蚀破坏、传动机构发生腐蚀破坏。

② 密封泄漏和密封环结冰。在某些场合，可以观察到密封周围结有冰层，这是由于出现密封介质泄漏，并发生泄漏介质的汽化或闪蒸。应注意结冰可能会擦伤密封端面，尤其是石墨环。

③ 密封在工作时发出爆鸣声。有时可以听到密封在工作时发出爆鸣声，这也是因为密封端面间介质产生汽化或闪蒸。改善的措施主要是为介质提供可靠的工作条件，包括在密封的许可范围内提高密封腔压力；安装或改善旁路冲洗系统、降低介质温度、加强密封端面的冷却等。

④ 密封工作时产生尖叫。密封端面润滑状态不佳时，可能产生尖叫，在这种状态下运行，将导致密封端面磨损严重，并可能导致密封环裂、碎等更为严重的失效。此时应设法改善密封端面的润滑状态，如设置或加大旁路冲洗等。

⑤ 石墨粉聚集在密封面的外侧。有时会发现石墨粉聚集在密封面的外侧，其中的原因可能是密封端面润滑不佳，或者密封端面间液膜汽化或闪蒸，残留下某些物质，并造成石墨环的磨损加剧。此时应考虑改善润滑或尽量避免闪蒸出现。

⑥ 密封寿命短。在目前技术水平情况下，一般要求机械密封的寿命在普通介质中不低于一年，在腐蚀介质中不低于半年，但比较先进的密封标准，如 API 682，要求密封寿命不低于三年。某些情况下，即使是一年或半年的寿命都难以达到，形成了机械密封的过早失效。造成机械密封过早失效的原因是多方面的，常见的有：设备整体布置不合理，在极端情况下，可能造成密封与轴的直接摩擦；密封介质中含有固体悬浮颗粒，而又未采取消除悬浮固体颗粒的有效措施或未选用抗颗粒磨损机械密封，结果导致密封端面的严重磨损；密封运行时因介质温度过高或润滑不充分而过热；密封所选形式或密封材料与密封工况不相适应。

（二）密封失效的具体表现形式

对失效的机械密封进行拆卸、解体，可以发现密封失效的具体形式多种多样。常见的有磨损失效、腐蚀失效和热损伤失效。

1. 磨损失效

虽然机械密封纯粹因端面长期磨损而失效的比例不高，但碳石墨环的高磨损情况也较常见。这主要是由于选材不当而造成的。目前，在机械密封端面选材时普遍认为硬度越高越耐磨，无论何种工况，软环材料均选择硬质碳石墨，然而，有些工况却并非如此。在介质润滑性能差、易产生干摩擦的场合，如轻烃介质，采用硬质碳石墨，会导致其磨损速率高，而采用软质的高纯电化石墨，其磨损速率会很小。这是因为由石墨晶体构成的软质石墨在运转期间会有一层极薄的石墨膜向对偶件表面转移，使其摩擦面得到良好润滑而具有优良的低摩擦性能。

值得注意的是，若介质中固体颗粒含量超过5%时，碳石墨不宜作单端面密封的组对材料，也不宜作串联布置的主密封环。否则，密封端面会出现高磨损。在含固体颗粒介质中工作的机械密封，组对材料均采用硬质材料，如硬质合金与硬质合金或与碳化硅组对，是解决密封端面高磨损的一种有效办法，因为固体颗粒无法嵌入任何一个端面，而是被磨碎后从两端面之间通过。

另外，根据端面的摩擦磨损痕迹，可以判断出密封的运行情况。当端面摩擦副磨损痕迹均匀正常，各零件的配合良好，这说明机器具有良好的同轴度，如果密封仍发生泄漏，则可能不是由密封本身问题引起的。当端面出现过宽的磨损，表明机器的同轴度很差。当出现的磨损痕迹宽度小于窄环环面宽度时，这意味着密封受到过大的压力，使密封面呈现弓形。在密封面上有光点而没有磨痕，这表明端面已产生较大的翘曲变形，这是由于流体压力过大、密封环刚度差以及安装不良等原因所致。如果硬质环端面出现较深的环状纹路沟槽，其原因主要是联轴器对中不良，或密封的追随性不好，当振动引起端面分离时，两者之间有较大颗粒物质入侵，颗粒嵌入较软的碳石墨环端面内，软质环就像砂轮一样磨削硬质环端面，造成硬质端面的过度磨损。

机械密封运转一段时间后，若摩擦端面没有磨损痕迹，表明密封开始时就泄漏，泄漏介质被氧化并沉积在补偿环密封圈附近，阻碍补偿环做补偿位移，这是产生泄漏的原因。黏度较高的高温流体，若不断地泄漏，最易出现这种情况。端面无磨损痕迹的另一种可能就是摩擦端面已经压合在一起，而无相对运动，相对运动发生在另外的部位。

2. 腐蚀失效

　　机械密封因腐蚀引起的失效为数不少，而构成腐蚀的原因错综复杂。机械密封常遇到的腐蚀形态及需考虑的影响因素有以下几种。

　　① 全面腐蚀与局部腐蚀。发生在零件接触介质表面的均匀腐蚀，即为全面腐蚀，表现为零件的重量减轻、失去强度、降低硬度，甚至会全部被腐蚀掉。弹簧、传动销等构件常会因全面腐蚀而减少直径，然后因强度不足而断裂，从而导致密封失效。局部腐蚀是腐蚀行为发生在构件的局部区域，它具有多种表现形式，如选择性腐蚀、应力腐蚀、磨损腐蚀、缝隙腐蚀等，其危害比全面腐蚀更为严重。例如，钻硬质合金应用于高温强碱中时，黏结相金属钴就易被有选择地腐蚀掉，硬质相碳化钨骨架失去强度，在机械力的作用下产生晶粒剥落，结果导致密封端面的严重受损而失效。又如，反应烧结碳化硅在强碱中，因游离硅被腐蚀而表面呈现麻点。机械密封零件常遇到的局部腐蚀失效的其他形式在下面进行简要分析。

　　② 应力腐蚀。应力腐蚀是金属材料在腐蚀介质和应力的共同作用下，产生裂纹或发生断裂的现象。金属焊接波纹管、弹簧、传动套的传动耳环等机械密封构件最易因产生应力腐蚀而失效。

　　③ 磨损腐蚀。磨损与腐蚀交替作用而造成的材料破坏，即为磨损腐蚀。磨损的产生可源于密封件与流体间的高速运动，冲洗液对密封件的冲刷，介质中的悬浮固体颗粒对密封件的磨粒磨损。腐蚀的产生源于介质对材料的化学及电化学的破坏作用。磨损促进腐蚀，腐蚀又加速磨损，彼此交替作用，使得材料的破坏比单纯的磨损或单纯腐蚀更为迅速。磨损腐蚀对密封摩擦副的损害最为巨大，常是造成密封过早失效的主要原因。用于化工过程装备中的机械密封就经常会遇到这种工况。

　　④ 缝隙腐蚀。当介质处于金属与金属或非金属之间狭小缝隙内而呈停滞状态时，会引起缝隙内金属的腐蚀加剧。机械密封弹簧座与轴之间、补偿环辅助密封圈与轴之间（当然此处还存在微动腐蚀）出现的沟槽或点蚀即是典型的例子。补偿环辅助密封圈与轴之间出现的腐蚀沟槽，将可能导致补偿环不能做轴向移动而使其丧失追随性，使端面分离而泄漏。

　　3. 热损伤失效

　　机械密封件因过热而导致的失效，即为热损伤失效，最常见的热损伤失效有端面热变形、热裂、疱疤、炭化，弹性元件的失弹，橡胶件的老化、永久变形、龟裂等。

　　密封端面的热变形有局部热变形和整体热变形。密封端面上有时会发现许多细小的热斑点和孤立的变色区，这说明密封件在高压和热影响下，发生了局部变形扭曲；有时会发现密封端面上有对称不连续的亮带，这主要是由于不规则的冷却，引起了端面局部热变形。有时会发现密封端面在内侧磨损很严重，半径越大接触痕迹越浅，直至不可分辨。密封环的内侧棱边可能会出现掉屑和蹦边现象。轴旋转时，密封持续泄漏，而轴静止时，不泄漏。这是因为密封在工作时，外侧冷却充分，而内侧摩擦发热严重，从而内侧热变形大于外侧热变形，形成了热变形引起的内侧接触型（正锥角）端面。

　　硬质合金、工程陶瓷、碳石墨等脆性材料密封环，有时端面上会出现径向裂纹，从而使密封面泄漏量迅速增加，对偶件急剧磨损，这大多是由于密封面处于干摩擦、冷却突然中断等原因引起端面摩擦热迅速积累形成的一种热损害失效。

　　在高温环境下的机械密封，常会发现石墨环表面出现凹坑、疤块。这是因为当浸渍树脂石墨环超过其许用温度时，树脂会炭化分解形成硬粒和析出挥发物，形成疤痕，从而极大地增加摩擦力，并使表面损伤出现高泄漏。

高温环境可能使弹性元件弹性降低，从而使密封端面的闭合力不足而导致密封端面泄漏严重。金属波纹管的高温失弹即是该类机械密封的一种普遍而典型的失效形式。避免出现该类失效的有效方法是选择合理的波纹管材料及其进行恰当的热处理。

高温是橡胶密封件老化、龟裂和永久变形的一个重要原因。橡胶老化，表现为橡胶变硬，强度和弹性降低，严重时还会出现开裂，致使密封性能丧失。过热还会使橡胶组分分解，甚至炭化。在高温流体中，橡胶圈有继续硫化的危险，最终使其失去弹性而泄漏。橡胶密封件的永久变形通常比其他材料更为严重。密封圈长期处于高温之中，会变成与沟槽一样的形状，当温度保持不变，还可起密封作用；但当温度降低后，密封圈便很快收缩，形成泄漏通道而产生泄漏。因此，应注意各种胶种的使用温度，并应避免长时间在极限温度下使用。

四、机械密封的维修

（一）机械密封运转维护内容

机械密封投入使用后也必须进行正确的维护，才能使它有较好的密封效果及长久的使用寿命。

① 应避免因零件松动而发生泄漏，注意因杂质进入端面造成的发热现象及运转中有无异常响声等。对于连续运行的泵，不但开车时要注意防止发生干摩擦，运行中更要注意防止干摩擦。不要使泵抽空，必要时可设置自动装置以防止泵抽空。对于间歇运行的泵，应注意观察停泵后因物料干燥形成的结晶，或降温而析出的结晶，泵启动时应采取加热或冲洗措施，以避免结晶物划伤端面而影响密封效果。

② 冲洗冷却等辅助装置及仪表是否正常稳定工作。要注意突然停水而使冷却不良，造成密封失效，或由于冷却管、冲洗管、均压管堵塞而发生事故。

③ 机器本身的振动、发热等因素也将影响密封性能，必须经常观察。当轴承部分破坏后，也会影响密封性能，因此要注意轴承是否发热，运行中声音是否异常，以便可及时修理。

（二）机械密封零件的检修

1. 动、静环

机械密封的动、静环在每次检修时都应取下来进行认真检查，端面不得有划痕、沟槽，平面度要符合要求。否则应根据动、静环的技术要求进行重新研磨和抛光。不过，在修复时，通常还要遵循下面的一些具体规定。

（1）动、静环环端面不得有内外缘相通的划痕和沟槽，否则不再进行修复。

（2）动、静环端面发生热裂一般不予修复。

（3）动、静环有腐蚀斑痕一般不予修复。

（4）软质材料容易在使用安装中造成崩边、划伤，一般不允许有内外相通的划道，允许的崩边如图 5-62 所示，要求 $\frac{b}{a} \leqslant \frac{1}{5}$。

（5）动、静环的端面当磨损量超过下面的数值时一般不予修复，而磨损量小于下面所示的数值时，则可进行重新研磨修复，当达到技术要求

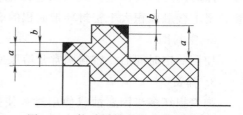

图 5-62　软质材料密封允许的崩边

后可重新使用。

① 堆焊司太立合金的端面磨损量为 0.8mm。

② 堆焊超硬合金或哈氏合金的端面磨损量为 0.5mm。

③ 喷涂陶瓷的端面磨损量为 1.0mm。

④ 硬质合金或陶瓷的端面磨损量为 1.8mm。

⑤ 石墨环凸台为 3mm 的端面磨损量为 1.0mm，石墨环凸台为 4mm 的端面磨损量为 1.5mm。

修复动、静环端面时，可先在平面磨床上磨削，然后在平板上研磨和抛光来修复。不同的动、静环材料应采用不同的磨料和研磨工具。

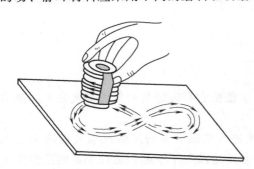

图 5-63 轴封研磨方法

粗磨硬质合金、陶瓷环时，用 100～200 号碳化硅金刚砂研磨粉加煤油搅拌均匀；精磨时用 M20 碳化硼或 240～300 号碳化硅金刚砂加煤油拌匀。研磨时将环放在平板上把磨料放在环孔内，然后用手按着以 "8" 字形的运动轨迹进行研磨（见图 5-63），这样可以避免环面上纹路的方向性，直至看不出划痕为止。波纹管式轴封研磨密封面和底板时要用工具定位。研磨后以汽油洗净，用布擦干，再进行抛光。抛光时用 M2～M3 金刚砂研磨膏加工业甘油（约 1∶18）搅拌均匀后，将少量磨料刷在研磨盘上，仍按 "8" 字形研磨，其表面粗糙度可达 $Ra0.1\mu m$。

粗磨不锈钢、铸铁及聚四氟乙烯时，用 M20 白刚玉粉加混合润滑剂（煤油二份、汽油和锭子油各一份），混合拌匀，放在平板上研磨；精磨时用 M10 白刚玉粉加上述混合润滑剂，放在具有一定硬度（240～280HB）的平板上研磨；抛光时用 M1～M3 白刚玉粉或 M10 氧化铬加同样混合润滑剂，放在衬有白纺绸布的平板上进行研磨。在研磨过程中，如润滑剂干涸，只需补充汽油即可。

粗、精磨石墨环时，不用磨料，只需用航空汽油作润滑剂在平板上进行研磨，抛光时干磨即可。

经修复后的动、静环表面粗糙度 Ra 值在 0.1～0.2μm 之间。表面平面度要求不大于 1μm，平面对中心线的垂直度允许偏差为 0.04mm，动环与弹簧接触的端面对中心线的垂直度允许偏 0.04mm。检验动环、静环的研磨质量，可用简便方法，即使动环、静环两摩擦面紧贴，如吸住不掉，即表明研磨合格。

现场检修时，若无平板或研磨机，对于软质材料环可用反应釜上 "视镜" 玻璃作研磨平板，然后用刀口尺检查。或用涂色法把密封环互相对研，对研时，接触轨迹必须闭合、连续，要求接触面积大于密封环带面积的 80% 方可使用。

2. 密封圈

使用一定时间后，密封圈常常溶胀或老化，因此检修时一般要更换新的密封圈。

3. 弹簧

弹簧损坏多半因腐蚀或使用过久使弹簧失去弹力而影响密封。弹簧损坏后应更换新弹簧。检修时将弹簧清洗干净后，要测其弹力，弹力变化应小于 20%。

我国机械行业标准 JB/T 7757.1—2011《机械密封用圆柱螺旋弹簧》中对机械密封用圆柱螺旋弹簧的检查与试验做了如下规定。

① 永久变形。将弹簧用试验负荷压缩三次，测量第二次与第三次压缩后的自由高度变化值，以此值作为弹簧的永久变形。其永久变形不应大于自由高度的 0.3%。

表 5-17　试验应力 MPa

材料	不锈钢丝	青铜线
试验应力 τ_s	抗拉强度×0.45	抗拉强度×0.45

② 弹簧特性。弹簧特性的测量在精度不低于 1% 的弹簧试验机上进行。弹簧特性的测定，是将弹簧压缩一次到试验负荷后进行的。试验负荷根据表 5-17 规定的试验应力计算，当计算出的负荷比压并负荷大时，以压并负荷作为试验负荷。试验负荷用式（5-8）计算。

$$P_s = \frac{\pi d^3 \tau_s}{8D} \tag{5-8}$$

式中　P_s——试验负荷，N；

　　　τ_s——试验应力，MPa；

　　　d——丝径，mm；

　　　D——弹簧中径，mm。

③ 外径（或内径）、自由高度、垂直度。外径（或内径）用通用或专用量具测量。自由高度用通用或专用量具测量，测量弹簧最高点。垂直度用平板和宽座角尺测量，如图 5-64 所示。在无负荷状态下，将被测弹簧竖直放在平板上，贴靠宽座角尺，自转一周，测量端头缝隙的最大值 △；再按此法测量弹簧的另一端面（端头至 1/2 圈处考核相邻第二圈），将两个测量值的较大值作为弹簧的垂直度误差。

④ 节距、端面粗糙度、外观。在相应的弹簧试验机上将弹簧压至全变形量的 80%，弹簧在正常节距圈范围内不应接触。

端面粗糙度采用与粗糙度样块对比的方法。

弹簧外观质量的检查采用目测或用 5 倍放大镜进行。

4. 轴或轴套

轴或轴套运转一段时间后，其表面会因腐蚀或磨损而产生沟槽，这时应将轴或轴套表面磨光，恢复原来的表面粗糙度。如果经磨光后，其直径尺寸减小，造成与弹簧座、动环、静环间的配合间隙太大，应更换轴套或对泵轴进行补焊或车削镶套。

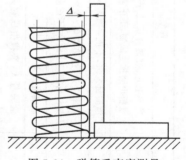

图 5-64　弹簧垂直度测量

五、常见故障分析

机械密封的故障往往表现为漏损、磨损、功率消耗大、过热、冒烟、振动等，为了便于分析，以泵用机械密封为例，将各种故障现象、原因、后果、措施列在表中便于分析使用（表 5-18）。

表 5-18　机械密封常见故障分析

原因		现象	后果	措施
设计制造不好	端面宽度太大	功率上升、过热冒烟、发声、不正常泄漏；大量析出磨损生成物、不正常振动	防转机构与传动机构打滑、开裂、早期磨损、烧结、刮伤、破坏	缩小端面宽度，减小弹簧压力，降低载荷系数，改进结构
	端面宽度太小	泄漏量太大、不正常泄漏	破坏、有时无变化	加大端面宽度，增大弹簧压力，加大平衡比
	平衡比太大	功率上升、过热冒烟、发声、不正常泄漏；大量析出磨损生成物、不正常振动	防转机构与传动机构打滑、开裂、早期磨损、烧结、刮伤、破坏	缩小端面宽度，减小弹簧压力，降低载荷系数，改进结构
	平衡比太小	泄漏量太大	一般无变化	加大端面宽度，增大弹簧压力，加大平衡比
	端面表面粗糙度太低	泄漏量太大、磨损生成大量析出、功率升高	早期磨损、滑动	提高表面粗糙度
	端面表面粗糙度太高	功率上升、不正常泄漏	滑动、烧伤、破坏	调整表面光洁度，湿式研磨与干式研磨配合进行
	端面不平	泄漏量太大	一般无变化	修整端面
	端面变形	泄漏量太大、不正常泄漏	无变化、开裂破坏	消除残余变形、调质
	允许游隙太小、端面压紧太紧	功率上升、过热冒烟、发声、不正常泄漏；大量析出磨损生成物、不正常振动	防转机构与传动机构打滑、开裂、早期磨损、烧结、刮伤、破坏	增大允许游隙，调整安装位置
	同上端面不能密封或密封压力太大	泄漏量太大、不正常泄漏	无变化或破坏	
	密封圈配合太紧	不正常泄漏	动环不能动作、密封圈破坏	放松配合
	密封圈配合太松	泄漏量太大、冒烟、不正常泄漏	动环无变化、静环滑动	用紧配合
	密封圈形状不合适		无变化、烧伤、活动、变形	改善滑动性、而压能力及自紧能力
	密封圈附近的配合间隙太小		不能动作、磨损、轴磨损、杂物堵塞	加大间隙
	密封圈附近配合间隙太大	不正常泄漏、泄漏量太大	密封圈被挤出、破坏	减小间隙、采用垫环
	端面以外部分表面粗糙度低		不变化、也有不变化的情况	改善表面光洁度
	零件不平衡	不正常泄漏、泄漏量太大	无变化或各部分磨损不正常、偏磨	找平衡
	弹簧压力太大	功率上升、过热冒烟、发声、不正常泄漏；大量析出磨损生成物、不正常振动	防转机构与传动机构打滑、开裂、早期磨损、烧结、刮伤、破坏	减小弹簧压力，减小平衡比

续表

	原因	现象	后果	措施
设计制造不好	弹簧压力太小	不正常泄漏,泄漏量太大	无变化,动环不能动作	加大弹簧压力,加大平衡比
	弹簧压缩		端面偏磨,各部位磨损	调整弹簧,多点弹簧要相同布置,调整弹簧平行度,增加弹簧圈数
	弹簧设计的不好	不正常泄漏,泄漏量太大	弹簧折断	改变弹簧的固有频率,采用不等螺距弹簧,更换弹簧圈,改变许用应力
	密封圈的硬度太高		动环不能动作	降低硬度,改善形状
	密封圈的硬度太低		密封圈被挤出	增加硬度,采用垫环
	各部分强度不够		变形,破坏,滑动	提高强度,做扭转实验
	端面材料组合不合适（pv 值太大）	功率上升,过热冒烟,发声,不正常泄漏,大量折出磨损生成物,不正常振动	早期磨损,烧伤,刮伤,开裂,破坏	按文献和实用处理结果或根据实验处理
材质不好	耐压性差	不正常泄漏,泄漏量太大	早期磨损,破坏开裂,变形	更换材质,改变形状
	耐热、耐磨性差	不在正常泄漏,泄漏量太大,冒烟		更换材质,改变温度调节结构
	耐腐蚀性不完全			更换材质,改善有关结构
	孔,伤	不正常泄漏,泄漏量太大	无变化,开裂,破坏	更换材料
	孔径太小	过热,不正常泄漏,泄漏量太大	烧坏,早期磨损,破坏,烧结	扩大孔径
设计制造不好	压盖太薄	不正常泄漏,泄漏量太大	无变化,变形,开裂,破坏	改变厚度
	压盖螺栓数不够			增加压盖螺栓数目,增大压盖厚度
	密封配合太紧	不正常泄漏	动环不能动作,密封圈破坏	用紧配合
	密封配合太松	不在正常泄漏,泄漏量太大,冒烟	动环无动作,静环滑动	改善表面光洁度
	密封的其他部分光洁度太低		动环不能动作	
	垂直度不合适,偏心	泄漏量大,不正常泄漏	密封圈磨损,传动部分磨损,轴磨损,破坏,开裂,早期磨损	改善垂直度,偏心
	不圆度不合适	泄漏量太大	无变化	改善不圆度
	机械性能不好	泄漏量太大,不正常泄漏,振动	传动部分磨损,松动,早期磨损,开裂	转子不平衡,改善轴承和轴变形

续表

原因分类	原因	现象	后果	措施
设计制造不好	水力性能不好	泄漏量大、不正常泄漏、冒烟	侵蚀、开裂、破坏、烧坏	防止汽蚀和共振使轴端部分处于正压
	其他	泄漏量太大、不正常泄漏	滑动、密封圈损坏	改进定位销结构，清理尖边
	内部循环结构不好	过热、冒烟、不正常泄漏	早期磨损、烧坏、开裂、破坏、杂物堵塞	改进内部循环结构，采取冲洗措施
	冷却结构不好	泄漏量太大、不正常泄漏	早期磨损、烧坏、开裂、破坏	改进冷却结构，采取冲洗、急冷措施
	保温、加热或保冷结构不好	不正常泄漏、发声、不正常振动	早期磨损、破坏、变形	使保温、加热、保冷均匀，防止辅助密封结冰
	冲洗结构不好		早期磨损、开裂、破坏	改进冲洗结构，调整冲洗流量、温度、改善冲洗方向
	背冷结构不好	泄漏量大、不正常泄漏、冒烟	早期磨损、开裂、破坏、不能动作	扩大冲洗部位，防止汽化
	双端面密封结构不好		早期磨损、开裂、破坏	改善封液结构，调整密封液流量、温度、改善封液方向
泄漏量大	泄漏量太大、不正常泄漏	泄漏量太大、不正常泄漏	泄漏量大、不正常泄漏	
	密封性不合适	泄漏量太大	一般无变化	增大弹簧压力，增大端面宽度，增大载荷系数，更换密封面材质
	密封面材料的 pv 值不合适	泄漏量太大、不正常泄漏，传动机构防转机构不正常析出	烧结、刮伤、开裂、破坏、烧坏、早期磨损	提高 pv 值（更换材质，减小弹簧压力，减小端面宽度，增大载荷系数，加强冷却）
	耐腐蚀、热和耐压性不好	泄漏量太大、不正常泄漏，传动机构防转机构不正常析出	早期磨损、开裂、破坏、烧坏、不能动作、泄漏量太大、不正常泄漏	更换材质，改善有关结构，降低载荷系数，加强冷却
	周速太大	泄漏量太大不合适、过热、冒烟、发声、振动、磨损产物不正常析出	烧结、刮伤、开裂、破坏、烧坏、早期磨损	提高 pv 值（更换材质，减小弹簧压力，减小端面宽度，增大载荷系数，改变结构）
辅助系统不好	耐振性不好	泄漏量大、不正常泄漏	不能动作、开裂、破坏、轴磨损	强化缓冲性，加大缓冲部分分数目，增大密封圈尺寸
	耐浆液性不好	功率上升、过热冒烟、发声、不正常振动	早期磨损、破坏、不动作	改变结构
	允许游隙太大	大量析出磨损生成物、不正常振动	防转机构与传动机构打滑、开裂、早期磨损、烧结、刮伤、破坏	增大允许游隙，调整安装位置
	弹簧压力太大			调整装配位置

续表

	原因	现象	后果	措施
辅助系统不好	弹簧压力太小	泄漏量太大,不正常泄漏	无变化,动环不能动作	调整装配位置
	旋转部分和静止部分接触	过热,不正常泄漏,泄漏量太大	破坏	
	装配倾斜	泄漏量太大,不正常泄漏,发声	早期磨损,密封圈磨损,轴磨损,传动部分磨损,破坏,偏磨	装配修正,更换
	螺钉拧得不合适	泄漏量太大,不正常泄漏	密封圈受损,轴磨损	
	混入或析出固体物料	泄漏量太大,不正常泄漏,发声,功率上升,不能运转	早期磨损,动环不能动作,弹簧不能动作	强化过滤装置及冲洗采取外冲洗措施,使用双端面密封,改进使用方法,改变密封面材料,改变密封形式,加大间隙,调节温度
	液体凝固或黏结	泄漏量太大,不正常泄漏	破坏腐蚀	
	泄漏液体凝固、黏结变质	泄漏量太大,不正常泄漏		
冲洗系统欠佳	腐蚀(包括电腐蚀)	泄漏量太大,不正常泄漏,冒烟	早期磨损,烧伤,开裂破坏	冷却和大气隔绝,加强冲洗,采用外冲洗槽施,更换密封面材质,使用双端面密封,改变密封形式
	改变工况,改变转速,冲洗堵塞,减压管系统堵塞	泄漏量太大,不正常泄漏,发声,不能运转	早期磨损,开裂,破坏	保温,和大气隔绝,加强冲洗,改变材质,使用双端面密封,改变密封形式
	改变工况,改变转速等	泄漏量太大,不正常泄漏,发声	早期磨损,开裂,破坏,烧结	冷却,和大气隔绝,加强冲洗,改变材质,使用双端面密封,改变密封形式
	汽蚀,喘振,轴,轴承不正常,直接连接,安装不好	功率上升,过热,冒烟,发声,不正常泄漏,大量磨损产物析出,振动	防转,传动机构打滑,开裂,早期磨损,烧伤,烧结,刮伤,破坏	减压,减小端面宽度,减小弹簧压力,减小载荷系数,改变结构,改变密封形式
	密封部分变成负压,密封处汽化,空转,吸气等	泄漏量太大,不正常泄漏,不正常振动,发声	防转,传动机构打滑,开裂,早期磨损,烧伤,烧结,刮伤,破坏	机器调整,装配调整,改变密封形式
		泄漏量太大,不正常泄漏,冒烟,过热,发声	烧结,开裂,烧伤,早期磨损,破坏	改进操作,使负压变成正压,实行并强化冷却润滑措施,使用双端面密封,改变密封面密封形式
	试压太高,反压(双端面密封时)	泄漏量太大,不正常泄漏	破坏,变形	试压要合适,双端面密封时调速压力

续表

	原因	现象	后果	措施
冲洗系统欠佳	升,降压方法不对,喘振,汽蚀,水击等	泄漏量大大,不正常泄漏	破坏变形,各部分打滑,开裂	改进操作,改进阀门
	急冷,急热	吸气,过热,发声,泄漏量大大,不正常泄漏		改进操作,预热
	阻力太大,太小	泄漏	早期磨损,烧结,破坏,刮伤	调整阻力
	流量太小	泄漏量大大,不正常泄漏	早期磨损冲蚀	调节冲洗量
	流速太大	泄漏量大大,不正常泄漏过热,发声	早期磨损,烧结,刮伤,破坏,密封圈挤出	减小流速,增大管径调节压差
	压力太大	吸气,过热,发声,泄漏量大大,不正常泄漏	早期磨损,烧结,刮伤,破损,破坏	降低压力
	压力太小	吸气,过热,发声,泄漏量大大,不正常泄漏	早期磨损,烧结,刮伤,破坏,密封圈挤出,不能动作	提高压力
	堵塞,腐蚀	泄漏		防腐蚀,配备粗滤器
	温度不合适	过热,过冷,泄漏量大大	早期磨损,烧结,烧伤	调节温度
	方向不合适	泄漏量大大,不正常泄漏,过热	无变化或冲蚀磨损	改变方向
	外冲洗时液体介质不合适			改变液体介质
	注入侧阻力太大	过热,产生蒸汽,泄漏量大大,不正常泄漏	早期磨损,烧结,腐蚀,破坏,刮伤	调整阻力
	排出侧阻力太小			调整流量
	流速太小	泄漏量大大,不正常泄漏	早期磨损,冲蚀磨损	降低流速
	流速太大	混入密封液	无变化,密封圈脱出	调整压力
封液差	堵塞	过热,产生蒸汽,泄漏量大大,不正常泄漏,混入密封液,泄漏量大大,不正常泄漏	早期磨损,冲蚀磨损无变化,密封圈脱出,破坏	研究粗滤器
	腐蚀,固体物料析出		不能动作,早期破坏,磨损	改进材质和改进急冷液
	温度不合适	泄漏量大大,不正常泄漏	无变化或冲蚀磨损	调节温度
	方向不合适		不能动作,早期磨损,腐蚀,破坏	改进注入方向
	液体介质不合适	过热,冒烟,功率上升,发生振动,不正常泄漏,泄漏量大大	早期磨损,烧结,刮伤,烧伤,传动部件磨损,密封圈挤出,黏结	改变液体介质
	冷却效果不好	泄漏,泄漏量大大		改进冷却结构
	冷却效果不好	不正常泄漏,泄漏量大大	早期磨损,破坏,传动部件打滑,磨损	改进保温,保冷结构
	保温,保冷效果不好	不正常泄漏,泄漏量大大		调节温差
	温差太大	不正常泄漏,泄漏量大大,不正常振动		使保温,保冷,加热均匀
	冷却不均匀或保温,保冷,加热不均匀			

第七节　机械密封应用及改造实例

一、机械密封应用及失效实例

[实例一]　轻柴油泵泄漏故障分析

某型号为 50Y-60 的单级悬臂式离心泵，转速 2950r/min，输送介质为轻柴油，从成品储罐抽出，送往油槽车，温度为室温。该泵入口压力小于 0.05MPa，出口压力小于 0.3MPa。密封型号为 GX45，国内某厂为泵配套，动环材料为 1Cr13 表面堆焊硬质合金，静环材料为石墨浸渍合成树脂，动静环密封圈都是 4F-V 型。密封腔中的压力小于 0.05MPa（等于泵入口压力），无冲洗、急冷及其他辅助措施。

该泵用于油品车间装车用，属间歇运转。使用一年多，运转平稳密封良好。此次 A 罐的油抽完后，停泵，当抽送 B 罐的油时，泵一启动即出现严重泄漏。

经拆卸检查，密封面严重磨损，动环面变色。动静环表面均出现环状沟纹，无径向裂纹。动静环密封圈变为黄色，静环的两个密封圈粘连在一起。

通过分析，该泵密封的工作条件比较缓和，压力和温度都不高，轻柴油润滑性较好，虽然无辅助设施，密封仍能正常运转，因此密封失效应不属于密封结构、制造、安装等方面的原因。

从拆卸检修中的磨损痕迹分析，完全属于干或半干摩擦的结果。当 A 罐的油品抽完后停泵，显然干运转发生在这个时候。A 罐中的油品不应该抽完，应该根据液面计的显示高度，当油面低到一定程度时停泵，泵不至抽空。最终认定密封失效原因：使用不当。

[实例二]　热油泵石墨环断裂故障分析与改进

某炼油厂焦化装置某台双支承热油泵，从焦化分馏塔底抽出，打到加热炉中去升温。泵入口温度约 380℃，泵入口压力 0.1~0.2MPa，出口压力 3.0~3.4MPa，流量 180m³/h，介质为减压渣油，转速 2950r/min，用汽轮机驱动。

这是一台垂直剖分双层泵壳的离心泵，外壳为碳钢，内壳体和叶轮为不锈钢，轴用 Cr17Ni2 制造。轴上装有 7 只叶轮，入口方向一致，轴向力用平衡盘平衡。

该泵两端轴封采用机械密封，型号为克朗 109B（英国制造）。动环用碳-石墨制造，静环用合金铸铁，动环垫为楔形。采用注入式冲洗，冲洗液为 90℃左右的蜡油。夹套有冷却水，压盖有急冷水。

长期实践证明，无论是泵还是密封都能满足工作条件的要求。但在相当长一段时间内，每次开工，该泵都不能顺利投用，影响到全装置不能正常生产。主要的原因是密封泄漏严重，而且大多是入口端的石墨环断裂。

汽轮机和热油泵启动前必须进行预热。预热时先将泵的出口阀关闭，打开预热阀门，泵的入口阀微开。热油从预热阀门进入，通过泵体后从入口阀门进入系统。预热时为了不使密封受高温影响，两端密封同时注入封油，流量 4~5t/h，通过泵体后进到入口管中。

当入口管法兰温度达到 280℃以上时便可启动泵，此时测量泵外壳表面温度在 240℃左右。启动时关闭预热阀门，将入口阀门开大。启动已经预热好的汽轮机，逐渐升速，当转速正常后打开出口阀门。启动过程需 30~50min。

泵启动中存在的问题：泵启动前关闭预热阀门，断绝了热油来源。在启动过程中不断地注入温度 90℃ 的封油，无疑对已经预热到 280℃ 以上的泵体起到了冷却作用。实际测量也证实了这一点，入口法兰外表面温度由 280℃ 下降到了 160～170℃，泵体表面温度由 240℃ 下降到 190～200℃，此其一。

其二，出口阀门一旦打开，泵的流量在 120～140m³/h。启动过程中注入的封油只用 1～2min 排净，随之而来的是 380℃ 的热油。由于转子泵热油包容，而泵为双层泵壳体，几分钟的时间内不会达到转子温度，转子和泵外壳的温差达到 120～140℃。这一温差造成轴的热伸长大于泵壳的热伸长。两者均以出口端的平衡盘为"基准点"向入口端膨胀，经计算其差值为 2.58mm。

由于机械密封的静环安装在壳体上，动环安装在轴上，轴和外壳的膨胀差为 2.58mm，等于密封的压缩量又增加了 2.58mm。该密封安装时压缩量为 3.6mm，两者之和为 6.18mm。克朗 109B 密封的极限压缩为 5.0mm，超过该值就导致动环（石墨）在传动座和静环（合金铸铁）之间受到挤压，最终在动环楔形垫的作用下而断裂。

经分析，入口端安装密封时压缩量较大，在启动过程中，轴比壳体膨胀量大，使压缩量大到超过极限压缩量是密封失效的主要原因。

启动过程长达 30～50min，由于注入封油，又将已经预热的泵冷却，失去了预热的意义。

改进办法。安装密封时，两端压缩量要有区别：出口端（靠近平衡盘）可在 3～4mm，入口端压缩量控制在 2～2.5mm，确保密封在任何温度下都能可靠地工作；缩短启动过程用的时间：充分预热后用较短的时间将转速提到能向外排油的转速，打开出口阀，随转速升高，逐渐开大出口阀，直至正常运转。减少了启动时间，也就减少了转子和壳体的冷却，从而降低了轴和壳体的温差。

做上述改进后，再没有发生石墨环断裂的故障，使装置顺利投产。

[实例三]　苯酐泵泄漏故障分析与改进

有一台单级悬臂式泵，转速 2940r/min，输送介质为 250～260℃ 的苯酐，泵入口压力 0.1～0.2MPa。该泵采用 103 型机械密封，动环为 18-8 不锈钢镶装碳化钨硬质合金，静环为石墨浸合成树脂。动静环密封圈都是 4F-V 型，无冲洗、急冷及其他辅助设施。

该泵使用中已多次更换密封，怀疑压缩量不足，从 3～4mm 增加到 7～8mm 仍无效果。刚启动泵密封及泵运转良好，无泄漏，但运转 10min 后开始滴漏，逐渐加大，从每分钟 10～20 滴增加到 60～70 滴。拆开后检查动静环表面光洁，无磨损痕迹，其他零件未见异常。

原因分析：泵启动后，密封处温度不高，密封效果良好，10min 后，密封处温度接近泵内介质温度（250℃）。动环的环座材料为 18-8 不锈钢，其线膨胀系数为 $17.2×10^{-6}℃^{-1}$，到工作温度时膨胀量为 0.3～0.4mm。而碳化钨的线膨胀系数为 $(4.5～5)×10^{-6}℃^{-1}$，膨胀量为 0.1～0.15mm。热装时过盈量不超过 0.1mm。两者的过盈连接出现了间隙，镶装失效，碳化钨环松脱，介质从间隙中泄漏。

验证：将动环放到烘箱中加热，到 30min 时，烘箱内温度达到 240℃，取出动环，此时环座和碳化钨已经分离。仔细观察环座和碳化钨环接合的部位有磨损的痕迹和油迹，这证明了热装式动环是由于环座选材不当和过盈量小而失效的。

改进办法：环座材料选用线膨胀系数小的材料，最好是低膨胀合金，可选择 3Cr13 不锈钢，它的价格比 18-8 不锈钢低，线膨胀系数小，将近 18-8 不锈钢的 2/3。此外，过盈量也要适当增大。

[实例四]　　减压渣油泵泄漏故障分析

炼油厂减粘装置的两级双支承离心泵，介质为温度 320～340℃ 的减压渣油，泵入口压力 0.3MPa，出口压力为 2.2MPa，该泵采用焊接金属波纹管单端面机械密封，动环材料为石墨镶装在与波纹管相连的环座上，动环为碳化钨。经计算平衡系数为 0.67，入口端封油压力 0.5～0.6MPa，出口端封油压力 1.2MPa，冲洗油为 90℃ 左右的蜡油，有急冷蒸汽。

该泵为连续运转，一开一备。泵运转平稳良好，性能满足生产要求。入口端（前端）密封性能较好，无明显泄漏，后端密封虽然也测量不出泄漏量，但是在密封和后轴承箱表面积存了黑乎乎一片油。这是由于密封泄漏出来的油被冷却蒸汽雾化了，又被电动机的冷却风吹送到泵轴承箱表面，日积月累形成了一片黑油。说明后密封的泄漏比前密封大，泵就这样坚持运转。曾发生过泵的轴承损坏和抱轴的事故，这是由于密封的冷却蒸汽很难控制，蒸汽开小了怕泄漏的油堵塞波纹管，只好开得稍大些，时间久了，蒸汽窜到轴承箱中凝结成水，导致轴承损坏。

该泵运转 4～10 个月就要拆卸检修，有时是处理密封，有时是更换轴承。拆开的密封没发现有明显的失效现象。波纹管有很轻的堵塞，不影响弹性。硬质合金环有很轻的摩擦痕迹，石墨环表面的磨损略重于硬质合金环。

在这种情况下前密封运转时看不出明显的泄漏。一台泵的两端密封完全相同，采用同样的封油和冷却蒸汽，拆卸检修情况也没有很大的差别，而两端的泄漏量却差得较大，使大家百思不得其解，讨论多次也找不到答案。有人怀疑是镶装石墨环的环座材料选择错了，因为石墨是脆性材料，强度又低，和环座镶装的过盈量远不能取得像硬质合金那样大。为了确保镶装质量，环座材料应选和石墨线膨胀系数相同的材料。如果环座材料选用 18-8 或 3Cr13，在工作温度下，镶装失效，肯定发生泄漏。于是对环座的材料进行了分析。经光谱分析，结果是高镍铁合金，不含有铬的成分，说明环座材料并非是铬镍不锈钢。

又采用对比的方法对泵两端密封的工作条件进行了比较。同一台泵、同样的介质、同样的封油、同样的温度，所不同的仅仅是压力。入口端封油压力为 0.5～0.6MPa，出口端封油的压力为 1.2MPa。压力大会使波纹管和密封端面变形。受外压，波纹管压力大时会发生直径收缩变形是由于密封用的波纹管两端刚性大（与钢环焊接），产生的变形小，而波纹管中间变形大。另一方面，石墨环本身在外压力作用下要产生变形，两者累计的结果造成了密封端面为收敛形，液膜厚度增大，易泄漏。

收敛形密封端面是密封环表面的内边缘接触而外边缘不接触，检查了拆卸下来的石墨环，恰好是靠内径处的端面有摩擦痕迹，说明分析判断正确。

[实例五]　　重整气液分离罐底泵密封尖叫故障分析与处理

重整气液分离罐底泵，位号 P201A/B，两台泵介质温度 40℃，密封的冲洗管线堵塞，造成密封尖叫，密封压盖温度升高到 90℃，压盖和密封温度升高导致热量传递到轴承，使轴承温度升高，钳工误以为轴承存在问题，检查轴承没有发现问题，最后经过拆检发现是冲洗油管线堵塞，造成密封在工作时的摩擦热和搅拌热没有及时排除，导致介质温度升高，机械密封温度升高后将热量传递到轴承，使轴承温度也升高，拆检发现密封动环表面变为黄色，轴套磨损，这种现象是干摩擦造成的。贯通冲洗管线后该泵运转正常，消除了密封尖叫声。

[实例六]　　油泵尖叫故障分析与处理

某油库的德国泵，泵型号 R2-2/25-5MO，介质：C_5-C_{11}，常温介质，电动机转速

2950r/min，入口压力 0.6MPa，出口压力 1.7MPa。机械密封经常出现尖叫声音，经过检查发现泵的密封冲洗孔板的直径是 4mm，分析认为冲洗量小，密封运转时形成干摩擦所致。将直径 4mm 孔板扩大到直径 8mm，经过试车，消除了密封的尖叫声，密封运转正常。

[实例七] 汽油泵泄漏故障分析与处理

某车间有一油泵，泵型号为 150Y-75A，出口压力 0.9MPa，电动机转速 2950r/min，介质为汽油。机械密封为波纹管密封，密封安装是静止型安装。

2008 年 8 月装置检修，在装置开车时该泵开始运转，10min 后密封开始大量泄漏，拆检发现密封的摩擦副表面破坏成锯齿形，波纹管断开，更换了 5 次密封，事故原因全是一样的，判断分析是泵的吸入量问题。为了改善密封的工作环境，增加了一个正向冲洗，由泵的入口引出一管线，连接到密封腔密封，冲洗压力控制在高于密封腔 0.05～0.1MPa，但是还是出现类似现象，在第 6 次拆开泵的时候，决定拆开入口管线检查，发现里面有一个 150mm×150mm×50mm 的砖头，清出砖头后密封运转良好。

二、机械密封改造实例

[实例一] 催化裂化油浆泵机械密封改造

催化裂化的油浆泵机械密封工作介质是油浆，该介质黏度和密度大，温度高（370℃），介质中还含有固体颗粒（6g/mL），给解决密封问题增加了困难。某厂油浆泵采用 GY-70 机械密封，动静环密封圈均为 5-FV 形圈，使用寿命最长为一个月，最少一个星期，有时备用泵密封没有修完，正在运转的泵又漏了，严重时两台泵一天更换密封 2 次，维修工作非常被动，对生产也造成威胁。经过多年摸索，某炼油厂对机械密封进行了改造，收到良好的效果，密封使用寿命达到 2 年以上。现将改造过程分述如下。

该泵工艺参数：泵转速 2950r/min；出口压力 0.17MPa。密封型号 GY-70，为单端面单弹簧平衡型机械密封。

失效原因分析如下。

静环是浮装式安装，在使用过程中常会因为装置波动或操作工艺等多方面原因造成泵体抽空现象，此时动环密封圈的存在使端面打开后不能及时复位，抗抽空能力差，造成机械密封泄漏，由于介质存在固体颗粒，密封圈磨损加快，造成密封泄漏。

该厂在催化装置设备大检修时对油浆泵密封进行了技术改造。首先测量密封各部尺寸，绘制所有密封图纸，选用焊接金属波纹管密封，密封冷却采用强制内冷型水冷，外部加 60℃的蜡油，引入密封腔冷却冲洗。经过论证决定采用 YG6 对 YG6 的硬质合金组对，密封摩擦副的环带宽度设计为 3.5mm，波纹管的弹簧力在 220N 左右。计算密封的端面比压为 0.42MPa，符合工况的技术要求，此时动环密封圈的存在使端面打开后不能及时复位，而在开工期间密封运转 2h 后，密封开始泄漏，泄漏量 20 滴/min。为此停泵检修，经检查，密封波纹管镶嵌的硬质合金环多处开裂。

分析原因：①温度过高；②冷却不好；③冷却水中断；④密封质量问题；⑤承磨台高度只有 1mm，散热不好，造成密封开裂。

采取措施：将波纹管的承磨台加高到 3mm，采用 YG6 对 YG6 的摩擦副，当介质颗粒进入密封端面时，由于 YG6 硬质合金硬度大大高于颗粒的硬度，能顺利将催化剂颗粒磨碎，使密封端面紧密贴和，达到了良好的密封效果。

[实例二]　分子筛进料泵机械密封改造

泵型号 80Y-100X2，输送介质为航空煤油，温度为常温，电动机转速 2950r/min，出口压力为 0.6MPa。该泵投入运行以来密封泄漏频繁，原因如下。

4 月 11 日更换密封，密封损坏原因是波纹管断裂；

5 月 10 日更换密封，密封损坏原因是波纹管断裂；

6 月 1 日更换密封，密封损坏原因是波纹管断裂，为了防止波纹管断裂改为弹簧密封；

7 月 21 日更换密封，密封损坏原因是密封圈老化；

8 月 5 日更换密封，密封端面干烧严重，叶轮备帽松动；

8 月 12 日更换密封，叶轮备帽松动。

这一情况威胁分子筛装置的正常生产，如果分子筛的原料油中断，分子筛的两套装置就会全面停产。

针对密封频繁泄漏，工作人员从自身找问题，从密封安装到泵安装进行了全面的检查，都没有发现问题。最终断定是工艺存在问题。开始检查该泵的工艺流程。首先检查工艺管线的各个入口阀是否全部打开，经过检查没有发现问题。后怀疑泵的入口罐的液面是假液面，经过检查罐的液面一切正常，后来发现泵的出口有一个仪表控制的调节阀，其作用是当罐的液面降低时，调节阀自动关闭，这就等于泵的出口阀关闭，出口阀关闭造成泵打涡流，泵体开始发热，温度急剧升高，密封液膜开始汽化，造成密封泄漏。

解决的办法：在泵的出口管线加一个回流泵的同流调节阀，这样能彻底解决泵经常打涡流的问题。经过实际运转，密封运转良好。

[实例三]　德国进口泵机械密封改造

某车间装置扩能改造，2006 年 12 月 12 日装置开工，在开工期间新安装的 2 台 P109 和 P203 德国进口泵的机械密封在运转时相继泄漏，1 个月就更换密封 14 套，如果这两台泵停运将会造成后续的 6 个生产装置全部停产，后果不堪设想。

工艺参数为：密封结构是旋转型波纹管密封；静环是整体 SiC 浮装式安装；介质：汽油；温度：231℃；工作压力：2.3MPa；泵转速：2950r/min。

机械密封的自冲洗方式是带有自身冷却罐的冲洗，冷却后温度在 115℃，机械密封冷却方式是背冷式。由于没有良好的水封密封，冷却效果很差。机械密封冷却水结垢严重。

故障分析：

① 机械密封的自冲洗方式是带有自身冷却罐的冲洗，由 3mm 孔板控制冲洗压力，没有调节阀，冲洗温度过高。

② 机械密封水结垢十分严重，泵运转最多只有 40h，波纹管波纹被水垢填死，使机械密封失去补偿性，造成机械密封失弹而泄漏。

③ 机械密封的静环采用浮装式安装，密封圈材质为膨胀石墨梯形环。冷却方式是背冷式，静环表面水结垢严重。

④ 泵的结构存在问题，国产泵密封腔有冷却水夹套，能将密封腔的温度冷却下来，而进口泵的密封腔没有冷却水夹套，231℃的介质直接作用在机械密封上，密封腔的温度过高，造成密封水结垢严重。

⑤ 密封的冷却水用的是循环水，水含一些杂质，如钾、镁、钙、钠、硅等有害的元素，它们在高温的作用下非常容易贴附在密封的金属表面，造成波纹管堵塞。

⑥ 进口密封动环与轴套的径向间隙太小，只有 0.7mm，冷却方式还是背冷式，它只冷

却静环的背部，冷却水有一部分进入波纹管，还有一部分向外侧泄漏，当冷却水遇到高温的波纹管时迅速结垢，造成波纹管波峰波谷堵塞失弹，密封泄漏。

该密封设计非常复杂，钳工在安装密封时非常困难。

综上所述，机械密封泄漏的主要原因是：

① 进口机械密封结构不适应该工况条件。

② 冷却水存在严重问题。

③ 冷却系统的冲洗量存在问题。

解决的办法：

① 加大密封的冷却系统，砍掉孔板，增添调节阀和压力表，控制密封冲洗量和冲洗温度，将密封的冲洗温度降到40℃。

② 密封冲洗水采用脱盐水冲洗（脱盐水不含钾、镁、钙、钠、硅等易结垢的有害元素）。

③ 在冲洗油的冷却罐上加排气阀，排除冷却罐内的气体，降低冲洗油的温度。

④ 密封改造。增加密封冷却水流量；扩大密封与轴套之间的间隙，加导流套，加橡胶水封；改变密封的结构形式，由旋转型改为静止型。

改造后的机械密封增加了橡胶水封，防止了冷却水外溢，波纹管与轴套的间隙由0.7mm增大到5mm。

改造后的机械密封结构简单，只有十几个部件组成，而且定位准确，安装方便，运转效果极佳。在冷却系统失效的情况下连续运转超过24个月，保证了装置的正常运行，实现了进口密封的国产化。

[实例四]　多级液态烃泵机械密封改造

某厂有4台于1991年11月从德国引进的液态烃泵，泵型号为HDA80/12。泵的结构采用10级分段式，两端采用滑动式轴承，平衡轴向推力采用平衡盘和分块式止推轴承。

泵转速是2490r/min，泵入口压力为0.7MPa，出口压力为1.4MPa，密封为双端面机械密封，每组密封由平衡型和非平衡型组成。输送介质为液态烃。液态烃易燃易爆、渗透性强、润滑性差、液化压力又很高，端面不易形成液膜且易结冰霜，破坏机械密封动静环端面，从而破坏密封性能，因此液态烃泵的泄漏一直是被重视的问题。

2002年3月2日至4月20日，其中的两台泵机械密封发生多次泄漏，经组织人员对设备进行抢修，共更换机械密封12套。密封损坏原因为波纹管断裂。为了防止波纹管断裂，经研究将两台泵的波纹管密封改为弹簧密封。

同时，通过与生产部门商议调整了泵的排气条件，在出口压力表处排气，从而使泵体内无气体存留，采用此方法排气后，从2003年4月23日起至2007年，该泵正常运转4年多，均没发生密封泄漏现象，泵运转良好。

泄漏原因分析：

该泵输送的介质属于烃类介质，温度低、易挥发。密封经常因结冰、干磨、汽化等故障而失效。这种现象在全国是很常见的，主要原因如下。

① 工艺条件。工艺条件对机械密封的正常运转很重要。开车前泵内与进出口管线内大量积气，泵内积气使密封端面瞬间开启，必须做引液排气处理，保证泵内充满介质。

该泵在实际灌液排气中，因出口没有排气阀，致使气体不能从泵体内充分排出，开泵时极易产生振动与汽蚀。对液态烃泵来讲，不能很好排气是造成机械密封泄漏的主要原因之一。因气体是从出口排出，故泵出口侧密封是最易泄漏的。

② 机械密封在运转时，装置的工艺条件变化会引起密封冲洗液断流或介质来量不足，导致密封面液体汽化，造成密封干摩擦，使密封泄漏。从更换下来的密封件可以看出，摩擦面严重破损，是典型的泵内介质来量不足造成机械密封干摩擦的。机械密封结冰，是汽液混合所致。

③ 机械密封质量问题。两泵有 3 次密封泄漏，是波纹管管子泄漏造成的（根据多年的实践证明，波纹管密封不适应液态介质。尤其是泵在抽空时波纹管的摩擦副干摩擦扭矩增大，易造成波纹管扭断）。

启动泵前的注意事项：

① 泵启动前要进行排气处理，确认密封腔与泵体内充满液态烃介质后再启动泵。泵出口侧安装排气阀。

② 液态烃泵盘车应在灌泵前进行。

③ 液态烃泵禁止在抽空状态下运转。

④ 泵启动 10min 后操作工方可离开现场。

实践证明，液态烃泵使用弹簧机械密封是非常安全可靠的。

［实例五］　填料密封改机械密封

有一螺杆泵的参数为：① 泵型号：3GR70×3W21；② 介质：重油；③ 温度：80℃；④ 电动机转速：1450r/min。

某车间的螺杆泵是 20 世纪 90 年代投入生产的，该泵是填料密封，常年泄漏，1～2 个月就更换一次填料密封，影响正常生产。

为了解决填料密封长期泄漏问题，工作人员进行了密封改造。经过测绘填料腔的尺寸，证明在原有的基础上是没有办法改成机械密封的，因为这两台泵的设计就是只能使用填料密封，填料函各部尺寸都非常小，只能充填两个填料环，没有安装密封的余地。为了解决这个难题，通过想办法、查资料，最终采用一种特殊的方法，将螺杆泵的填料密封改造成了机械密封。

改造方法：重新设计密封，在填料密封的压盖外面重新设计密封压盖，加长密封压盖，为了缩短密封的轴向尺寸，将密封弹簧设计成碟形弹簧，缩短了密封的轴向尺寸，但是轴向尺寸还是不够用，又将联轴器车掉 6mm，保证密封的轴向尺寸。考虑该泵的介质是重油，含有杂质和一些颗粒，密封的摩擦副采用 YG6 对 YG6 的材质，动静环密封圈采用 F-26 的材质，密封的形式采用内装式旋转型机械密封。为了减少密封的摩擦热，增加密封的自冲洗系统，将泵的出口引出一个管线，进入密封腔改善密封的工作环境。

改造后的机械密封运转达 2 年以上，彻底解决了填料密封长期泄漏问题，稳定了生产。

［实例六］　双端面机械密封改单端面机械密封

1. 故障分析

有一台碱泵是双端面密封，经常泄漏，通过对机械密封故障情况的统计，平均每套的使用寿命不足 2 个月，其失效原因是一级摩擦副严重磨损，尤其是石墨动环磨损严重，其磨损程度达 3mm 左右，二级密封石墨环密封面上有径向裂纹。主要原因是，该密封设计是双端面密封，但是没有安装自冲洗管线，由于动静环密封面缺乏充分的冷却，且又容易积存杂质，这将影响动静环间润滑液膜的形成，所以密封运转时，一级密封处于没有介质的情况下工作，密封形成干摩擦，密封在干摩擦的状态时温度升高，由于高温的传递热使介质端的密封温度升高，造成密封端面液膜汽化、密封面损坏、密封圈老化，密封开始泄漏。该泵的介质是碱液，温度为常温，不属于易燃易爆介质，泵的出口压力为 0.8MPa，所以没有必要采用双端面密封。而双端面密封在没有冲洗的条件下是不能运转的。

2. 密封改造

该泵机械密封形式为 108-50 型双端面机械密封，静环为石墨材质浸环氧树脂，动环为 18-8 不锈钢镶嵌硬质合金，密封圈是丁腈橡胶 O 形圈。在没有密封件的情况下，工作人员进行了技术改造，测量各部尺寸，将轴套直径（50mm）车到 45mm，重新加工密封静环，采用 FVID-45 动环组件，密封圈全部采用 5-F 材质。经过 3h 的配件加工，密封安装一次成功，该泵投入正常生产。改造后的机械密封连续运转 3 年以上。

思考及应用题

一、单选题

1. 离心泵轴封的作用是（ ）。

A. 承受叶轮与泵壳体接缝处的摩擦　　　　　B. 减小水力损失

C. 防止外界空气侵入或泵内液体外泄　　　　D. 防止内漏

2. 下列哪个不是机械密封的失效形式（ ）。

A. 腐蚀失效　　　　B. 热损伤失效　　　　C. 泄漏量过大　　　　D. 磨损失效

3. 103 型机械密封属于（ ）。

A. 反应釜用机械密封　　　　　　　　　　　B. 泵用机械密封

C. 反应釜和泵均可使用　　　　　　　　　　D. 离心压缩机用密封

4. 如果机械密封试运转时，机械密封发热、冒烟，一般认为（ ）引起的。

A. 泄漏大　　　　　　　　　　　　　　　　B. 介质中颗粒多

C. 流体压力大　　　　　　　　　　　　　　D. 弹簧比压过大

5. 单端面机械密封，除有一个动密封面外，还有（ ）静密封面。

A. 一个　　　　　　B. 两个　　　　　　C. 三个　　　　　　D. 四个

6. 机械密封主要是将极易泄漏的轴向密封，改变为不易泄漏的（ ）密封。

A. 某一角度　　　　B. 轴向　　　　　　C. 端面　　　　　　D. 离心方向

7. 机械密封加水或静压实验时发生泄漏，可能是安装时（ ）接触面不平，碰伤、损坏引起的。

A. 动环　　　　　　B. 静环　　　　　　C. 弹簧　　　　　　D. 动、静环

8. 机械密封发生周期性或阵发性泄漏，其原因可能是（ ）。

A. 弹簧压缩量小　　　　　　　　　　　　　B. 动静环有损伤

C. 密封腔内有损伤　　　　　　　　　　　　D. 转子组件振动

9. 202 型机械密封属于（ ）。

A. 反应釜用机械密封　　　　　　　　　　　B. 泵用机械密封

C. 反应釜和泵均可使用　　　　　　　　　　D. 离心压缩机用密封

10. 机械密封动静环端面装配时不得（ ）。

A. 涂润滑剂　　　　B. 触摸　　　　　　C. 清理　　　　　　D. 检查

11. 机械密封中动静环摩擦面出现轻微划痕或表面不太平滑时，可进行（ ）修复使用。

A. 研磨抛光　　　　B. 磨削　　　　　　C. 精车　　　　　　D. 更换

12. 机械密封中用量最大、应用范围最广的摩擦副组对材料是（　　）。

A. 石墨　　　　　　　　B. 聚四氟乙烯　　　　　C. 硬质合金　　　　　　D. 工程陶瓷

13. 机械密封中起补偿作用的环，称为（　　）。

A. 静环　　　　　　　　B. 动环　　　　　　　　C. 辅助密封圈　　　　　D. 弹簧

14. 多弹簧式机械密封受离心力影响较（　　）。

A. 比较均匀　　　　　　B. 小　　　　　　　　　C. 大　　　　　　　　　D. 各点相等

15. 机械密封端面的最佳摩擦状态应该是（　　）状态。

A. 流体摩擦　　　　　　B. 干摩擦　　　　　　　C. 边界摩擦　　　　　　D. 混合摩擦

16. 机械密封的弹簧传动只能（　　）传动。

A. 单向　　　　　　　　B. 双向　　　　　　　　C. 多向　　　　　　　　D. 任意向

17. 机械密封中的窄环一般用（　　）材料做。

A. 软　　　　　　　　　B. 硬　　　　　　　　　C. 中等硬度　　　　　　D. 较高硬度

18. 机械密封的正冲洗、反冲洗和全冲洗属于（　　）。

A. 全冲洗　　　　　　　B. 循环冲洗　　　　　　C. 自冲洗　　　　　　　D. 外冲洗

19. 机械密封决定密封是单级还是多级的因素是（　　）。

A. 温度　　　　　　　　B. 压力　　　　　　　　C. 装置特点　　　　　　D. 辅助系统

20. 机械密封密封环结冰，是由于介质（　　）。

A. 液化　　　　　　　　B. 固化　　　　　　　　C. 汽化或闪蒸　　　　　D. 沸腾

二、多选题

1. 影响机械密封端面比压的主要因素有（　　）。

A. 弹簧的弹力　　　　　　　　　　　　　　　　B. 密封流体的推力

C. 端面流体膜的反力　　　　　　　　　　　　　D. 补偿环辅助密封的摩擦阻力

2. 机械密封的密封环中动环的结构有（　　）。

A. 整体式结构　　　　　B. 镶嵌式结构　　　　　C. 喷涂式结构　　　　　D. 分段式结构

3. 机械密封的密封端面的硬材料主要有（　　）。

A. 硬质合金　　　　　　　　　　　　　　　　　B. 工程陶瓷

C. 金属材料　　　　　　　　　　　　　　　　　D. 表面复合材料

4. 机械端面密封又称（　　）。

A. 机械密封　　　　　　B. 端面密封　　　　　　C. 转轴密封　　　　　　D. 静密封

5. 机械密封的主要特点有（　　）。

A. 密封性能好　　　　　B. 寿命长　　　　　　　C. 价格低　　　　　　　D. 运转中不用调整

6. 机械密封按静环与密封端盖的相对位置可分（　　）。

A. 内装式　　　　　　　B. 非平衡式　　　　　　C. 外装式　　　　　　　D. 平衡式

7. 机械密封端面上同时发生（　　）等现象。

A. 摩擦　　　　　　　　B. 研磨　　　　　　　　C. 润滑　　　　　　　　D. 磨损

8. 机械密封可能处于（　　）状态下工作。

A. 流体摩擦　　　　　　B. 混合摩擦　　　　　　C. 边界摩擦　　　　　　D. 干摩擦

9. 波纹管具有辅助密封的功能，它能（　　）。

A. 吸收振动　　　　　　B. 防腐蚀　　　　　　　C. 防泄漏　　　　　　　D. 补偿位移

10. 104 型机械密封属于（　　）。

A. 内装　　　　　　　　　　　　　　　　　　　B. 单端面

C. 单弹簧　　　　　　　　　　　　　　　　　D. 非平衡型传动套传动

11. 机械密封的冷却分为（　　　）。

A. 直接冷却　　　　　B. 间接冷却　　　　　C. 混合冷却　　　　　D. 喷淋冷却

12. 影响机械密封选择的主要因素包括（　　　）。

A. 介质特性　　　　　B. 工作条件　　　　　C. 密封标准　　　　　D. 装备特点

13. 机械密封常见的失效形式有（　　　）。

A. 腐蚀失效　　　　　B. 热损伤失效　　　　C. 冲击失效　　　　　D. 磨损失效

14. 机械密封容易产生缝隙腐蚀的部位是（　　　）。

A. 弹簧座与轴之间　　　　　　　　　　　　B. 动环与静环之间

C. 螺钉与螺孔之间　　　　　　　　　　　　D. 陶瓷镶环与金属环座之间

15. 机械密封的闪蒸是由于（　　　）所造成的。

A. 密封端面过热　　　　　　　　　　　　　B. 密封的工作压力＜介质的饱和蒸汽压

C. 密封比压过大　　　　　　　　　　　　　D. 密封液膜过厚

三、判断题

1. 机械密封是由一对垂直于旋转轴线的端面，在流体压力和补偿机构的作用以及辅助密封的配合下，保持贴合并相对滑动而构成防止流体泄漏的装置。（　　　）

2. 机械密封主要是将极易泄漏的轴向密封，改变为不易泄漏的端面密封。（　　　）

3. 机械密封的泄漏大约有80％～95％是由于密封端面摩擦副造成的。（　　　）

4. 单弹簧式机械密封密封端面上的弹簧压力，在轴径较大时分布均匀。（　　　）

5. 内流式机械密封被密封流体在密封端面间的泄漏方向与离心力的方向相同。（　　　）

6. 机械密封摩擦是基本的，润滑是为了改善摩擦工况，磨损是摩擦的必然结果。（　　　）

7. 机械密封端面的最佳摩擦状态应该是边界摩擦状态。（　　　）

8. 机械密封的波纹管辅助密封能吸收振动、补偿位移，但不具有辅助密封的功能。（　　　）

9. 机械密封中常将石墨、塑料等软材料作动环。（　　　）

10. 机械密封端面宽度太大，会导致冷却、润滑效果降低。（　　　）

11. 机械密封，当动环和静环均为硬材料，则两者必须取相等宽度。（　　　）

12. 由于介质的易燃、易爆、有毒、有害性，所以，为了保证介质不外漏，机械密封应采用无封液的双端面结构。（　　　）

13. 机械密封密封端面如果有灰尘，可以用手擦拭或吹气的方式除去。（　　　）

14. 机械密封的安装跟泵轴转向无关。（　　　）

15. 机械密封装置主要由动环、静环、弹簧加荷装置等三部分组成。（　　　）

16. 机械密封是一种旋转轴用的接触式静密封。（　　　）

17. 机械密封动静环的接触比压取决于弹簧力。（　　　）

18. 机械密封主要有：泵用机械密封、釜用机械密封、压缩机用机械密封等。（　　　）

19. 机械密封的动静环摩擦面越宽其密封性能越好。（　　　）

20. B103型属于泵用机封，而且是平衡型机械密封。（　　　）

四、简答题

1. 机械密封由哪几部分组成？是怎样实现密封的？

2. 简述机械密封的特点。

3. 平衡型和非平衡型密封是怎样划分的？

4. 机械密封端面所处的摩擦状态有哪几种？并简述它们的特点。

5. 简述机械密封的主要性能参数。

6. 动环的传动形式有哪几种？

7. 静环的支承方式有哪几种？

8. 对机械密封的摩擦副材料有哪些基本要求？

9. 机械密封摩擦副常用的材料有哪些？各有何特点？

10. 怎样选择机械密封主要零件的材料？

11. 什么是集装式机械密封？有何特点？

12. 与普通机械密封相比较，上游泵送机械密封具有哪些优点？

13. 简述上游泵送机械密封和干气密封的密封原理。

14. 机械密封循环保护系统主要包括哪些装置？各有何作用？

15. 在选择机械密封时，主要考虑哪些因素？

16. 机械密封的安装步骤如何？

17. 什么是机械密封的失效？

18. 常见的机械密封失效形式有哪些？

第六章

非接触型密封及应用

第一节 概 述

非接触型密封通过在被密封的流体中产生压力降来达到密封，且允许通过一定的间隙产生一最小的泄漏量，不影响系统中运动件的运动。

非接触型密封分为流体静压（流阻）型和流体动压（反输）型两类。前者主要是依靠各种不同形状环缝造成一定的流动阻力，以减少泄漏或阻止泄漏，达到密封的目的，典型结构形式有间隙密封、浮环密封、迷宫密封等。后者是依靠轴旋转时密封元件产生反压力，利用反压头去抵消介质的泄漏压头，达到完全密封的功能，典型结构形式有离心密封、螺旋密封等。但是停车时要完成密封作用，还需要另外设置停车密封。

在非接触型密封中没有密封件与运动部件之间的摩擦，因此没有磨损，滑动速度可以很高。这样的密封具有结构简单、耐用、运行可靠的显著特点，并且几乎可以不用维修保养。

第二节 间 隙 密 封

光滑面间隙密封可以用作液体和气体密封，压差达 100MPa 甚至更高，滑动速度和温度实际上不受限制。

柱面间隙密封中有密封环、套筒等。离心泵的叶轮密封环、液压元件的润滑与缸套、高压往复泵的背压套筒等密封，都是依靠柱面环形间隙节流的流体静压效应达到减少泄漏目的的。

一、密封环

为了提高离心泵的容积效率，减少叶轮与泵壳之间的液体漏损和磨损，在泵壳与叶轮入口外缘装有可拆的密封环。

密封环的形式见图 6-1。平环式结构简单、制造方便，但是密封效果差。由于泄漏的液体具有相当大的速度并以垂直方向流入液体主流，因而产生较大的涡流和冲击损失。这种密封环的径向间隙 S 一般在 $0.1 \sim 0.2$mm 之间。直角式密封环的轴向间隙 S_1 比径向间隙大得多，一般在 $3 \sim 7$mm 之间，由于泄漏的液体在转 $90°$ 之后其速度降低了，因此造成的涡流和冲击损失小，密封效果也较平环式为好。迷宫式密封环由于增加了密封间隙的沿程阻力，因而密封效果好。但是结构复杂、制造困难，在一般离心泵中很少采用。

密封环的磨损会使泵的效率降低，当密封间隙超过规定值时应及时更换。密封环应采用耐磨材料制造，常用材料有铸铁、青铜等。

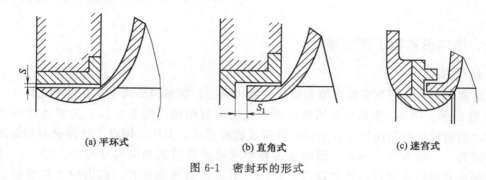

(a) 平环式　　　　　(b) 直角式　　　　　(c) 迷宫式

图 6-1　密封环的形式

二、套筒密封

套筒密封结构简单、紧凑、摩擦阻力小，但有一定泄漏量，并且泄漏量随密封间隙的增加大而增加。

套筒密封的结构如图 6-2 所示，套筒外径与壳体的间隙大于套筒内径与轴的间隙，当流体通过内筒间隙时，产生压力梯度，而外筒受到液体的均匀压缩，这样在套筒的轴向上产生不同压力差和变形，压力越高，间隙缩小量越大。为了在轴向长度方向上控制间隙和压力梯度，可以把套筒做成变截面结构。

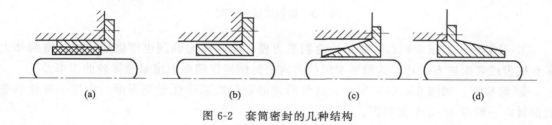

(a)　　　　　(b)　　　　　(c)　　　　　(d)

图 6-2　套筒密封的几种结构

卧式往复柱塞泵套筒与轴的间隙按压力不同而异，如压力为 600MPa 时，间隙取 0.013～0.043mm，而套筒外径与柱塞的间隙取 0.045～0.11mm；当压力为 100MPa 时，套筒与柱塞的间隙取 0～0.024mm，外筒间隙取 0～0.031mm。液压元件的间隙取 0.004～0.008mm。柱塞的表面粗糙度 $Ra=0.20～0.25\mu m$，套筒内孔 $Ra=0.20\mu m$，外圈 $Ra=1.60～0.20\mu m$。柱塞材质为 GCr15、W18Cr4V，套筒为 W18Cr4V、铍青铜、30Cr3MoWV 等。

套筒密封使用寿命长，适用于高温、高压、高速，也可与其他密封结构组合使用。由于套筒密封存在不可避免的泄漏，必须配有压力控制系统和泄漏回收装置。

第三节　迷宫密封

迷宫密封也称梳齿密封，属于非接触型密封。主要用于密封气体介质，在汽轮机、燃气轮机、离心式压缩机、鼓风机等机器中作为级间密封和轴端密封，或其他动密封的前置密封，有着广泛的用途。迷宫密封的特殊结构形式，即"蜂窝迷宫"，除可在上述旋转机械中应用外，还可作为往复密封，用于无油润滑的活塞式压缩机的活塞密封。

迷宫密封还可作为防尘密封的一种结构形式，用于密封油脂和润滑油等，以防灰尘进入。

一、结构形式和工作原理

1. 结构形式

迷宫密封是由一系列节流齿隙和膨胀空腔构成的，其结构形式主要有以下几种。

① 曲折形。图 6-3 为几种常用的曲折形迷宫密封结构。图 6-3（a）为整体式曲折形迷宫密封，当密封处的径向尺寸较小时，可做成这种形式，但加工困难。这种密封相邻两齿间的间距较大，一般为 5～6mm，因而使这种形式的迷宫所需轴向尺寸较长。图 6-3（b）～（d）为镶嵌式的曲折密封，其中以图 6-3（d）形式密封效果最好，但因加工及装配要求较高，应用不普遍。在离心式压缩机中广泛采用的是图 6-3（b）及（c）形式的镶嵌曲折密封，这两种形式的密封效果也比较好，其中图 6-3（c）比（b）所占轴向尺寸较小。

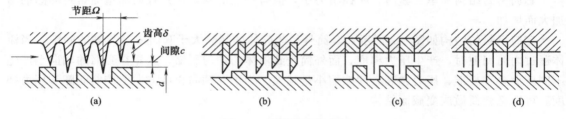

图 6-3　曲折形迷宫密封

② 平滑形。如图 6-4（a）所示，为制造方便，密封段的轴颈也可做成光轴，密封体上车有梳齿或者镶嵌有齿片。这种平滑形的迷宫密封结构很简单但密封效果较曲折形差。

③ 阶梯形。如图 6-4（b）所示，这种形式的密封效果也优于光滑形，常用于叶轮轮盖的密封，一般有 3～5 个密封齿。

④ 径向排列形。有时为了节省迷宫密封的轴向尺寸，还采用密封片径向排列的形式，如图 6-4（c）所示。其密封效果很好。

⑤ 蜂窝形。如图 6-4（d）所示，它是用 0.2mm 厚不锈钢片焊成一个外表面像蜂窝状的圆筒形密封环，固定在密封体的内圆面上，与轴之间有一定间隙，常用于平衡盘外缘与机壳间的密封。这种密封结构可密封较大压差的气体，但加工工艺稍复杂。

迷宫密封的密封齿结构形式有密封片和密封环两种，如图 6-5 所示，其中图（a）、（b）

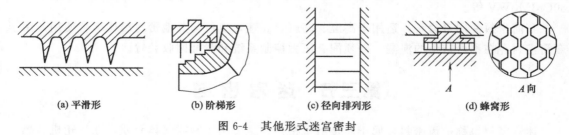

(a) 平滑形　　　　(b) 阶梯形　　　　(c) 径向排列形　　　　(d) 蜂窝形

图 6-4　其他形式迷宫密封

为密封片式，图（c）为密封环式。图 6-5（a）中密封片用不锈钢丝嵌在转子上的狭槽中，而图 6-5（b）中转子和机壳上都嵌有密封片，其密封效果比图 6-5（a）好，但转子上的密封片有时会被离心力甩出。密封片的主要特点是：结构紧凑，相碰时密封片能向两旁弯折，减少摩擦；拆换方便；但若装配不好，有时会被气流吹倒。密封环式的密封环由 6～8 块扇形块组成，装入机壳的槽中，用弹簧片将每块环压紧在机壳上，弹簧压紧约为 60～100N。密封环式的主要特点是：轴与环相碰时，齿环自行弹开，避免摩擦；结构尺寸较大，加工复杂；齿磨损后要将整块密封环调换，因此应用不及密封片结构广泛。

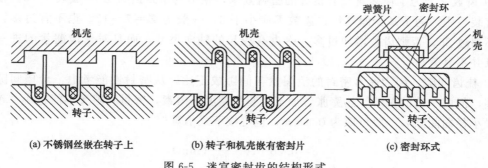

图 6-5　迷宫密封齿的结构形式

2. 工作原理

迷宫密封的工作原理如图 6-6 所示。气流通过节流齿隙时加速降压，近似于绝热膨胀过程。气流从齿隙进入密封片空腔时，通流面积突然扩大，气流形成很强的漩涡，从而使速度几乎完全消失，变成热能损失。即气流在空腔中进行等压膨胀过程，压力不变而温度升高。由于齿隙中气流的部分静能头转变为动能头，故压力比齿隙前空腔中的低。在齿隙后的空腔中，气流速度虽下降，但压力并不增加，因此相邻的两个空腔有压差（其值即为气流流过齿所产生的压降）。为了使少量的气流经过一系列的容腔后，气流的压力降（即各相邻空腔压力差之和）与密封装置前后的压力差相等，需要一定数目的密封齿。

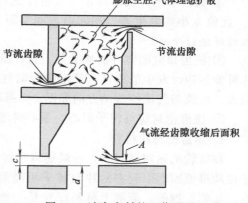

图 6-6　迷宫密封的工作原理

由上可知，迷宫密封的基本原理是在密封处形成流动阻力极大的一段流道，当有少量气流流过时，即产生一定的压力降。从而，迷宫密封的特点是有一定的漏气量，并依靠漏气经过密封装置所造成的压力降来平衡密封前后的压力差。

为了提高密封效果（即漏气量小），应考虑以下三个方面。

① 减小齿隙面积，即要求齿隙间隙小，密封周边短，使得小的漏气量流过齿隙时，能有较大的动能头（由静能头变来）。

② 增大空腔内局部阻力，使气流进入空腔时动能尽量转变为热能而不是转变为压力能。

③ 增加密封片数，以减少每个密封片前后的压力差。

3. 迷宫密封的特点

① 迷宫密封是非接触型密封，无固相摩擦，不需润滑，并允许有热膨胀，适用于高温、

高压、高速和大尺寸密封条件。

② 迷宫密封工作可靠，功耗少，维护简便，寿命长。

③ 迷宫密封泄漏量较大。如增加迷宫级数，采取抽气辅助密封手段，可把泄漏量减小，但要做到安全不漏是困难的。

二、主要尺寸参数及材料

1. 主要尺寸参数

① 齿数 Z。为了使迷宫具有良好的密封效果，轮盖的密封齿数 Z 一般取 4～6。轴封用的迷宫装置中，为了减少漏气量，齿数不应小于 6，一般为 $Z=7$～12，也不宜过多，通常齿数不超过 35，否则齿数增加过多，将占有较长的轴向尺寸，而且对于泄漏量的进一步降低效果并不显著。

② 梳齿间隙。因为迷宫密封的泄漏量与间隙成正比，从密封性能考虑，希望间隙尽可能小些，但由于轴的振动、热膨胀、加工及装配精度等因素，密封间隙又不能过小。迷宫密封的最小径向间隙 c 一般可取为 0.4mm，也可按下式估算

$$c=0.25+A\times\frac{d}{100}(\text{mm}) \tag{6-1}$$

式中　d——密封直径，mm；

　　　A——考虑热膨胀和轴径向位移的系数，对压缩机，$A=0.6$；对于蒸汽和气体透平，$A=0.85$（铁素体钢），或者 $A=1.3$（奥氏体钢）。

③ 梳齿节距。梳齿高 δ 与节距 Ω 之比大于 1，即 $\delta/\Omega>1$，此值太小则效果差。相邻两齿间节距 Ω 与齿隙 c 之比一般最好是 $\Omega/c=2$～6。

④ 梳齿顶应削薄并制成尖角，这样既可减弱转轴与密封片可能相碰时发生的危害，又可降低漏气量。圆角的漏气量较大。齿顶与气流的流动方向如图 6-7 所示。

⑤ 梳齿密封应与转子同心，偏心将增大漏气量。

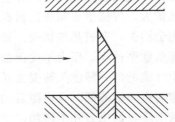

图 6-7　齿顶与气流的流动方向

2. 迷宫密封片材料

在旋转的迷宫密封中，一般迷宫密封片装在静止元件上，为了防止高速转动时，由于转子振动等原因而引起密封片与转子相碰而损坏转子，通常要采用硬度低于转子的密封片材料，如铝、铜等。原则上材料配对是一硬一软；如果采用了硬梳齿（如整体制造的梳齿），则采用软材料衬套；如果采用硬材料衬套，则装配软材料密封片，以免摩擦生热或产生火花引起烧损或爆炸。

密封片可以用厚 0.15～0.2mm 金属带制成，可以采用黄铜或镍，用红铜丝梯形槽敛缝。有时可以直接做在轴套上，而外套用石墨制成，间隙为滑动轴承间隙的 0.17～0.25 倍。运行前在低速下跑合。迷宫密封材料主要根据密封的结构、工作压力、温度和介质来选择。压力低时用铸铝（ZL103）、铸铜（ZQSn6-6-3），高压时用硬质铝板（LY12），腐蚀气体可用不锈钢，氨气不能用铜材。

三、迷宫密封应用实例：汽动给水泵油中进水问题的分析处理

1. 设备概况

某电厂 3 号机（300MW）组给水系统配备一台 50％电动给水泵和一台 100％气动给水

泵。气动泵为水平、离心、多级筒体式，泵的技术规范如下。

型号为 FK4E39；级数为 4 级；流量为 1014m³/h；扬程为 2212m；效率为 84.5%；转速为 5265r/min。

该泵的密封方式采用迷宫密封，加工成反螺旋的固定衬套注射密封水的卸荷密封。密封水注射到密封室内，在卸荷环有管子连到前置泵进口，只要密封水压力保持高于前置泵入口压力，可保证泵运行时不会产生泄漏。还有一路密封水经 U 形管水封到凝汽器，当电动机处于静止状态时，凝结密封水压力略高于泵进口压力，亦保证泵不会产生泄漏。

2. 油中进水原因分析

该泵在机组试运行期间，小机由于系统设备和运行调整等原因，润滑油系统多次发生进水现象，严重恶化油质，给小机和给水泵的安全运行带来严重威胁，制约着 3 号机组的整套试运行进程。试运行过程中，成立气泵油中进水问题专题组，对油中进水的原因进行了认真的分析研究。气泵油中进水主要发生在机组气动初期和气泵停运过程，有两种情况。

① 气泵密封水的回水不畅，造成密封水进入油中。

② 密封水压力低，密封不住泵内热水。密封水进入油中的原因分析如下，气泵密封水的压力要求略高于前置泵入口压力，差压应保持在 0.05～0.1MPa 之间，气泵密封水来自凝水系统。在机组运行初期，凝水系统的流量较小且不稳定，为保护凝泵的安全运行，当凝水流量小于 203t，凝水系统的再循环门打开，且该门的设计是全开全关两种状态，当该门开关时造成凝水压力大幅波动，从记录的凝水系统压力曲线可发现，凝水压力瞬间变化可达 1MPa，气泵密封水的自动调门调整跟不上，影响气泵密封水的压力变化较大。在泵密封水的压力高时，密封水克服 U 形管水封的阻力而进入到凝汽器的通路不畅，造成密封室内满水，密封水溢出进入润滑油系统，造成油中进入密封水。

同理，泵内热水进入油中的原因是，在泵密封水的压力低于泵进口压力时，泵内热水密封不住，造成热水汽沿轴颈进入油中。

3. 油中进水问题的处理

针对上述原因，在密封水回凝汽器一路上增加排地沟回水。在机组启动初期，凝水系统稳定前打开该路回水，保证回水通畅，解决密封水进入油中的问题。同时，针对机组启动初期其凝水系统的压力不稳定情况，为防止泵内热水汽进入油中，根据该泵的运行特点，其迷宫气封设定为反向螺旋槽，在泵组运行后，可提高其密封效果。在试运行过程制定了以下运行防范措施。

① 气泵投运前不进行暖泵，在准备开气泵前进行投密封水，注水，启动气泵。先注水，再投密封水，防止泵水进入油中。

② 气泵注水前，检查关闭气泵密封水至水封隔离门，开启密封水至地沟门。

③ 气泵运转正常后，机组真空正常，将密封水切至水封门。

④ 停泵后，将密封水切至排地沟一路。

⑤ 停泵期间，关闭最小流量阀，以防倒气。

采取上述措施后，在气泵启动前后和运行中，对气泵润滑油的油样进行化验，结果表明油中含水量得到有效控制，解决了气动给水泵组的油中进水问题。气动给水泵在试运行过程后投入正常运转，保证了机组试运行的安全顺利运行。

4. 小结

针对电厂气动给水泵油中进水问题的原因，为提高气泵组运行的灵活性与可靠性，提高汽轮发电机组的运行可靠性，建议电厂对系统进行以下改造。

① 将凝水系统再循环门改为调节门，保证凝水系统的压力稳定，保证气动给水泵密封水调整压力的稳定。

② 将密封水经 U 形管水封到凝汽器一路管径放大，这样，在泵组启动时，密封水就回到凝汽器，可提高凝水的回收利用。

第四节　浮 环 密 封

浮环密封也是一种非接触型密封，它在现代密封技术中占有重要地位。是解决高速、高压、防爆、防毒等苛刻使用条件的常用密封类型。

一、工作原理及特点

1. 工作原理

浮环密封由浮动环与轴之间的狭小环形间隙所构成，环形间隙内充满液体，相对运动的环与轴不直接接触，故适用于高速高压场合。而且，如果装置运转良好，可以做到"绝对密封"，所以特别适用于易燃、易爆或有毒气体（如氨气、甲烷、石油气等）的密封。

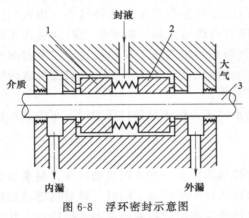

图 6-8　浮环密封示意图
1—内侧浮环；2—外侧浮环；3—转轴

图 6-8 所示为浮环密封的示意图。它主要由内、外侧浮环组成，浮环与轴之间留有给定间隙。浮环在弹簧的预紧力作用下，端面与密封盒壁面贴紧。浮环上有防转销，以防止浮环随轴转动，但能在径向上滑移浮动。密封液体从进油口注入后，通过浮环和轴之间的狭窄间隙，沿轴向左右两端流动，密封液体的压力应严格控制在比被密封气相介质压力高 0.05MPa 左右。因为封液压力高于介质压力，通过内侧浮环（又称高压侧浮环）间隙的液膜阻止介质向外泄漏，经过外侧浮环（又称低压侧浮环）间隙的封液因节流作用降低了压力后流入大气侧，因外侧密封间隙中的压力降较大，显然它的轴向长度比内侧浮环要长些，压力差很大时，可用多个外侧浮环或采用与内侧浮环不同的间隙。流入大气侧的封液可直接回储液箱，以便循环使用。通过内侧浮环间隙的封液与压缩机内部泄漏的工作气体混合，这部分封液要经过油气分离器将气体分离出去后再回储液箱，经冷却、过滤后再循环使用。这样封液不仅起密封作用，同时也起到冷却散热和润滑的作用。

浮环密封的原理是靠高压密封液在浮环与轴套之间形成液膜，产生节流降压，阻止高压气体向低压侧泄漏。浮升性是浮环的宝贵特性，液体通过环与轴间的楔形间隙时，如同轴承那样产生流体动压效应而获得浮升力。轴不转动时，由于环自身重力作用，环内壁贴在轴上，并形成一偏心间隙。当轴转动时，轴表面将密封液牵连带入偏心的楔形间隙内。在楔形间隙内产生流体动压效应，使环浮动抬升，环内壁脱离轴表面而变成非接触状态（图 6-9）。

浮升性使浮环具有自动对中作用，能适应轴运动的偏摆等，避免轴与环间出现固相摩擦。浮升性还可使环与轴的间隙变小，以增强节流产生的阻力，改善密封性能。

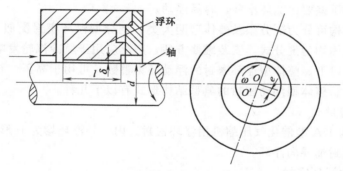

图 6-9 浮环的浮升性能

由于浮环密封主要依靠液膜工作，故又称为油膜密封。封液通常采用矿物油（如 22 号、30 号透平油），也可用脱氧软化水等。但必须注意封液与被密封介质应该是互相兼容的，不至于发生有害的物理、化学作用。矿物油用作液封是因它具有良好的润滑性和适宜的黏性，但是压缩机工作介质是硫化氢或含硫化氢量较大的气体时，因硫化氢可溶于矿物油而污染封油，则不能采用矿物油，而用水作封液。

2. 浮环密封的特点

浮环密封具有以下特点。

① 浮环具有宽广的密封工作参数范围。在离心式压缩机中应用，工作线速度约为 40～90m/s，工作压力可达 32MPa。在超高压往复泵中应用，工作压力可达 980MPa，工作温度为 —100～200℃。

② 浮环密封在各种动密封中是最典型的高参数密封，具有很高的工况 pv 值，可高达 2500～2800MPa·m/s。

③ 浮环密封利用自身的密封系统，将气相条件转换为液相条件。因而特别选用于气相介质。

④ 浮环密封对大气环境为"零泄漏"密封。依靠密封液的隔离作用，确保气相介质不向大气环境泄漏。各种易燃、易爆、有毒、贵重介质，采用浮环密封是适宜的。

⑤ 浮环密封性能稳定、工作可靠、寿命达一年以上。

⑥ 浮环密封的非接触工况泄漏量大。内漏量（左右两端）约为 200L/天，外漏量约为 15～200L/min。当然，浮环的泄漏量，本质上应视为循环量，它与机械密封的泄漏量有区别。

⑦ 浮环密封需要复杂的辅助密封系统，因而增加了它的技术复杂性和设备成本。

⑧ 浮环密封是价格昂贵的密封装置。它的成本要占整个离心式压缩机成本的 1/4～1/3 左右。

二、结构形式

根据浮环的相对宽窄，可分为宽环与窄环。宽环的宽度与其直径的比值（相对宽度）$l/d＝0.3～0.5$ 较大。在相同的压差和泄漏量的条件下，环的数目可以少些，缩短密封的轴向尺寸，使密封结构紧凑、制造费用较少且易于装配。但因两侧压差较大，环端面上压力较大，端面摩擦力也较大，浮动较为困难。

窄环的相对宽度 $l/d＝0.3～0.5$。由于环较窄，其节流长度短，产生的流体动压也小，每个浮环所承受的压差要比宽环小些,容易浮动。

浮环密封按结构可分为剖分型及整体型两大类。剖分型浮环密封类似于径向滑动轴承,浮动环及密封腔壳体均为剖分式,安装维修方便,广泛应用于氢冷汽轮发电机轴端密封,压力一般在 0.2MPa 以下。整体型浮环密封的浮动环为整数,可用于高压,石油化工厂通常采用整体型浮动密封。整体型浮动密封的典型结构形式有以下几种。

1. L 形浮环密封

图 6-10 所示为 KA 型催化气压缩机用浮环密封。内、外浮环均为 L 形(属于宽环),中间有隔环定位并将封油导向浮环。

2. 带冷却孔的浮环密封

图 6-11 所示为带冷却孔的浮环密封,高压侧的浮环间隙小,泄漏封液带走的热量也少,这样就造成高压侧浮环温度较高。为了改善高压侧浮环的工作条件,在高压侧浮环上沿圆周布满冷却孔,使进入密封腔的封液首先通过高压侧浮环,然后分两路分别进入高压侧及低压侧环隙。此结构对高压侧浮环可起到有效的冷却作用。

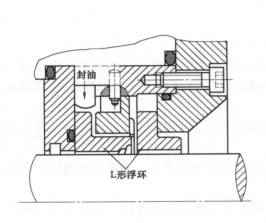

图 6-10　KA 型催化气压缩机用浮环密封

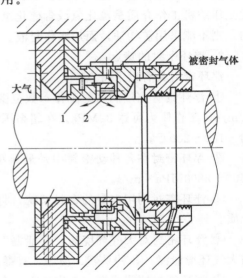

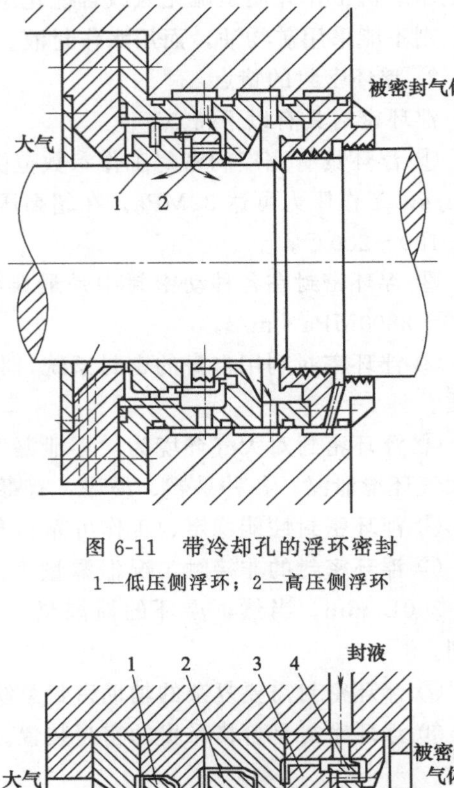

图 6-11　带冷却孔的浮环密封

1—低压侧浮环;2—高压侧浮环

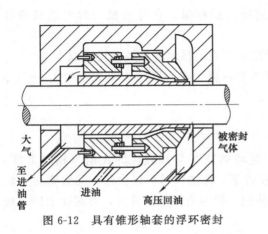

图 6-12　具有锥形轴套的浮环密封

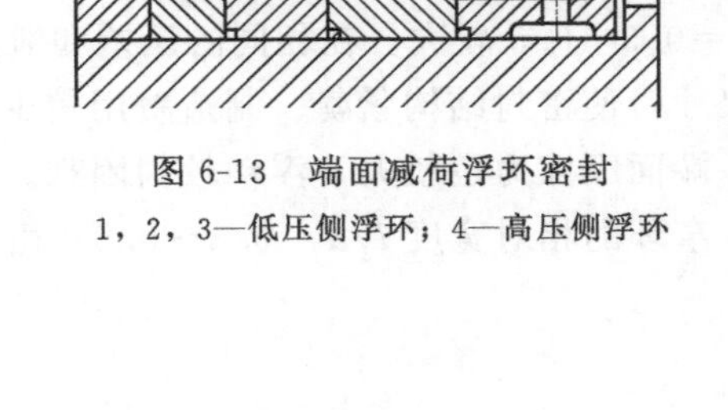

图 6-13　端面减荷浮环密封

1,2,3—低压侧浮环;4—高压侧浮环

3. 带锥形轴套的浮环密封

图 6-12 所示为具有锥形轴套的浮环密封。浮环密封部位的轴套为锥形，与此相应的浮环内孔也是锥形的。这种浮环密封的特点是高压侧密封间隙比一般圆筒形内侧环间隙大。封液通过锥形缝隙通道时，由锥形轴套的旋转带动封液产生离心力阻止封液向内侧泄漏，起到叶轮的抽吸作用。

4. 端面减荷浮环密封

图 6-13 所示为端面减荷浮环密封。环 2、3 为台阶轴减荷结构（类似于平衡型机械密封），能有效地减小每环端面比压。在高压场合可用个数不多的浮环承受较大的压降，例如离心压缩机用 2~3 环便可承受 28MPa 压降。

5. 螺旋槽面浮环

图 6-14 所示为浮环内孔开有螺旋槽的浮环密封。实质是螺旋密封与光滑浮环密封的组合密封，采用螺旋槽面浮环，在同样的宽度和压差下，泄漏量要比光滑浮环密封小，特别是在高速下可以有效地密封。

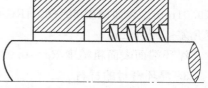

图 6-14　螺旋槽面浮环

三、结构要求、尺寸、技术要求及材料

1. 浮环密封的结构要求

对浮环密封的结构要求有以下几个方面。

① 尽可能减少封液通过高压侧浮环的内泄漏量（减少漏向机内封液的泄漏量）。为此，在允许的条件下，高压侧浮环的密封间隙及液气压差应尽量小些。高压侧浮环还可采用上述螺旋面槽浮环或锥形轴套等措施。

② 有效地排除封液在高压、高速下产生的摩擦热及节流热，主要是散除高压侧浮环的热量。为改善高压侧浮环的工作条件，可以采取上述浮环开孔、冷却液先通过高压侧浮环等措施。

③ 在刚度、强度允许的条件下，尽量取较薄的环截面，即环的内、外径之比不宜太小。

④ 提高浮环寿命，延长使用期。浮环材料的膨胀系数要比轴大，以免高温下产生抱轴的危险。

⑤ 液气混合腔要有一定容积；机内平衡室要合理连通，为防止封液窜入气缸内，要控制通过迷宫密封的流速。

2. 浮环的尺寸

浮环密封的结构和使用条件各不相同，因此只能推荐结构元件大致的平均结构尺寸比（见图 6-15）。

① 浮环的各个间隙值。

$$\delta/D = (0.5 \sim 1.0) \times 10^{-3}$$
$$D_1/D = 1.02 \sim 1.03$$
$$D_2/D = 1.14 \sim 1.20$$

式中，$\delta = D - d$，d 为轴径。

上述 δ/D 关系式中，需区分高压侧浮环和低压侧浮环，给出不同的间隙值。为了减少内漏量，对高压侧浮环取 $\delta/D = (0.5 \sim 0.8) \times 10^{-3}$ 为宜。为了带走热量，可

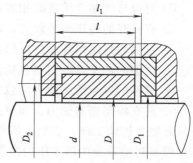

图 6-15　浮环的各部分尺寸

适当加大低压侧浮环间隙值，取 $\delta/D = (2\sim3)\times10^{-3}$。

② 浮环的各个长度值。

$$\frac{l_1-l}{l} = (0.1\sim2.0)\times10^{-2}$$

$$l/D = 0.3\sim0.5 \qquad 适用于宽环$$

$$l/D = 0.1\sim0.3 \qquad 适用于窄环$$

浮环的节流长度不宜太长，否则，间隙内的封液温升剧烈，使工作条件恶劣。对高压条件，可采用多级浮环，逐级降压。

③ 浮环内孔尺寸精度 1～2 级；表面粗糙度 $Ra=0.8\sim0.2\mu m$；圆柱度及圆度允差 $<0.01mm$；表面硬度 $50\sim60HRC$ 或 $850\sim1150HV$。浮环外圆尺寸精度 1～2；圆柱度及圆度允差 $<0.01mm$。

浮环端面表面粗糙度 $Ra=0.08\sim0.16\mu m$；端面对内孔的垂直允差 $<0.01mm$。

3. 浮环密封的材料

浮环材料应保证摩擦面的必要精度和光面粗糙度以及尺寸的稳定性（完好性）。浮环和轴的材料都应具有相近的线膨胀系数、良好的抗抓伤性能、很高的耐磨性以及化学稳定性、耐腐蚀性和抗冲蚀性。

对于浮环密封推荐使用下列材料。

油浮环常采用碳钢或黄铜，内孔壁面浇注巴氏合金（ChSnSbll-6），亦可采用锡青铜，内孔壁面镀银，或采用有自润滑特性的浸树脂石墨。

油浮环的轴或轴套用 38CrMoAl 表面氮化；碳钢镀硬铬；蒙乃尔合金轴套喷硼化铬；2Cr13 轴套辉光离子氮化。

水浮环采用青铜（SnPb6-25）；38CrMoAl 表面氮化；沉淀硬化不锈钢 17-4PH；不锈钢堆焊钴铬钨。

水浮环的轴或轴套采用碳钢镀铬或不锈钢。

四、封油系统

封油系统是浮环密封的命脉，对浮环的稳定性、可靠性有决定性的影响。封油系统的主要作用在于向浮环提供隔离（用封液去封堵隔离气相介质）、冷却（带走摩擦热）和润滑（把气相转化为液相润滑条件）。有些封油系统的气相介质对封油不产生污染，可作压缩机主机的润滑系统，对主机轴承、变速箱等提供润滑。

对封油系统的基本要求如下。

① 封液与气相介质彼此相容而且价廉。

② 有良好的差压调节能力。始终维持液压比气压高 0.05MPa 左右。

③ 足够的封液循环量，以带走摩擦热。

④ 足够的热交换能力（包括使封液降温或增温）。

⑤ 足够的再生清洁能力（包括过滤及气液分离能力）。

⑥ 具有停车密封能力。当事故性断电、油泵停止工作而主机惯性运转期间，封油系统必须有能力连续工作，直至主机停车。

根据封油系统中所采用的微压差调节系统的不同，可分为直接调节的封油系统和带高位槽调节的封油系统。

1. 直接调节的封油系统

如图 6-16 所示，它是一种直接用压差调节器通过封油压力与被密封气体压力的差压进行调节的封油系统。系统中有一差压调节器，它作用在控制阀上，控制阀控制油箱中封油的循环，并分流送至浮环密封装置中。这种调节方式对压力波动很不敏感，通常用于压力差控制精度要求不高的密封装置。

2. 带高位槽调节的封油系统

图 6-17 为离心式压缩机常用的浮环封油系统。其基本特征是采用两级增压和采用高位槽液气差压调节。储存在油箱的封油，经低压泵送入冷却器调节油温，再送入过滤器去除杂质，然后用高压泵增压。这种两级增压方式，使冷却器和过滤器在低压条件下工作，减少高压容器设备，降低成本。

高压油一部分进入高位槽，其余进入浮环密封腔中。由于高位槽的液位压头使油压高于气压（通常高

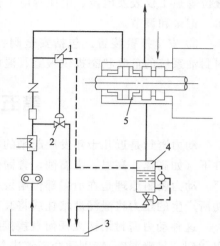

图 6-16　直接调节封油系统
1—差压调节器；2—控制阀；3—油箱；
4—油气分离器；5—密封装置

0.05MPa），少部分封油穿过内浮环进入油气腔。在油气腔中，封油受到介质"污染"，成为污油。如污油发生化学变质，则引出排放，如污油仅带一些气相介质而未发生化学变质，则可引入油气分离器。经分离的气相介质引回压缩机入口。分离出的油引回油箱中循环使用。

高位槽的油，不仅利用液位压头形成油气压差，且能在紧急断电停车时，依靠液位高度，向密封腔提供密封油，维持停车后的密封。

封油系统中配有复杂的设备、机器和仪表，主要包括以下装置。

① 油源装置。即油箱、电动油泵或蒸汽透平泵、高位槽及事故油箱等。功能是储存系统内的全部油，并将油增压至规定值，维持油气压差，提供离心式压缩机停车或事故停车所需要的封油。

② 处理装置。即冷却器、加热器、过滤器等，将油的温度和清洁度处理到规定值。

③ 配管装置。包括各种管子、管件阀门等，提供封油的循环通路，控制油的流向、流量、压力等。

④ 后处理装置。包括油气分离器、污油箱等，对从浮环腔内排出的"污油"进行分离、回收或排放。

⑤ 控制装置。即温度、压力、流量、

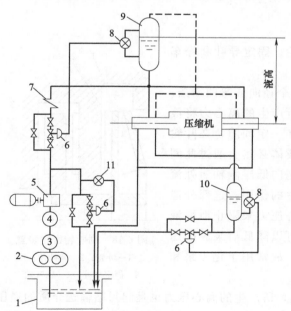

图 6-17　带高压槽调节的封油系统
1—油箱；2—低压泵；3—冷却器；4—过滤器；5—高压泵；
6—调节阀；7—止回阀；8—压差变送器及调节器；9—高
位槽；10—油气分离器；11—压力变送器及调节阀

液位等热工仪表及电流、电压等电工仪表,对封油系统的热工参数和电工参数自动检测、显示、记录和调节。

⑥ 安全报警装置。包括安全阀、防爆膜、电气联锁保护装置、灯光及铃声报警器等。对封油系统的危险状态提供报警、泄放超压、自动紧急停车等安全保护措施。

第五节 动力密封

动力密封是近几十年发展起来的一种新型转轴密封形式。已成功地用它解决许多苛刻条件下(如高速、高温、强腐蚀、含固体颗粒等)的液体介质密封。

动力密封原理是在泄漏部位增设一个或几个做功元件,工作时依靠做功元件对泄漏液做功所产生的压力将泄漏液堵住或将其顶回去,从而阻止液体泄漏。

这种动力密封结构无任何直接接触的摩擦件,因此寿命长,密封可靠。只要正确设计可以做到"零泄漏",特别适合于解决其他动密封结构难以胜任的场合。但这种密封只能在轴运转时起密封作用,一旦停车或转速降低便失去密封功能,故必须辅以停车密封。

动力密封目前应用较多的主要有两种形式:离心密封和螺旋密封。

一、离心密封

离心密封是利用所增设的做功元件旋转时所产生的离心力来防止泄漏的装置。在离心泵的轴封中,离心密封主要有两种形式:背叶片密封和副叶轮密封。两者密封原理相同,所不同的只是所增设的做功元件不同。背叶片只增设一个做功元件(背叶片),而副叶轮密封增设两个做功元件(背叶片和副叶轮)。

(一)密封原理和典型结构

1. 密封原理

副叶轮密封装置通常由背叶片、副叶轮、固定导叶和停车密封等组成,如图 6-18 所示。

所谓背叶片就是在叶轮的后盖板上做几个径向或弯曲筋条。当叶轮工作时,依靠叶轮带动液体旋转时所产生的离心力将液体抛向叶轮出口,由于叶轮和泵壳之间存在一定间隙,在叶轮无背叶片的情况下,具有一定压力的出口液体必然会通过此间隙产生泄漏流动,即从叶轮出口处的高压侧向低压侧轴封处流动而引起泄漏。设置背叶片后,由于背叶片的作用,这部分泄漏液体也会受到离心力作用而产生反向离心压力来阻止泄漏液向轴封处流动。背叶片除可阻止泄漏外还可以降低后泵腔的压力和阻挡(或减少)固体颗粒进入轴封区,故常用于化工泵和杂质泵上。

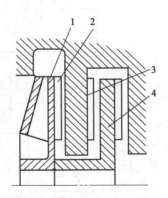

图 6-18 副叶轮密封装置
1—叶轮;2—背叶片;
3—固定导叶;4—副叶轮

常见的副叶轮多是一个半开式离心叶轮,所产生的离心压力也是起封堵输送介质的逆压作用。

当背叶片与副叶轮产生的离心压力之和等于或大于叶轮出口压力时,便可封堵输送介质的泄漏,达到密封作用。

固定导叶(又称为阻旋片)的作用是阻止副叶轮光背侧液体旋转,提高封堵压力。当无固定导叶时，副叶轮光背侧的液体大约以三分之一的叶轮角速度旋转，压力呈抛物线规律分布，因而副叶轮光背侧轮毂区的压力小于副叶轮外径处的压力。当有固定导叶时，则可阻止液体旋转，使光背侧轮毂区的压力接近副叶轮外径的压力，从而提高了副叶轮的封堵能力。试验结果表明，有固定导叶可使封液能力提高15％以上。

显然，背叶片和副叶轮只在泵运行时起密封作用，所以为防止泵停车后输送介质或封液泄漏，应配置停车密封，使之在泵转速降低或停车时，停车密封能及时投入工作，阻止泄漏，运行时，停车密封又能及时脱开，以免密封面磨损和耗能。

2. 典型结构

① 衬胶泵的副叶轮密封。衬胶泵是用于没有尖角颗粒的各类矿浆的输送，耐酸、碱工况。图6-19是PNJR型衬胶泵的副叶轮密封结构，图中标出了测压点的位置。当泵运转时，泵内叶轮外圆处的压力为p，经主叶轮后盖板背面的背叶轮片降压后剩余的压力为p_2，副叶轮光滑背面入口处压力为p_3。由于沿程损失及副叶轮的抽吸作用，压力p_3略低于p_2。装置在轴封处的副叶轮所产生的压力p_4是由p_2、p_3所决定的。由于副叶轮的特性及p_2（p_3）的压力分布特点，使副叶轮外圆处的压力p_4始终略大于p_3，从而起到密封作用。该型副叶轮密封不带自动停车密封，而是依靠橡胶密封圈抱紧在轴上以保证停车时的密封。由于橡胶密封圈能始终起到密封大气压力的作用，故在副叶轮工作时，入口处必然造成一定的负压。负压的大小标志着副叶轮的密封能力。从这一角度考虑，负压越大越好，但是为了使副叶轮既能保证密封，又使轴功率消耗最小，则以造成副叶轮入口的压力略微负压为好。

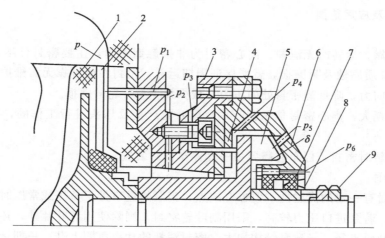

图6-19 PNJF型衬胶泵的副叶轮密封结构

1—主叶轮；2—背叶片；3—减压体；4—固定导片；5—副叶轮；
6—减压盖；7—密封圈；8—轴套；9—调整螺母

② 沃曼渣浆泵的副叶轮密封。沃曼泵是广泛用于输送磨蚀性或腐蚀性渣浆工况的渣浆泵。如图6-20所示，其副叶轮密封结构原理同前，填料密封可起停车密封作用。这种结构在渣浆泵中已获得广泛应用。

③ IE型化工泵的副叶轮密封结构。IE型化工泵是应用输送各种浓度和湿度腐蚀性介质的工况，如磷酸。图6-21为IE型化工泵的副叶轮密封结构，其独特之处是带一种飞铁停车密封。

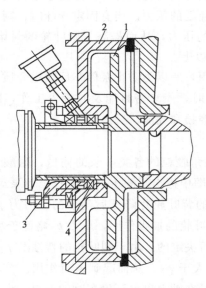
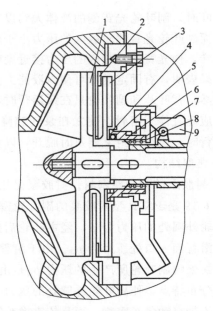

图 6-20 沃曼渣浆泵副叶轮密封结构
1—副叶轮；2—减压盖；3—填料压盖；
4—填料

图 6-21 IE 型化工泵的副叶轮密封结构
1—背叶片；2—固定导片；3—副叶轮；4—动环；
5—动环密封圈；6—动环座；7—弹簧；
8—推力盘；9—飞铁

（二）特点及应用范围

1. 特点

① 性能可靠，运转时无泄漏。离心密封为非接触型密封，主要密封件不存在机械相互磨损，只要耐介质腐蚀及耐磨损，就能保证周期运转，密封性能可靠无需维护。

② 平衡轴向力，降低静密封处的压力，减少泵壳与叶轮的磨损。

③ 功率消耗大，离心密封是靠背叶片及副叶轮产生反压头进行工作的，它势必要消耗部分能量。

④ 仅在运转时密封，停车时需要另一套停车密封装置。

2. 应用范围

副叶轮密封有一定的优越性，但也有缺点，当泵的进口处于负压或常压时，采用副叶轮密封较为合适，若泵进口压力较高，采用副叶轮密封，则除使用背叶片外，还需增加副叶轮个数和加大副叶轮直径，导致泵结构加大，密封消耗的功率急剧上升，长期运行经济较差。

密封的应用范围如下。

① 对于处理高温介质、强腐蚀性介质、颗粒含量大的介质、易结晶介质的泵，如砂浆泵、泥浆泵、灰渣泵、渗水泵等都可以使用副叶轮密封。

② 副叶轮密封最适宜用于小轴径、高速度的单级离心泵。

除此外，应用副叶轮密封还要考虑如下问题。

① 考虑泵的使用工况。在选择采用副叶轮密封的泵时，应考虑工作点流量和扬程尽可能与泵铭牌上的流量和扬程接近，即使泵在设计工况点或其附近运行，泵的进口压力小于 $9.8 \times 10^4 Pa$（表压），也能获得较高的效率。

② 考虑节约能源。副叶轮密封消耗功率大，尽管其一次性投资小于机械密封，但长周

期运转，能耗费用也十分可观，所以建议该种密封用于机械密封或填料密封不易解决的场合，也可将背叶片、副叶轮与机械密封或填料密封配合使用。前者一可降低压差，减轻后者负荷，二可防止颗粒进入密封腔。

（三）离心密封的封液能力

1. 背叶片密封

如上所述，背叶片密封是利用设置在叶轮上的背叶片带动液体旋转产生离心力来阻止液体泄漏的，因此，它的封液能力就是背叶片所能产生的扬程。由于制造方便，无需增加零件，在一般情况下应首先考虑采用背叶片。

背叶片密封的封液能力可用背叶片所产生的扬程 H_1 表示。通过对背叶片侧空腔内液体受力分析及实验修正，H_1（m）可由下式计算

$$H_1 = \frac{1}{285}\left(\frac{n}{1000}\right)^2\left[(D_2^2 - D_R^2) + \left(\frac{S+h}{S}\right)^2(D_R^2 - D_b^2)\right] \tag{6-2}$$

式中　n——叶轮转速，r/min；

　　　D_2——叶轮外径，cm；

　　　D_R——背叶片外径，cm；

　　　D_b——背叶片内径，cm；

　　　h——背叶片高度，cm；

　　　S——叶轮后盖板与泵壳侧壁间的距离，$S = h + \delta$，cm；

　　　δ——背叶片与泵壳间的轴向间隙，cm。

由上式可知，背叶片密封的封液能力 H_1 主要与背叶片外径 D_R、背叶片高度 h、背叶片与泵壳间的轴向间隙 δ 和叶轮的转速 n 等因素有关。

经背叶减压后的扬程 H_s（m）则为

$$H_s = H_P - H_1 \tag{6-3}$$

式中　H_P——叶轮出口势扬程，m，可由下式求出

$$H_P = H(1 - k_{V3}^2) \tag{6-4}$$

式中　H——离心泵的总扬程，m；

　　　k_{V3}——速度系数，与比转速 n_s 有关，可由图 6-22 查得。

经背叶片减压后扬程 H_s 越小，表明背叶片密封的封液能力越强。若保证背叶片密封不泄漏，必须使 $H_s = 0$（等压密封）或 $H_s < 0$（负压密封）。若按等压密封条件，即 $H_s = 0$ 计算出的背叶片外径 D_R 大于叶轮外径背叶 D_2，则需考虑用副叶轮密封。

2. 副叶轮密封

通常所说的副叶轮密封包括背叶片和副叶轮两部分，它是依靠背叶片和副叶轮叶片旋转时产生的总扬程来克服叶轮出口扬程的，故它的封液能力计算方法与背叶片密封的封液能力计算方法相似。由于副

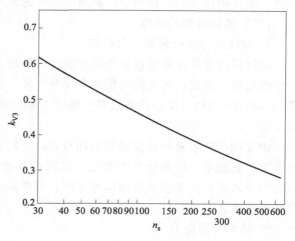

图 6-22　k_{V3}-n_s 曲线

叶轮光滑面的旋转，也会造成其间的液体升压，故其封液能力略为减少。为了限制副叶轮光滑面产生的升压作用，并起稳流作用，一般在其间装设固定导叶，所以整个副叶轮密封装置的封液能力 H（m）为

$$H = H_1 + H_2 - H_3 \tag{6-5}$$

式中　H_1——背叶片产生的封液能力，m；

H_2——副叶轮叶片产生的封液能力，m；

H_3——副叶轮光滑面产生的扬程，m。

副叶轮叶片产生的封液能力 H_2 可由下式计算。

$$H_2 = \frac{k}{71.56}\left(\frac{n}{1000}\right)^2 (D_2^2 - D_1^2) \tag{6-6}$$

式中　n——泵的转速，r/min；

D_1，D_2——副叶轮叶片内径和外径，cm；

k——反压系数，与结构及使用条件有关，一般可根据间隙 δ 选取，当 $\delta > 3$mm 时，$k = 0.75 \sim 0.85$，当 $\delta < 3$mm 时，$k = 0.85 \sim 0.90$；也可由斯捷潘诺夫实验式计算

$$k = \frac{1}{4}\left(1 + \frac{h}{S}\right)^2 \tag{6-7}$$

式中，$S = h + \delta$，h 为副叶轮叶片高度，cm；δ 为副叶轮叶片与泵壳间的轴向间隙，cm。

副叶轮光滑面产生的扬程 H_3 可由下式计算

$$H_3 = \frac{C_s}{71.56}\left(\frac{n}{1000}\right)^2 (D_2^2 - D_1^2) \tag{6-8}$$

式中　C_s——副叶轮光滑面升压系数，一般无固定导叶取 $C_s = 0.19$，有固定导叶取 $C_s = 0.1$。

为了保证副叶轮密封工作时不泄漏，上述计算出的副叶轮密封的封液能力 H 应等于或大于泵叶轮出口势扬程 H_P，即

$$H = H_1 + H_2 - H_3 \geqslant H_P \tag{6-9}$$

根据有关资料介绍，在副叶轮密封中，背叶片起到的密封作用所占比例较大，一般占 $\geqslant$ 65%，副叶轮片占的比例较小，起到 $\leqslant$ 35% 的密封作用。

（四）结构参数的选择

1. 背叶片与副叶轮的组合结构

副叶轮或背叶片在输送的介质中旋转时，由于要克服其壁面与介质的摩擦，都需要消耗一定的功率。因此，有无副叶轮或有无背叶片，泵的效率均会有所不同。我国机械行业标准 JB/T 8096—2013《离心式渣浆泵》规定"对于采用副叶轮密封形式的泵，其效率最多允许低 5%"。

由于副叶轮或背叶片的功率消耗与其外径的五次方成正比，所以通常不宜采用外径过大的方案。在做单一的背叶片方案时，若背叶片的外径过大，则同时设置背叶片和副叶轮为好。当要求密封压头较大且结构允许时，可考虑采用两级副叶轮或同时设置背叶片和两级副叶轮的方案。

2. 轴承与轴向力

由于背叶片能降低后泵腔的压力，所以可用于平衡泵的轴向力，从而减轻轴承的轴向

负荷。

由于副叶轮光背侧的压力高于停车密封侧的压力，所以副叶轮也起到平衡轴向力的作用。由于采用副叶轮密封后，泵的轴向力大小和方向都会改变，所以在选择轴承时必须进行具体计算。在旧泵的轴封改造中，可能会出现平衡孔-副叶轮密封的结构方案。在这种情况下特别要注意泵轴向力的大小和方向的改变，选用的轴承及其结构必须适应这一变化。

3. 叶片形式与叶片数

试验表明，背叶片或副叶轮的叶片形状对其产生的密封压头影响很小，所以通常多采用径向叶片，以简化制造工艺。

叶片数通常为 6～8 片，视叶轮大小而定。有的叶轮由于尺寸较大，叶片数达 10 片以上。

背叶片或副叶轮的外径均由计算确定。通常背叶片的外径等于小于泵叶轮的外径。背叶片、副叶轮的内径应取较小的值，因为在同样条件下内径越小产生的密封压头越大，所以背叶片、副叶轮的内径通常取与轮毂或轴套相同的尺寸。

副叶轮光背侧的固定导叶也采用径向叶片，叶片数也可取 6～8 片。

4. 叶片高与间隙

一般来说，背叶片或副叶轮叶片高一些，其产生的密封压头也高一些，但消耗的功率也多一些。通常，小叶轮的叶片高 h 为 5～8mm，大叶轮达 15mm 以上。

叶片高度 h 与轴向间隙 δ 对背叶片、副叶轮产生的密封压头有显著影响。虽然各种试验表明，无论是轴向间隙还是径向间隙均以小为好，但从制造、装配和输送介质中的悬浮固体颗粒大小来考虑，间隙不能过小，特别在输送磨蚀性强的渣浆时，旋转件与壳体间的磨损是十分突出的，难以维持较小的间隙。一般可取轴向间隙 2～3mm，径向间隙可稍大一些。

二、螺旋密封

螺旋密封是一种利用流体动压反输的径向非接触式转轴密封装置。国外从 1916 年开始在水泵中采用螺旋密封，后来成功地推广到许多苛刻条件，如高温、深冷、腐蚀和带颗粒等的液体介质密封。近十几年来，国内首先在核动力、空间装置等尖端技术领域以及在高温离心式压缩机上成功地应用了螺旋密封，获得良好的效果。

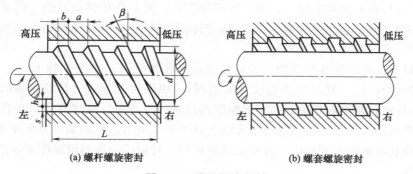

(a) 螺杆螺旋密封　　　　　(b) 螺套螺旋密封

图 6-23　普通螺旋密封

螺旋密封分为两大类：一类是普通螺旋密封（见图 6-23），它是在密封部位的轴或孔之一的表面上车削出螺旋槽；另一类是螺旋迷宫密封（见图 6-24），它是在密封部位的轴和孔的表面上分别车削出旋向相反的螺旋槽。普通螺旋密封通常简称为螺旋密封。螺旋密封又名

"复合螺旋密封"。

(一) 工作原理及特点

1. 螺旋密封

螺旋密封的工作原理相当于一个螺杆容积泵，如图 6-23 (a) 所示，设轴切出右螺纹，且从左向右看按逆时针方向旋转，此时，充满密封间隙的黏性流体犹如螺母沿螺杆松退情况一样，将被从右方推向左方，随着容积的不断缩小，压头逐步增高，这样建立起的密封压力与被密封流体的压力相平衡，从而阻止发生泄漏。这种流体动压反输型螺旋密封是依靠被密封液体的黏滞性产生压头来封住介质的。因此它又称作黏性密封。

螺旋密封也可以用来密封气体，需要外界向密封腔内供给封液。

螺旋密封可以用螺杆，如图 6-23 (a) 所示，也可以用螺套，如图 6-23 (b) 所示。可以采用右旋螺

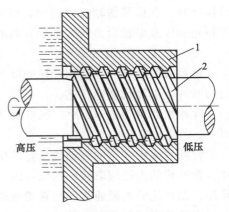

图 6-24　螺旋迷宫密封
1—螺套 (左旋)；2—螺杆 (右旋)

纹或左旋螺纹。但为了实现正确的密封，必须弄清楚螺旋密封的赶液方向。表 6-1 中列出了螺旋密封的螺纹种类、螺纹的旋向和螺旋密封轴的转向 (从左向右看) 及赶液流向之间的关系。

表 6-1　螺旋密封的螺纹种类、螺纹旋向和轴的旋向

轴转向	右转(顺时针)				左转(逆时针)			
螺纹种类	阳螺纹(螺杆)		阴螺纹(螺套)		阳螺纹(螺杆)		阴螺纹(螺套)	
螺纹旋向	右旋	左旋	右旋	左旋	右旋	左旋	右旋	左旋
高压侧位置 低压侧位置	右边 左边	左边 右边	左边 右边	右边 左边	左边 右边	右边 左边	右边 左边	左边 右边
流向	→	←	←	→	←	→	→	←

图 6-23 (a) 所示为阳螺纹、右旋，转向为左转，则其高压侧在左边，赶液流向是向左 "←"；而图 6-23 (b) 所示为阴螺纹、左旋，转向为左转，则其高压侧也在左边，赶液流向是向左 "←"。

螺纹密封不仅可以做成单段的，也可以做成两段螺纹的，如图 6-25 所示。在一端是右旋螺纹 (大气侧)，另一端是左旋螺纹 (系统侧)，中间引入封液。当轴旋转时 (转向为右转)，右旋螺纹将封液往右赶进，而左旋螺纹将封液往左赶进，这样两段泵送作用在封液处达到平衡，产生压力梯度，而泄漏量则实际上等于零。利用这种现象作为密封手段，用以防止系统流体通过间隙漏入大气中。这种形式的密封，特别适合于利用黏性液体产生压力，以密封某些气体。

2. 螺旋迷宫密封

螺旋迷宫密封由旋向相反的螺套和螺杆组成 (图 6-24)，当轴转动时，流体在旋向相反的螺纹间发生涡流摩擦而产生压头，阻止泄漏。它相当于螺杆漩涡泵，能产生较高的压头，但与螺旋密封相反，它只适用于低黏度流体，因为黏度越高越不易产生漩涡运动，这种密封

曾与机械密封联合使用成功地解决了电站的高压锅炉给水泵的密封。

3. 特点

螺旋密封有下列特点。

① 螺旋密封是非接触型密封，并且允许有较大的密封间隙；不发生固相摩擦，工作寿命可长达数年之久，维护保养容易。

② 螺旋密封属于"动力型密封"，它依赖于消耗轴功率而建立密封状态。轴功率的一部分用来克服密封间隙内的摩擦，另一部分用于产生泵送压头，从而阻止介质泄漏。

③ 螺旋密封适用于气相介质条件。螺旋间隙内充满的黏性液体可将气相条件转化成液相条件。

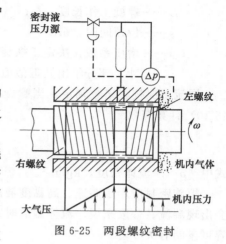

图 6-25　两段螺纹密封

④ 螺旋密封适合在低压条件下工作（压力小于 1~2MPa）。这时的气相介质泄漏量小，封液（即黏性液体）可达到零泄漏。封液不需循环冷却，结构简单。

⑤ 螺旋密封也不适合在高压条件下（压力不宜大于 2.5~3.5MPa）。因为这时为了提高泵送压头，势必增大螺旋尺寸，并且封液需要外循环冷却，结构复杂。

⑥ 螺旋密封也不适合在高速条件（线速度大于 30m/s）下工作。因为这时封液受到剧烈搅拌，容易出现气液乳化现象。

⑦ 螺旋密封只在旋转并达到一定转速后才起密封作用，并没有停车密封性能，需要另外配备停车密封装置。

⑧ 螺旋密封除作为离心泵和低压离心泵压缩机轴的密封外还可作为防尘密封使用。

⑨ 螺旋密封要求封液有一定黏度，且温度的变化对封液黏度影响不大，若被密封流体黏度高，也可作封液用。

（二）螺旋密封的封液能力

螺旋密封的密封作用主要依靠螺旋槽对流体的泵送作用形成的密封能力来克服轴封处两端的泄漏压差，而阻止流体泄漏。在螺旋密封装置中，存在着三种流体：①高压端的液体沿轴上的螺旋槽向外泄漏；②高压端液体沿螺旋轴与壳体间的环形间隙向外泄漏；③外端的液体被转轴上的螺旋槽向高压端泵送回去。密封的机理，就是这三种流量的平衡（流量平衡观点），即当泵送流量 Q_P 正好等于前两项泄漏量之和 $Q_L = Q_{L1} + Q_{L2}$ 时，便可实现密封。因此，螺旋密封的密封条件为：$Q_P = Q_{L1} + Q_{L2}$，由此便可计算出螺旋密封的封液能力。但是，由于流动模式和边界条件的复杂性，对螺旋密封流体流动的精确计算需要采用数值方法。不过，许多学者通过合理的简化和假设，导出了层流工况下普通螺旋密封能够产生的密封能力为

$$\Delta p = C_P \frac{\mu \omega d L}{4 s^2} \tag{6-10}$$

式中　　Δp——密封压差，Pa；

　　　　μ——液体动力黏度，Pa·s；

　　　　ω——轴旋转角速度，(°)/s；

　　　　d——螺旋直径，m；

  L——螺旋工作长度，m；

  s——齿顶间隙，m；

  C_P——增压系数，决定于螺旋密封的几何尺寸，将在随后讨论的"最佳螺旋几何尺寸"部分给出其近似值。

  层流工况按雷诺数判定，当螺旋密封的雷诺数满足下列条件，流体的流动为层流，式（6-10）计算有效

$$Re = \frac{\omega d s \rho}{2\mu} < 300 \tag{6-11}$$

式中 ρ——流体密度，kg/m^3。

  螺旋密封应用于高速、高黏度液态金属工况时，雷诺数 Re 会超过临界值，流体流动将会出现湍流。一般来说，流体湍流时密封允许的压差 Δp 超过式（6-10）的计算值，详细内容可参阅有关专著。

  在高速旋转的机械中，可能出现一个严重的问题，就是螺旋密封的液膜可能被破坏。浸润在螺旋中的液体，由于轴的搅动，会混入气体，在气液界面发生液气混合现象，形成泡沫状气液混合物，然后被进一步带到上游的密封有效区。低黏度的泡沫将极大地降低密封能力，并可能最终导致整个密封的失效。为了防止密封失效，必须对螺旋的几何形状进行实验研究；或用不同齿形的螺旋串联使用；或与其他密封组合使用；或从外部注液，强制形成液膜。

（三）螺旋密封的主要结构参数

1. 槽形

  螺旋槽可做成矩形、三角形、梯形等，就密封能力而言，三角形槽效果最好，梯形槽中等，方形槽最差；就输液量而言，梯形槽最好，三角槽中等，方形槽最小。一般来说，矩形槽加工方便，使用最普遍。

2. 齿顶间隙 s

  由式（6-10）可知，螺旋密封的封液能力与齿顶间隙 s 的平方成反比，因此间隙越小，密封效果越佳。但必须考虑到安装的偏差，轴的振动及摩擦等问题，因此要选择恰当。一般取 d 为螺旋直径。

3. 最佳螺旋几何尺寸

  螺旋几何尺寸主要指螺旋直径 d、轴向槽宽 a、轴向齿宽 b、径向槽深 h、螺旋角 β 和螺旋头数 i 等（见图6-23）。理论分析与实验研究表明最佳螺旋几何尺寸为：槽深 h 为齿顶间隙 s 的 2～3 倍，即 $s/h = 2$～3；最佳螺旋角 $\beta = 10°$～$20°$；螺旋头数 i 应满足 $i > 3$；齿宽应等于槽宽，即 $b = a$。对于设计参数处于最佳范围的层流螺旋密封，式（6-10）中增压系数 $C_P = 0.9$～1.0。实际应用的螺旋密封应考虑轴偏心以及端部可能形成气液界面而减少有效密封长度等的影响，根据式（6-10）计算的密封能力应减小至少 30%。考虑密封轴和密封套热膨胀差而确定密封齿顶间隙 s 后，密封长度 L 通常就成为设计者考虑的自由变量。根据式（6-10），考虑各种影响因素后，对密封压差为 Δp 的流体进行密封的长度可按下式计算

$$L = 6 \times \frac{\Delta p s^2}{\mu \omega d} \tag{6-12}$$

  螺旋密封的流体黏性流动将会产生摩擦热，热量若不及时导走，将使密封部位产生较大

温升。从而会降低流体的黏度而降低密封能力，所以螺旋密封常设有冷却旁路或冷却夹套以及时带走流体的摩擦热。

（四）螺旋密封的气吞现象和密封破坏现象

螺旋密封由于密封所占轴的长度较长，在高速运转的情况下，在液气交界面处易发生所谓"气体吞入"现象，即气吞现象，使密封失效。

实际上当密封速度足够大时，螺旋密封的性能受到以下 3 方面的限制。

① 由于气体穿过密封液，因此，在气液交界面发生混合，即出现气吞现象。

② 密封液从密封低压端缓慢泄漏，使密封仅为局部充液，这种现象称为密封破坏现象。

③ 密封液或密封表面的温升过高。随着密封向湍流工况的转变以及湍流程度的增加，密封压力提高，功率消耗增大，"气体吞入"增加，密封失效，见图 6-26。

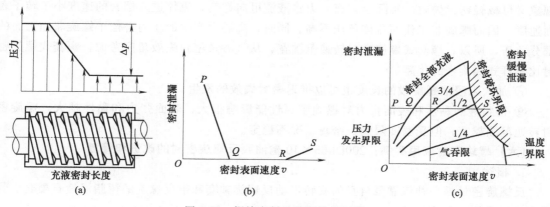

图 6-26　螺旋密封的密封性能极限

从图 6-26 中可看出，在一定密封压力 Δp 下，当密封表面圆周速度 v 提高到一定值（图 6-26 中 R 点）后，螺旋低压端液气交界面开始失去稳定性，这时气体吞入到液体中去，而形成气泡，称为"气体吞入"。当转速提高到某一值（图 6-26 中 S 点）后，液气界面的稳定性受到进一步破坏，使得密封液开始低压端缓慢泄漏。从 $PQRS$ 可知，在达到 Q 点以前，密封充满液体，泄漏缓慢，到 Q 点泄漏停止。从 Q 至 S 是零泄漏，液体-空气交界面不断向密封内部移动，同时充液部分内的压力近似地成线性下降，直到对应于液体-空气平均交界面的位置。其原因是轴肩处液体被排出而槽中则吸入液体。低速下交界面是明确的，但当达到相当于向湍流转变的速度时，交界面模糊，并开始发生气吞现象。从 R 到 S 点可能发生缓慢泄漏。此时气吞现象有可能对压力梯度产生影响，其简单原因大约是起泡有效黏度的降低。到 S 点发生密封破坏现象，其表现是密封再次开始泄漏。泄漏速率大大低于从 P 到 Q 点。泄漏可能是稳定的，也可能是脉冲的，而且还伴随有密封两端压力梯度或快或慢的迅速波动。螺旋密封设计的主要要求是预计发生气吞和破坏现象的开始速度。

（五）减轻或克服气吞现象和密封失效的措施

① 螺旋密封的密封压力主要由螺旋槽中流体流动决定。在层流时，黏性力把液体紧紧束缚在螺旋槽内，微弱的气吞很难使密封失效，因此，处于层流状态是螺旋密封安全工作的重要保证。为使螺旋密封尽量在层流工况下工作，圆周速度 v 的选取不应无限增大，一般不应超过 30m/s。

② 偏心使气吞在螺旋密封某一点提前发生。密封液在离心力作用下紧贴密封腔内壁形

成液环，液环和偏心螺旋构成的封闭容积在转子旋转一个周期中周期变化，形成液环泵效应，使气吞现象加剧。可采用自动定心的浮动螺旋套来提高密封轴对密封腔内圆的同心度。

③ 相对槽宽一定时，矩形截面形状与流线形状相差较远，螺旋非工作面侧易形成漩涡，发生气吞，若将矩形截面改成三角形截面，可以避免形成漩涡，推迟气吞发生。

④ 螺旋槽较深，槽内流体周向流动，易在螺旋非工作面上发生断流，形成漩涡，引发气吞。因此，螺旋槽深度的选取应综合考虑密封压力及气吞因素。转速较低或者密封液黏性及表面张力较大时，可以取较深的螺旋槽。

⑤ 在螺旋低压部分设置气孔，可以减轻气体吞入的影响。

⑥ 将螺杆出口设计成平滑壁缝隙，消除螺旋端气液界面，可推迟气吞。

⑦ 采用螺套式螺旋密封，即螺旋槽开在密封腔内壁上而不开在轴上，这既可减轻气吞现象又可减轻密封失效。实际上，离心力将液流甩向螺套，流体进入螺套的速度小于转子表面速度，因而螺旋非工作面流体负压不高。同时，离心力产生的压力补偿了螺旋非加工面的部分负压，所以，螺套式螺旋密封转速范围宽，从气吞及密封失效角度考虑，螺套式螺旋密封比螺杆式螺旋密封优越。

⑧ 加大未浸液螺旋段的长度也可以推迟密封失效的发生。

⑨ 密封液的黏性和表面张力对螺旋密封性能影响很大，表面张力和黏性越大，螺旋密封转速范围越宽，但受温度限制，密封工况不稳定。

（六）螺旋密封应用实例：200DI-65×10 输油泵反螺旋密封的改进和修复

1. 概述

反螺旋密封是一种依靠泵自身的旋转带动反螺旋轴套和带反螺旋的树脂浸渍石墨套、骨架油封组成的一种油封。

某公司 200DI-65×10 离心泵是十级叶轮水泵，输出压力最高可达 6.5MPa，采用填料密封，在输油管道上主要用于压力输送。200DI-65×10 离心泵现输送的介质为原油，由于原油的易燃性和易渗漏的技术要求，使用填料密封给日常维护、保养带来很大的不便。200DI-65×10 离心泵长期高速运转，密封磨损加剧，产生泄漏，从而加大了维修量，直接影响安全生产。为此改造该泵的密封装置为反螺旋密封，从而改善了以往使用填料密封所存在的泄漏量大和填料过紧引起的过热问题。后来再次对该泵的反螺旋密封进行改进。

2. 存在的问题

原反螺旋密封轴套选用 45 钢，表面粗糙度值为 1.2μm，硬度为 48～56HRC，采用树脂浸渍石墨套和双唇骨架油封。

反螺旋密封经过在 200DI-65×10 离心泵上的多年应用，发现存在如下问题：运转一段时期后，普遍存在骨架油封密封不严而导致输送介质泄漏；因为长期运转造成反螺旋轴套磨损过快；骨架油封更换过于频繁，对安全生产造成影响，人工和成本浪费很大。

3. 原因分析

针对反螺旋密封在使用中出现的问题分析发现：反螺旋轴套的材质存在问题，45 钢在表面渗碳、淬火后，表面硬度只能达到 48～56HRC，硬度低。缺少耐磨性；表面粗糙度值只能达到 1.2μm，使摩擦力增大。再有，由于 200DI-65×10 离心泵的输送介质中含有少量的泥沙，骨架油封又是双唇油封，在长时间的运转中，少量泥沙积存于骨架油封的双唇间，在高速运转或长期运转时，油封与反螺旋轴套的摩擦产生热量，造成骨架油封唇边产生部分的焦状原油（属性介质）与沉积的泥沙混合形成硬质混合物的现象，这不但加剧了反螺旋轴套的磨损，同时也加剧了骨架油封的老化和磨损，造成反螺旋密封泄漏，直接影响安全输油生产。由以上的分析可以知道，反螺旋密封的轴套在材质上存在缺点，反螺旋轴套材质硬度不足，表面粗糙度值太高，耐磨性低；骨架油封的结构不合理。

4. 改进方案

为了解决反螺旋密封存在的问题，与刃具厂合作，针对反螺旋轴套的磨损情况及输送介质的特性，对反螺旋密封做了如下改进：首先更换反螺旋轴套的材料，选用 25Mn 的优质钢作主材，表面经过渗碳、淬火等处理，使反螺旋轴套的硬度达到 $56\sim62$HRC，使表面粗糙度值达到 0.2μm，以增加反螺旋轴套的硬度、耐磨性和减少摩擦力。同时，原有的双唇骨架油封改为单唇骨架油封，以减少泥沙的积聚。另外，在原有的树脂浸渍石墨套上增加了一个 3mm 的 O 形圈，以减轻油压对骨架油封的冲击，从而进一步延长骨架油封的使用寿命。

5. 反螺旋轴套的改进效果及修复再利用

对反螺旋密封的改进，使原来的每月更换一次反螺旋轴套、两次骨架油封的频繁维修，延长为六个月更换反螺旋轴套，三个月更换骨架油封。大大减轻了维修的压力，有力保证了安全平稳输油。同时，更换下的反螺旋轴套通过车床把磨损部分车削掉，进行镀镍处理，再利用磨床加工到需要的尺寸，就使反螺旋轴套可以重复使用。

6. 小结

对反螺旋密封的改进，解决了原来反螺旋轴套和骨架油封磨损过快、更换过频的问题，从而减少了输送介质的泄漏。同时反螺旋轴套的修复再利用，节约了大量的资金和维修工作量。

三、停车密封

停车密封是动力密封的重要组成部分。当转速降低或停车时，动力密封便失去密封功能，就得依靠停车密封来阻止泄漏。理想停车密封装置的密封面应具备两种功能，当机器停车时确保即停即堵；运行时确保即开即松。就是说，停车时，随着惯性转速的降低乃至停转，停车密封能及时而迅速地实现密封；而当机器启动乃至正常运行时，停车密封的密封面要及时而迅速地打开，以免密封面磨损和增加功耗。为此，把停车密封的这种"即开即闭"性能称之为"启闭性能"。

衡量停车密封启闭性能好坏的标志是它的随机性能好坏。众所周知，机器在停车时其转速以快-慢-零变化，而在启动时其转速是以零-慢-快的方式变化。动力密封在转速由快至慢的变化过程中逐渐丧失作用，而在转速由慢至快的变化过程中逐渐产生作用。把动力密封丧失或产生密封作用时的转速视为停车密封的临界转速，以 n_{kp} 表示。n_{kp} 越大，停车密封的工况越恶劣，n_{kp} 越小，停车密封的工况就越好。理想停车密封时，应从停车惯性转速降至 n_{kp} 时开始，即投入工作；而在启动过程中，转速达到 n_{kp} 时，停车密封即应脱离工作，以减少密封面的摩擦及磨损。

目前使用的停车密封种类很多，常用的有以下几种。

1. 填料式停车密封

利用填料密封作为停车密封，这种方法简单可靠，材料也容易购买。填料式停车密封又可分为两种，如图 6-27 所示。其中，图 6-27 (a) 为人工松紧式，图 6-27 (b) 为机械松紧式。

① 人工松紧式。开车前人工将填料压盖稍松开，停车后将填料压盖压紧。这种停车密封结构简单、价格便宜，但操作稍麻烦，可靠性差，且工作时填料有磨损。一般来说，对于

台数不多而又不经常启停的泵，使用人工松紧填料式停车密封能获得价廉、方便而有效的效果。

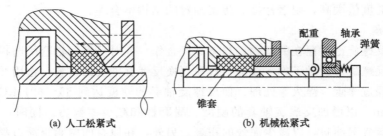

(a) 人工松紧式　　　　　　　(b) 机械松紧式

图 6-27　填料式停车密封

② 机械松紧式。开车时，随轴转速的增大，配重在离心力作用下飞开，弹簧被压缩，而锥套被推动左移，使填料松开。停车时，配重在弹簧作用下回位，锥套右移，填料被压紧。这种停车密封结构复杂，轴要左右移动，但填料可自动松紧，摩擦、磨损小，密封性好。

2. 压力调节式停车密封

利用机器内部的介质压力或外界提供的压力实现密封的脱开或闭合的停车密封称为压力调节式停车密封。

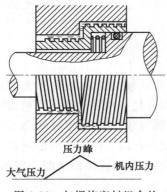

图 6-28　与螺旋密封组合的
压力调节式停车密封

图 6-28 为一种与螺旋密封组合的压力调节式停车密封。停车时，可在轴上移动的螺旋套在弹簧力推动下，使其台阶端面与机壳端面压紧而密封；运转时，两段反向的螺旋使间隙中的黏性流体在端面处形成压力峰，作用于螺旋轴的台阶端面使其与壳体端面脱离接触。

图 6-29 为带有滑阀的停车密封。运转时，差压缸充压，使滑阀左移，密封面 A 脱开，同时弹簧被压缩；停车时，差压缸卸压，滑阀在弹簧作用下右移，滑阀与密封环贴紧而形成停车密封。

图 6-30 为气控涨胎式停车密封。运转时，放气，使涨胎脱开轴套表面；停车时，充气，涨胎抱紧轴套表面而形成停车密封。

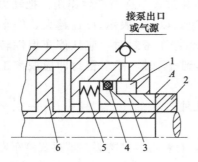

图 6-29　滑阀式停车密封

1—差压缸；2—密封环；3—滑阀；4—滑阀密封圈；

5—弹簧；6—副叶轮

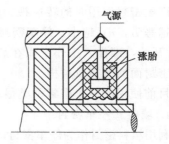

图 6-30　气控涨胎式停车密封

3. 离心式停车密封

利用离心力的作用，实现在运转时脱开，在静止时闭合的停车密封称为离心式停车密封。它是停车密封的主要类型，有很多种形式。

图 6-31 为弹簧片离心式停车密封。机器启动后，弹簧片上的离心子在离心力的作用下向外甩，将弹簧片顶弯，而使两密封端面脱开，成为非接触状态，机器的密封由其他动力密封来实现。停车时装在旋转环上的三个弹簧片平伸，将端面压紧，实现停车密封。

图 6-21 所示的 IE 型化工泵中采用的停车密封为飞铁式停车密封。在泵停车时由于弹簧力的作用使动环贴紧泵的密封后盖，防止液体的泄漏；在泵运转时，飞铁在离心力作用下撑开，顶开推力盘和动环座使动环和泵的密封后盖脱开。

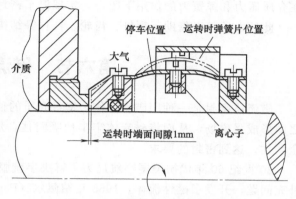

图 6-31 弹簧片离心式停车密封

图 6-32 为唇形密封圈离心式停车密封，运转时唇部因离心力而脱开；停车时唇部收缩而闭合。唇口可以在轴向端面脱开或闭合，如图 6-32（a）所示；唇口也可以在径向实现与轴表面的脱开或闭合，如图 6-32（b）所示。为了增强脱开时的离心力，可以在弹性体内放置金属件。为了增强停车的闭合力，可在密封圈外设置弹簧，如图 6-32（c）所示。

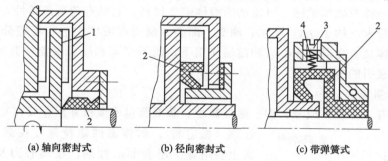

(a) 轴向密封式　　(b) 径向密封式　　(c) 带弹簧式

图 6-32 唇形密封圈离心式停车密封

1—副叶轮；2—唇形密封圈；3—调节螺钉；4—弹簧

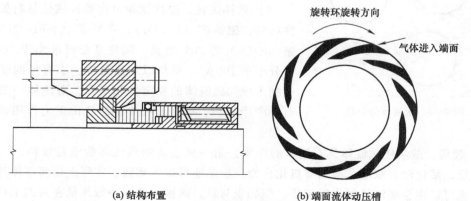

(a) 结构布置　　(b) 端面流体动压槽

图 6-33 气膜式停车密封

4. 气膜式停车密封

气膜式停车密封是气膜非接触机械密封在停车密封方面的具体应用。如图 6-33 所示，运转时，端面的流体功压槽（如螺旋槽）将周围环境的气体吸入端面，并在端面间产生足够的流体动压力迫使端面分开成为非接触状态；停车时，端面间的流体动压力消失，密封端面在介质压力和弹簧力的作用下闭合，实现停车密封。

此外，还可以借助于螺杆、齿轮、杠杆等结构来控制停车密封的启闭。

第六节　磁流体密封

磁流体密封是一种用磁流体作为密封介质的独特动密封。它是由外加磁场在磁极与轴套之间形成强磁场，从而将磁流体牢牢地吸附住，形成类似 O 形圈形状的液体环，将间隙完全堵住，达到密封的要求。

20 世纪 60 年代初美国宇航局为了解决宇航服的真空密封及空间失重状态下的液体燃料补充问题，开发了磁性流体。1965 年帕佩尔（Papell）获得世界上第一个具有实用意义的制备磁流体的专利。经过多年的发展，现已达到较高的技术水平，并已在工业中应用。磁流体密封目前在真空密封方面应用最为广泛，真空度 1.3×10^{-7} Pa，轴径可达 250mm。对于有压力的介质，密封压力可达 6MPa，轴径范围 1.6～120mm，转速可达 20000r/min。

一、磁流体

磁流体是一种对磁场敏感、可流动的液体磁性材料。它具有超顺磁特性，是把磁铁矿等强磁性的微细粉末（约 100Å）在水、油类、酯类、醚类等液体中进行稳定分散的一种胶态液体。这种液体具有在通常离心力和磁场作用下，既不沉降和凝聚又能使其本身承受磁性，可以被磁铁所吸引的特性。

1. 磁流体组成

磁流体含有三种基本成分，即：磁性微粒、载液及包覆微粒并阻止其相互凝聚的表面活性剂（稳定剂）。固体磁性微粒悬浮在载液中，同时表面上吸附着一层表面活性剂，在离心力及磁场作用下，它既不沉淀也不凝絮，而是稳定地悬浮在液相中，保持着均匀混合的悬浮状态，如图 6-34 所示。

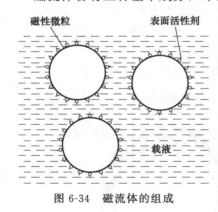

图 6-34　磁流体的组成

① 磁性微粒。磁性微粒可由各种磁性材料如稀土磁性材料、磁铁矿（Fe_3O_4）、赤铁矿（γ-Fe_2O_3）、氧化铬（CrO_2）等加工制成。颗粒直径要求小于 300Å（大部分小于 100Å），形状以球形最好。小直径的球形微粒有利于增加磁流体的稳定性和寿命。磁流体一般每升含有 10^{20} 个颗粒。颗粒直径小能防止因重力作用而聚集在一起。

② 载液。载液使磁流体具有液体的性质。第一例成功的磁流体载液是煤油。一般情况下水、烃、氟化烃、双酯、金属有机化合物、聚苯醚可以作载液。实际上任何液体都可用作载液，也可以用金属液体制作磁流体，例如汞与钾。载液的选取一般须从密封的工作要求出发，如承载能力的大小、被密封介质的性质和工作条件等，根据载液的物理、化学性能来确

定。尽管许多液体都能被选作载液，但它们在密封工作条件下，均应具有化学稳定性和低的饱和蒸汽压，即具有低的挥发速率。磁流体载液大部分挥发后，将导致密封失效。磁流体也不能与被密封的流体相混合。磁流体密封一般用来分隔两充气空间，或一充气空间与抽气空间。磁流体密封用来密封液体时，会遇到不少困难。

水基磁流体或其他高挥发性液体基磁流体一般不适合于密封技术。碳氟基磁流体，由于低的蒸汽压和低的挥发速率，特别适用于真空密封。醋基、二酯基、醚基磁流体也常用于真空密封。

③ 表面活性剂。金属氧化物磁性微粒属无机类固体微粒，不溶解或难分散在一般的载液中，为此微粒与载液固液两相之间的连接需加入第三者——表面活性剂，要求它既能吸附于固体微粒表面，又能具有被载液溶剂化的分子结构。实验表明，所采用的表面活性剂分子是一种极性官能团的结构，其"头部"一端化学吸附于磁性微粒表面上，而另一"尾部"端伸向悬浮着微粒的载液中。如果载液与这"尾部"有相似结构时，它们就能很好地相互溶解。由于磁性微粒的外表面上形成了薄薄的涂层，致使微粒彼此分散，悬浮于载液中。当包覆了表面活性剂的微粒彼此接近时，因其都是相同的"尾部"而互相排斥，使微粒不会因其相互吸引而从载液中分离（或沉淀）出来。

最普通的稳定性表面活性剂是油酸。含有多个与粒子有亲和力的"头部"基团的聚合物是强稳定剂。目前可作为磁流体表面活性剂的有：聚全氟环氧丙烯衍生物、琥珀酸衍生物、12 碳原子以上的有机酸等。

合理选择表面活性剂是保证磁流体稳定性的关键。表面活性剂的"尾部"长约 1～2nm（1nm＝10^{-9}m），一般涂层的有效厚度 δ 约在（30～1000）Å 之间变化，通常它与微粒粒度 d 之比为 $\delta/d > 0.2$。

2. 磁流体的特性

磁流体是一种磁性的胶体溶液。作为密封用的磁流体，其性能要求是：稳定性好，不凝聚、不沉淀、不分解；饱和磁化强度高；起始磁导率大；黏度和饱和蒸汽压低。其他如凝固点、沸点、热导率、比热容和表面张力等也有一定的要求。

磁流体属于超顺磁材料。在外加磁场作用下，磁流体中的磁性微粒立刻被磁化，定向排列，显示出磁性。由于磁流体表面的磁性张力与界面张力的能量平衡，使得磁流体表面层上形成一个个挺立的磁锥。如去掉外加磁场，磁性立即消失。磁流体磁性微粒定向排列的程度取决于磁流体的磁化强度 M。磁化强度（M）随外加磁场（H）的增加而增加，直至达到磁流体的饱和磁化强度（M_s），如图 6-35 所示。磁流体的饱和磁化强度（M_s）是磁流体的性质，受磁性微粒材料饱和磁化强度、磁性微粒浓度和磁流体温度的影响。磁性微粒材料饱和磁化强度

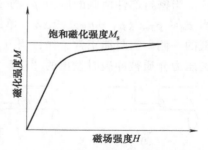

图 6-35 磁流体的磁化强度 M 随外加磁场强度 H 的变化

高、磁性微粒浓度大，磁流体将具有高的饱和磁化强度（M_s）。磁流体的饱和磁化强度（M_s）受温度的影响较大，一般当温度超过 100℃时，磁性微粒易凝聚，M_s 因而大大下降。

磁性流体的黏度随磁场强度的增加而增加，典型情况下，饱和磁化强度下磁流体的黏度 μ_s 是未磁化磁流体黏度 μ_0 的三倍。因此在转轴速度较高的情况下，磁流体的黏性摩擦将产生较多的热量，磁流体密封的冷却将变得十分必要。

二、磁流体密封工作原理及特点

(一) 磁流体密封工作原理

磁流体密封是利用磁场把磁流体固定在相对运动的间隙中从而堵塞泄漏通道的一种密封方法。图 6-36 所示为一种简单的磁流体密封示意图。它由两块环形磁极和夹于磁极中央的环形永久磁铁组成。轴可以是磁性材料制成的，也可由非磁性材料制成。永久磁铁可由马氏体钢（碳钢、铬钢、钴钢等）、铝镍钴磁性材料、铁氧体磁性材料、稀土钴磁性材料等制成，其作用是产生外加磁场。外加磁场不但影响磁流体密封的磁路尺寸和外形尺寸，也影响其性能指标和使用效果。一般而言，外加磁场越强，密封能力越好。磁极起导磁场的作用。它由软磁性材料如铁-硅合金、铁-镍合金及软钢等制成。

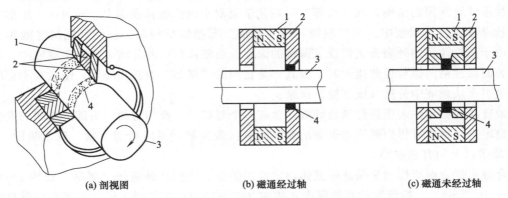

(a) 剖视图　　　　**(b) 磁通经过轴**　　　　**(c) 磁通未经过轴**

图 6-36　磁流体密封示意图

1—永久磁铁；2—磁极；3—旋转轴；4—磁流体

磁流体的密封原理如图 6-37 所示。首先，在静止部件与运动部件的间隙中形成外加磁场，将磁流体吸聚在其间，形成类似 O 形圈一样的液体环。依靠磁流体本身的表面张力和磁场力，阻止压力介质通过而起到密封作用。

当密封部件两侧的压力 p_1 与 p_2 相等时，如图 6-37（a）所示，磁流体处于平衡状态；当 $p_2 \leqslant p_1$、$(p_1 - p_2) \leqslant \Delta p$（单级密封能力）时，如图 6-37（b）所示，磁流体偏于压力低的一侧，密封能正常工作；当 $(p_1 - p_2) > \Delta p$，磁流体液体即被吹出一些空隙，并可听到压力介质被冲破时发出的"嗤""嗤"声，见图 6-37（c）。

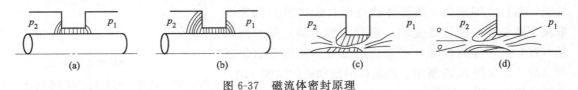

(a)　　　　　　(b)　　　　　　(c)　　　　　　(d)

图 6-37　磁流体密封原理

磁流体有一特殊功能，即自愈合性能。在图 6-37（c）所示的情况下，磁流体密封虽然失效，但并未破坏。当 p_1 下降至重新恢复 $(p_1 - p_2) \leqslant \Delta p$ 时，被吹出空隙的磁流体将自动愈合并恢复密封能力。因磁流体密封一般为多级，所以当第一级密封失效后，压力介质进入第二级，使 p_2 升高。当 $(p_2 - p_3) \leqslant \Delta p$ 并达到 $(p_1 - p_2) \leqslant \Delta p$ 时，则第一级自动恢复密封能力，此时，二级磁流体密封总压力 $p = 2\Delta p$。以此类推，n 级总压力 $p_n = n\Delta p$。

多级磁流体密封同样具有自愈合能力。当压差超过整个密封装置的密封总压力 [p]

时，密封失效。若当压差下降到低于［p］时，则磁流体密封将自动愈合，恢复密封能力。值得注意的是，如果压差≫［p］或者压差增加非常迅速，并大于［p］时，此时磁流体就会如图 6-37（d）所示被吹走，脱离外加磁场的范围，导致密封失效。

在磁流体密封中，由于磁流体会有损耗，应考虑设磁流体的补给装置。由于磁流体的温度升高会影响密封的耐压能力，应装设冷却水槽。图 6-38 为具有磁流体补充和水冷却槽的密封。

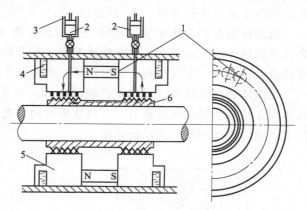

图 6-38　具有磁流体补充装置和水冷却槽的密封
1—永久磁铁；2—磁流体；3—加磁流体装置；
4—水冷却槽；5—环形磁极；6—导磁轴套

（二）磁流体密封的特点

1. 磁流体密封的主要优点

① 因为是由液体形成的密封，只要在允许的压差范围内，它可以实现零泄漏。从而对于剧毒、易燃、易爆、放射性物质，特别是贵重物质及高纯度物质的密封，具有非常重要的意义。

② 因为是非接触式密封，不存在固体摩擦，仅有磁流体内部的液体摩擦，因此功率消耗低，使用寿命长易于维护。密封寿命主要取决于磁流体的消耗，而磁流体又可在不影响设备正常运转的情况下通过补加孔加入，以弥补磁流体的损耗。

③ 结构简单、制造容易。没有复杂的零部件，且对轴的表面质量和间隙加工要求不高。

④ 特别适用于含固体颗粒的介质。这是因为磁流体具有很强的排他性，在强磁场作用下，磁流体能将任何杂质都排出磁流体外，从而不至于因存在固体颗粒的磨损造成密封提前失效的情况。

⑤ 可用于往复式运动的密封。通常只需将导磁轴套加长，使导磁轴套在往复运动的整个行程中都不脱离外加磁场和磁极的范围，使磁流体在导磁轴套上相对滑动，并始终保持着封闭式的密封状态。

⑥ 轴的对中性要求不高。

⑦ 能够适应高速旋转运动，特别是在挠性轴中使用。据一些资料介绍，磁流体密封用于小轴径已达 50000r/min 左右，一般情况下也达 20000r/min 左右。不过在高速场合下使用，要特别注意加强冷却措施，并考虑离心力的影响。实验证明，当轴的线速度达 20m/s 时，离心力就不可忽略了。

⑧ 瞬时过压，在压力回落时磁流体密封可自动愈合。

2. 磁流体不足之处

① 磁流体密封能适用的介质种类有限，特别是对石油化工。

② 要求工艺流体与磁流体互相不融合。

③ 受工艺流体蒸发和磁铁退磁的限制。

④ 不耐高压差（＜7MPa）。

⑤ 耐温范围小。

⑥ 不能对任何液体都安全地应用，目前多用于蒸汽和气体的密封。

⑦ 磁流体尚无法大量供应。

三、磁流体密封的应用

磁流体密封被广泛用于计算机硬盘的驱动轴上，以避免轴承润滑脂、水分和粉尘等可能对磁盘造成的危害。另一类应用磁流体密封最早最成功的设备是真空设备，其中转轴或摆动杆的真空密封已达标准化、通用化的程度。

磁流体密封在其他领域也能得到了应用。图 6-39 所示为用作轴承密封的磁流体密封。在外界磁场作用下，润滑剂能准确地填充，并吸附在摩擦润滑表面，减少磨损。这种用作轴承的磁流体密封，不仅起到了密封作用，而且兼作润滑作用。

磁流体密封不仅可以用作旋转轴动密封，而且还可以用作往复式动密封。图 6-40 为磁流体用作活塞与气缸间的密封。在活塞环槽内设置永久磁体，可以使磁流体吸附在活塞表面随之运动，起到密封和润滑的作用。

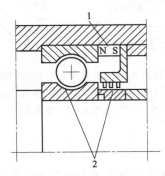

图 6-39　用作轴承密封的磁流体密封

1—永久磁铁；2—磁流体

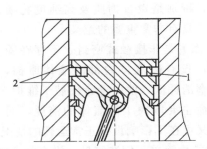

图 6-40　活塞和气缸的磁流体密封

1—永久磁铁；2—磁流体

流体密封除单体使用外，还可以与其他密封组合使用，较常见的是离心密封与磁流体密封的组合密封。离心密封随转轴提高具有增加密封压力的能力，但在转速较低时，由于离心力小，密封液体不能稳定地保持在密封间隙处，停车时由于不存在离心力，不能起密封作用，需采用停车密封。

然而，将密封流体改用磁流体，停车时在原位置能保持住磁流体而达到密封。磁流体离

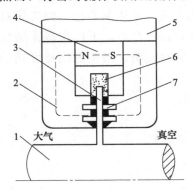

图 6-41　磁流体离心密封

1—转轴；2—磁极片；3—回转圆盘；

4—磁铁；5—壳体；6—磁流体；

7—停车或低速回转时磁流体密封

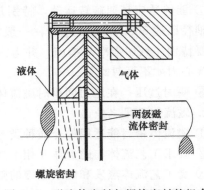

图 6-42　磁流体密封与螺旋密封的组合

心密封结构如图 6-41 所示，在低速和停车时磁流体在强磁场的作用下保持在密封槽内，并具有需要的承压能力。在高速旋转时磁流体受到的离心力大于多极密封中的磁场引力，磁流体被集中到顶部的槽中，形成一个密封障碍，于是磁流体离心密封在低速、高速及停车时均能起到密封作用。这种密封应用在转速不稳定的场合是非常有效的。

另一种组合密封是螺旋密封与磁流体密封的组合。图 6-42 为磁流体密封与螺旋密封组合用于密封液体的情形。在设备运转时螺旋密封起到了主密封的作用，在设备停车静止时，螺旋密封的作用丧失，磁流体密封起到了介质泄漏的作用。磁流体密封用于液体环境时，应尽可能避免密封液体对磁流体的乳化和稀释作用。

思考及应用题

一、单选题

1. 不属于非接触型密封的是（　　）。

A. 间隙密封　　　　　B. 浮环密封　　　　　C. 迷宫密封　　　　　D. 填料密封

2. 迷宫密封主要用于密封（　　）介质。

A. 气体　　　　　　　B. 液体　　　　　　　C. 固体　　　　　　　D. 气、液相

3. 浮环密封中，浮动环与轴（　　）。

A. 直接接触　　　　　B. 静止时接触　　　　C. 运动时接触　　　　D. 不接触

4. 浮环密封中，浮动环具有（　　）。

A. 浮升性　　　　　　B. 浮动性　　　　　　C. 运动性　　　　　　D. 静止性

5. 下列属于动力密封的是（　　）。

A. 离心密封　　　　　B. 机械密封　　　　　C. 填料密封　　　　　D. 迷宫密封

6. 离心密封的做功元件是（　　）。

A. 背叶片　　　　　　B. 副叶轮　　　　　　C. 背叶片和副叶轮　　D. 叶轮

7. 停车密封当机器停车时能确保（　　）。

A. 即堵即停　　　　　B. 即停即堵　　　　　C. 即停即停　　　　　D. 即堵即堵

8. 压力调节式停车密封是利用机器内部的介质压力或外界提供的压力实现密封的（　　）。

A. 压力　　　　　　　B. 温度　　　　　　　C. 速度　　　　　　　D. 冲洗

9. 磁流体是由磁性微粒、（　　）及表面活性剂所组成。

A. 非电解质　　　　　B. 带点微粒　　　　　C. 载液　　　　　　　D. 电解质

10. 动力密封工作过程中需要辅助（　　）。

A. 停车密封　　　　　B. 不停车密封　　　　C. 带压密封　　　　　D. 带压堵漏

二、多选题

1. 属于非接触型密封的有（　　）。

A. 间隙密封　　　　　B. 浮环密封　　　　　C. 迷宫密封　　　　　D. 填料密封

2. 密封环的形式有（　　）。

A. 平环式　　　　　　B. 直角式　　　　　　C. 迷宫式　　　　　　D. 螺旋式

3. 提高迷宫密封效果的措施主要有（　　）。

A. 增大齿隙面积　　　　　　　　　　　　B. 增大空腔内局部阻力

C. 增加密封片数　　　　　　　　　　　　D. 减少齿隙面积

4. 浮环密封是解决（　　）等苛刻使用条件的密封。

A. 高速　　　　　　　　B. 高压　　　　　　　　C. 防爆　　　　　　　　D. 防毒

5. 浮环密封按结构可以分为（　　　）。

A. L型　　　　　　　　B. 带冷却孔型　　　　　C. 剖分型　　　　　　　D. 整体型

6. 动力密封的主要有（　　　）。

A. 离心密封　　　　　　B. 叶轮密封　　　　　　C. 叶片密封　　　　　　D. 螺旋密封

7. 副叶轮密封的做功元件（　　　）。

A. 背叶片　　　　　　　B. 叶轮　　　　　　　　C. 副叶轮　　　　　　　D. 叶片

8. 停车密封的密封的功能主要包括（　　　）。

A. 即停即堵　　　　　　B. 即开即松　　　　　　C. 即松即堵　　　　　　D. 即开即堵

9. 压力调节式停车密封包括（　　　）。

A. 螺旋压力调节式　　　　　　　　　　　　　　B. 带滑阀的停车密封

C. 气控涨胎式密封　　　　　　　　　　　　　　D. 齿轮停车密封

10. 磁流体是由（　　　）组成。

A. 磁性微粒　　　　　　B. 吸附液　　　　　　　C. 载液　　　　　　　　D. 表面活性剂

三、判断题

1. 平环式密封环泄漏的液体以相反方向流入液体主流，因而产生较大的涡流和冲击损失。
（　　　）

2. 迷宫密封属于流阻型非接触密封，而且密封间隙越小，密封齿数越小，密封效果越好。
（　　　）

3. 动力密封只能在轴运转时起密封作用。（　　　）

4. 背叶片的作用是使泄漏液体产生反向离心压力，阻止泄漏液体向轴封处流动。（　　　）

5. 离心式停车密封是利用离心力的作用，实现在静止时脱开，在运转时闭合的停车密封。
（　　　）

6. 磁流体在离心力和磁场作用下，既不沉降和凝聚，本身承受磁性，可以被磁铁所吸引。
（　　　）

7. 任何液体都可用作载液。（　　　）

8. 零泄漏密封装置是可能实现的。（　　　）

9. 泵壳与叶轮入口外缘装有可拆的密封环是迷宫密封。（　　　）

10. 动力密封目前应用较多的主要有两种形式：离心密封和螺旋密封。（　　　）

四、简答题

1. 非接触型密封分为哪几类？它们的典型结构形式有哪些？

2. 密封环主要有哪几种形式？各有何特点？

3. 简述迷宫密封的结构形式及特点。

4. 怎样才能提高迷宫密封的密封效果？

5. 浮环密封的浮升性的作用是什么？

6. 浮环密封中封油系统的作用是什么？对封油系统的基本要求有哪些？

7. 简述离心密封和螺旋密封的密封原理。它们的封液能力是分别用什么参数表示的？

8. 怎样确定螺旋密封的赶液方向？

9. 磁流体主要有哪几部分组成？

10. 简述磁流体密封的工作原理。

11. 磁流体密封的优缺点主要有哪些？

第七章

泄漏检测技术

第一节　概　　述

　　过程装置在制造或运转的过程中，不但需要知道有无泄漏，而且还要知道泄漏率的大小。泄漏检测技术中所指的"漏"的概念，是与最大允许泄漏率相联系的。

　　泄漏是绝对的，不漏则是相对的。对于真空系统来说，只要系统内的压力在一定的时间间隔内能维持在所允许的真空度以下，这时即使存在漏孔，也可以认为系统是不漏的；对于压力系统来说，只要系统的压力降能维持在所允许的值以下，不影响系统的正常操作，同样也可认为系统是不漏的。对于密封有毒、易燃易爆、对环境有污染、贵重的介质，则要求系统的泄漏率必须小于环保、安全以及经济性所决定的最大允许泄漏率指标。

　　检漏就是用一定的手段将示漏物质加到被检设备或密封装置器壁的一侧，用仪器或某一方法在另一侧怀疑有泄漏的地方检测通过漏孔漏出的示漏物质，从而达到检测的目的。检漏的任务中监视系统可能发生的泄漏及其变化。

　　检漏的方法和仪器很多，一般可从以下几个方面进行分类。

　　① 根据所使用的设备可分为氦质谱检漏法、卤素检漏法、真空计检漏法等。

　　② 按照所采用的检漏方法所能检测出泄漏的大小可分为定量检漏法和定性检漏法。

　　③ 根据被检设备所处的状态可分为压力检漏法和真空检漏法。

第二节　常用的检漏方法及选择

一、常用的检漏方法

1. 压力检漏法

　　压力检漏法就是将被检设备或密封装置充入一定压力的示漏物质，如果设备或密封装置上有漏孔，示漏物质就会通过漏孔漏出，用一定的方法或仪器在设备外检测出从漏孔漏出的示漏物质，从而判定漏孔的存在、漏孔的具体位置以及漏孔的大小。常用的压力检测法有水压法、压降法、听音法、超声波法、气泡法、皂泡法、集漏空腔增压法、氨气检漏法、卤素检漏法、放射性同位素法、氦质谱检漏法等。

① 水压法。对压力容器或密封装置进行试验时，先将容器或密封装置内部装满水，再用水泵向里注水，观察设备或密封装置周围有无漏出。检漏时必须耐心等待，直至水泄漏出来。因此，只能抽象地表示灵敏度的高低。根据被检物表面是否有水渗出，即可判断出泄漏点。但是，对于结构比较复杂的设备，肉眼可能无法直接观察到泄漏点。只要水压不变，泄漏率大小就不会发生很大的变化，因此可以获得较为一致的结果。当然由于检漏人员的观测技巧不同，检测结果也不会完全相同。除水泵外，水压法检漏无需大型、贵重设备，因而很经济。

② 压降法。将压缩机与被检测设备或密封装置相连接，然后加压。压力升至某一数值后，停止加压，同时关闭阀门，放置一段时间。在放置时间里，如果压力急剧下降，即可判断泄漏率很大。如果压力变化不大或没有变化，就可认为泄漏率很小，或者没有泄漏。这种方法简便，使用普遍，是检测泄漏的一种最基本的方法。压降法也称加压放置法。

③ 听音法。该方法主要检测气体的泄漏。气体从小孔中喷出时，会发出声音。声音的大小和频率与泄漏率的大小、两侧的压力、压差和气体的种类等因素有关。根据气体漏出时发出的声音即可判断有无泄漏。

该方法的灵敏度很大程度上受环境的影响。若工厂噪声大，则小的声音就不易听清。使用听诊器，某种程度上可以消除周围噪声的影响，听清泄漏音，但有时与泄漏无关的声音（如电动机声音）也会混杂进来，从而影响检漏灵敏度。为了辨别较小的声音，可用话筒和放大器将声音放大。但此时其他声音也同时放大，多数情况下较难收到好的效果。在检测压力为 0.3MPa，周围非常安静的条件下，可以听出 $5 \times 10^{-2} \mathrm{cm^3/s}$ 的泄漏率的声音。

这种方法简单、经济。使用听诊器，在某种程度上可以判断出泄漏点。如果单凭耳朵听，往往因声波反射或吸收，很难确定泄漏点，即发声地点。由于检测环境条件不同，听得到的结果可能偏差很大。因此，这种方法的稳定性和可靠性很差，应与其他检测方法一同应用。

④ 超声波法。该方法实际上是听音法的一种。它是将泄漏声音中可听频率截掉，仅仅使超声波部分放大，以检测出泄漏。检测时，可以直接使用超声波检测仪，根据检测仪表指针是否摆动，确定有无泄漏。也可采用超声波回到可听频率范围内鸣笛的方法来确定有无泄漏。采用后一种原理制造的超声波转换器不仅在被试验物加压时可以使用，在抽真空时，由于吸入的空气发出超声波，因而采用真空时可以使用。

由于超声波转换器只检测超声波部分，在普通工厂的噪声条件下，不受明显的干扰，因此检漏效果很好。该法的灵敏度与被测物体加压、减压状况，泄漏的大小，泄漏点与检测仪（探头）间的距离等因素有关。当泄漏点与探头距离很近时，超声波转换器的灵敏度可达 $1 \times 10^{-2} \mathrm{cm^3/s}$。

检漏时将检漏仪灵敏度调到最大，一边移动探头，一边侦听，使能听到的超声波发出的声音达到最大。然后，再寻找发出超声波的位置，以便确定泄漏点。但在探头不易接近的地方出现泄漏时，就很难准确地判断出泄漏点。这种方法操作简便，人为因素较小，不同检测人员所得到的检测结果都基本相同。

⑤ 气泡法。气泡检漏法适用于允许承受正压的容器、管道、密封装置等的气密性检测。此种方法简单、方便、直观、经济。

将被检件内充入一定压力的示漏气体后放入液体中，气体通过漏孔进入周围的液体中形成气泡，气泡形成的地方就是漏孔存在的位置，根据气泡形成的速率、气泡的大小以及所用气体和液体的物理性质，即可大致估算出漏孔的泄漏率。

气泡检漏法的灵敏度与诸多因素有关。液体表面张力越小，示漏气体压力越高，漏孔距离液面越近，可检测出来的漏孔就越小，灵敏度就越高；示漏气体的黏度越小，分子量越小，灵敏度也越高。反之则低。实际检漏时，通常用空气作为示漏气体，用水作为显示液体。此时，该方法的灵敏度可达 $1\times10^{-5}\sim1\times10^{-4}\,cm^3/s$。

⑥ 皂泡法。对不太方便到水槽内的管道、容器和密封连接进行检漏时，先在被检件内充入压力大于 0.1MPa 的气体，然后在怀疑有漏孔的地方涂抹肥皂液，形成肥皂泡的部位便是漏孔存在的部位。

在检漏时应注意肥皂液稀稠得当。太稀了易于流动和滴落而造成误检，太稠了透明度差，也容易漏检，并且所混入的气体也可能形成泡沫而造成漏检。此方法的灵敏度为 $1\times10^{-4}\,cm^3/s$。

⑦ 集漏空腔增压法。将整个被检件或被检部位密封起来形成一个空腔。由漏孔漏出的示漏介质积聚在测漏空腔内，从而引起空腔内的气体状态参数（压力、温度）改变。通过测定这些参数的改变量，按理想气体状态方程即可计算出泄漏率。研究表明该方法的灵敏度可达 $5\times10^{-6}\,cm^3/s$。

采用该方法不能判断出具体的泄漏点，但很容易得到被检件的总泄漏率，或者在已知泄漏点的前提下，确定通过漏孔的泄漏率。

该方法已广泛应用于密封元件的泄漏率检测。

⑧ 氨气检漏法。把允许充压的被检容器或密封装置抽成真空（不抽真空也可以，其效果稍差），在器壁或密封元件外面怀疑有漏孔处贴上具有氨敏感的 Ph 指示剂的显影带，然后在容器内部充入高于 0.1MPa 的氨气，当有漏孔时，氨气通过漏孔逸出，使显影带改变颜色，由此可找出漏孔的位置，可根据显影时间、变色区域的大小大致估计出漏孔的大小。

一般认为氨检漏法的灵敏度为 $1\times10^{-8}\,cm^3/s$，但也有文献报道可检出泄漏率为 $10^{-10}\,cm^3/s$ 的漏孔。

由于氨对铜及铜合金有腐蚀作用，故该法不宜用于这类材料制造的设备上。

⑨ 卤素检漏法。在被检容器中充入含有卤素气体的试验介质，在可能存在漏孔的部位用卤素检漏仪探头探测，便可确定泄漏率和漏孔位置。

卤素检漏仪的最小可检漏率可达 $10^{-9}\,cm^3/s$。示漏气体采用氟利昂、氯仿、碘仿、四氯化碳等卤素化合物，其中以氟利昂 R12 的效果最好。值得指出的是，由于氟利昂对大气臭氧层有破坏作用，这种常用的检漏方法因环保问题而正被其他方法逐渐取代。

⑩ 放射性同位素法。在被检容器中充入含有放射性物质（如 Kr^{85}）的气体或液体，漏出的放射性物质可通过放射性检测仪来测定。其灵敏度大致为 $10^{-6}\,cm^3/s$。放射性气体的价格昂贵，回收装置较为复杂。另外，进行试验时，通常需要专门设备。使用放射性气体又需要一定的专门知识。因此，试验成本很高。

⑪ 氦质谱检漏法。被检容器中通入示漏气体氦气，漏出的氦气可由氦质谱检漏仪通过探头测出。该方法不仅能确定泄漏率，而且能探出漏孔位置。

氦质谱检漏仪精度很高，检漏的灵敏度约为 $10^{-9}\,cm^3/s$。

氦气在空气中的质量分数很小，且比空气轻，易于在空气中扩散。所以，在检测中很少形成漏检，检漏可靠性很高。

氦质谱检漏法主要用于需准确检测微小泄漏率的场合。

2. 真空检漏法

真空检漏法是指将被检设备或密封装置和检漏仪器的敏感元件均处于真空中，示漏物质施加在被检设备外面，如果被检设备有漏孔，示漏物质就会通过漏孔进入被检设备内部和检漏仪器的敏感元件所在的空间，由敏感元件检测出示漏物质来，从而可以判定漏孔的存在、漏孔的具体位置以及泄漏率的大小。常用的真空检漏法有静态升压法、液体涂覆法、放电管法、真空计检漏法、卤素检漏法、氦质谱检漏法等。

（1）静态升压法。将真空泵与被检设备或密封装置相连接，然后抽成真空。压力降至某一值时，停止抽真空。同时关闭阀门，放置一段时间。在放置时间里，如果压力急剧上升，就可判断泄漏率很大。如果压力变化很小或没有变化，就可以认为泄漏率很小，或者没有泄漏。静态升压法也称真空放置法。

在真空技术领域通常用压力与容积的乘积来表示某一条件下泄漏的气体量，即泄漏率，其单位为 $Pa \cdot m^3/s$。

静态升压法的灵敏度与被检容器的容积大小、放置时间的长短和真空检测元件（真空计）的灵敏度有关。采用不同的真空计可测得的最小泄漏率是不同的。例如，热传导真空计的最小可检泄漏为 $1 \times 10^{-6} cm^3/s$，而电离真空计的最小检漏率为 $1 \times 10^{-9} Pa \cdot m^3/s$，但是，由于被检物体表面和材料所含气体的蒸汽、吸收和扩散等的影响，采用静态升压法可检出的最小泄漏率为 $5 \times 10^{-7} Pa \cdot m^3/s$。

采用静态升压法很容易得到被检设备的总泄漏率，但不能具体判断出泄漏的位置。

（2）液体涂覆法。将被检设备或密封装置抽真空。在它的表面涂上水、酒精、丙酮等液体。如果该液体接触到漏孔，就可能进入漏孔或把漏孔盖住，涂覆的液体产生流动，同时引起真空侧压力的急剧变化，测出这个变化，就可以确定覆盖液体部分的泄漏情况。

该方法的灵敏度不易做出精确分析，在某些假定的前提下，可以做大致估计。

该方法的应答时间几秒至几分钟，它是由漏孔的大小和涂覆液体的性质来决定的。泄漏越大，应答时间越短。

在涂覆液体的同时，注意观察真空计读数的变化，压力急剧变化的地方即为泄漏点。为可靠起见，应在压力恢复初始值、并趋于稳定后再涂液体。如果几次结果相同，即可确认该处有泄漏。

（3）放电管法。示漏气体通过漏孔进入抽真空的容器或密封装置后使放电管内放电光柱的颜色发生变化，据此可判断漏孔的存在。为了便于观察放电光柱的颜色，放电管壳采用玻璃壳。它适用的压力范围为 $1\sim100Pa$。在此范围内空气的放电颜色为玫瑰色，示漏物质进入放电管后，放电光柱的颜色可参考表 7-1。此方法的灵敏度为 $10^{-3}Pa \cdot m^3/s$。

表 7-1　各种气体和蒸气的辉光放电颜色

气体	放电颜色	蒸气	放电颜色	气体	放电颜色	蒸气	放电颜色
空气	玫瑰红	水银	蓝绿	二氧化碳	白蓝	乙醚	浅蓝灰
氮气	金红	水	天蓝	氦气	紫红	丙酮	蓝
氧气	淡黄	真空油脂	浅蓝(有荧光)	氖气	鲜红	苯	蓝
氢气	浅红	酒精	浅蓝	氩气	深红	甲醇	蓝

（4）真空计检漏法。

① 热传导真空计法。热传导真空计（热阻真空计和热电偶真空计）是基于低压下气体

热传导与压力有关的性质来测量真空系统内的压力的。此外，还可利用热传导真空计的计数不仅与压力有关，而且还与气体种类有关的性质来进行检漏，当示漏气体通过漏孔进入真空系统时，不仅改变了系统内的压力，也改变了其中的气体成分，使热传导真空计的读数发生变化，据此可检测漏孔的存在。

② 电离真空计。大多数高真空系统都带有电离真空计，此时也可用它来进行检漏。示漏物质通过漏孔进入系统后，真空计的离子流将发生变化，由此可测出泄漏率。

③ 差动真空计法。差动真空计法也叫桥式真空计法，检漏装置如图 7-1 所示。它是由两个真空计和一个阻滞示漏气体所组成的，两个真空计的输出信号以差分的形式输出。检漏前，将系统抽成真空，将阱加热除气，并将电路调平衡。检漏时，当示漏物质通过漏孔进入系统后，可不受限制地进入第一个真空计内，由于阱的作用，示漏物质进入第二个真空计的量要受到限制，这样，两个真空计的输出信号就不一致，给出差分讯号，由此便可以指示漏孔存在并给出漏孔的大小。

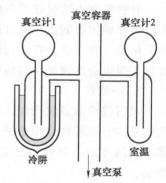

图 7-1 差动真空计法检漏

差动真空计法中，可采用不同的真空计，如热阻真空计、热电偶真空计、热阴极电离真空计和冷阴极电离真空计等。相应的阱和示漏气体有氢氧化钙阱，二氧化碳为示漏气体；活性炭阱，氢气或丁烷为示漏气体。

差动真空计法的优点是：在使用中由于两个真空计电参数的不稳定，真空系统抽速的不稳定等所造成的仪器噪声得到补偿，所以检漏灵敏度比单管真空计法高得多。

(5) 卤素检漏法。前面简单介绍了卤素检漏仪在压力检漏法中的应用。在真空检漏法中，要求将被检系统抽到 $10 \sim 0.1 Pa$ 的真空度，卤素气体通过漏孔由外向内进入系统中，并进入敏感元件所在的空间，并由卤素检漏仪探头检测出来。其最小可检泄漏率可达到 $10^{-9} Pa \cdot m^3/s$。

(6) 氦质谱检漏法。在真空检漏法中，氦质谱检漏仪直接与被检系统相连接，被检系统抽真空，并在被检件外施加示漏气体（氦气）。示漏物质通过被检件上的漏孔进入检漏仪，被检测出来。真空氦质谱检漏法的灵敏度比压力检漏法中介绍的氦质谱检漏法的灵敏度高得多，其最小可检泄漏率为 $10^{-12} \sim 10^{-13} Pa \cdot m^3/s$。

二、检漏方法的选择

泄漏的检测方法很多，每种方法的特点不同，检漏前应首先根据检漏要求、检漏环境等选择合适的检漏方法。在选择检漏方法时应考虑如下几个因素。

1. 检漏原理

不论采用哪种检漏方法，必须理解它的基本原理。泄漏检测方法涉及的内容较广，集中反映了各种计量和测试技术。许多检测方法的原理都能够理解是不容易的。

2. 灵敏度

检漏方法的灵敏度可以用该方法检测到的最小泄漏率来表示。选择检漏方法时应考虑各种方法的灵敏度，即采用哪种方法可检测出哪一级的泄漏。例如，要检测 $10^{-5} cm^3/s$ 的泄漏率时，采用灵敏度为 $10^{-2} cm^3/s$ 的方法就毫无意义。反之，检测 $10^{-2} cm^3/s$ 的泄漏时，采用灵敏度为 $10^{-5} cm^3/s$ 的方法，原理上也许可行，但实际上可能是不经济的。

3. 响应时间

不论采用哪种检漏方法，要检测出泄漏率来，总要花费一定的时间。响应时间的长短可能会影响检漏的精度和灵敏度。延长检测时间，会提高灵敏度，但是，检测时间过长，由于环境条件的改变，可能降低检测精度。响应时间包括检测仪器本身的应答时间、气体流动的滞后时间和各种准备所需时间。选择检漏方法时必须考虑到这一点。

4. 泄漏点的判断

有些检漏方法仅仅可以判断出系统有无泄漏，但无法确定泄漏点在何处，有的检漏方法不仅可以确定泄漏点，而且还可以确定泄漏率的大小。如仅仅是为了弄清装置是否合格时，可采用前一种方法。在进行维修或要找出泄漏原因时，就必须采用后一种方法。采用后一种方法有时也会出现漏检的情况。

5. 一致性

对有些检漏方法来说，不管检测人员是否熟练，所得到的检测结果都基本相同；有些方法则是内行和外行使用结果全然不同。可能的情况下，应采用不需要熟练的专门技术就能正确检测的方法。每种方法都有不同的技术关键，不同的检漏人员未必能得出一致的检漏结果。

6. 稳定性

泄漏检测是一种计量和测试的综合技术。如果测试得到的数据不稳定，就毫无意义。正确的泄漏检测不仅需要检测仪器具有稳定性，而且需要检测方法本身也具有较好的稳定性。

7. 可靠性

未检测出泄漏并不等于没有泄漏，对此应进行判断。采用某种方法进行检漏时，应该了解该方法是否可靠。检漏结果的可靠性与上面介绍的方法的一致性、稳定性等多种因素有关。

8. 经济性

是选择检漏方法的关键之一。单考虑检漏方法本身的经济性比较容易，但要从所需的检漏设备、对人员的技术要求、检漏结果的可靠性等方面综合评价检漏方法的经济性则比较困难。

例如，涂肥皂液检漏是一种很经济的方法，但是，使用这种方法无法检查出较小的漏孔，因而，无法将其用于泄漏要求较高的场合。使用价格昂贵的氦质谱检漏仪时，很快就能检测出多处较小泄漏。很难笼统地说，上述两种方法中，哪种经济，哪种不经济，只能综合考虑各种因素的影响来确定其经济性。

可见，选择检漏方法时，除了要考虑其经济性外，还必须对灵敏度、响应时间、检测要求等做出全面评价，使所选的检漏方法既满足检漏的要求又经济合理。

思考及应用题

一、单选题

1. 下列的检漏方法中，既可用于压力检漏，又可用于真空检漏的方法是（　　）。

A. 听音法　　　　　B. 集漏空腔增压法　　　C. 静态升压法　　　　D. 卤素检漏法

2. 超声波探头与被测工件表面之间应（　　）。

A. 加耦合剂　　　　B. 加磁粉悬浮剂　　　　C. 保持干燥　　　　　D. 无需处理

3. 下列哪个不是超声波具有的特性（　　）。

A. 方向性好　　　　B. 能量高　　　　　　C. 穿透力强　　　　　D. 不能反射

4. 泄漏的危害不包括（　　）。

A. 能源的浪费　　B. 物料的流失　　　　C. 产品质量的下降　　D. 负荷的减轻

二、多选题

1. 检测泄露的方法根据被检设备所处的状态分为（　　）。

A. 定性检测法　　B. 压力检漏法　　　　C. 真空检漏法　　　　D. 定量检测法

2. 研磨安全阀芯时，造成密封面拉毛或研烧的原因有（　　）。

A. 研磨剂和研磨具精度不够　　　　　　B. 研速过慢，压力过低

C. 研磨过快，压力过高　　　　　　　　D. 用力不均匀

3. 在选择检漏方法时应主要考虑如下几个因素（　　）。

A. 检漏原理　　　B. 灵敏度　　　　　　C. 响应时间　　　　　D. 泄漏点的判断

4. 常用的真空检漏法有（　　）。

A. 静态升压法　　B. 液体涂覆法　　　　C. 放电管法　　　　　D. 真空计检漏法

5. 常用的压力检测法有（　　）。

A. 水压法　　　　B. 听音法　　　　　　C. 气泡法　　　　　　D. 放电管法

三、判断题

1. 泄漏指高能流体经隔离物缺陷通道向低能区侵入的负面传质现象。（　　）

2. 常用的真空检测法有水压法、压降法、听音法、超声波法、气泡法等。（　　）

3. 检漏的任务就是在制造、安装、调试过程中，判断漏与不漏、泄漏率的大小，找出漏孔的位置。（　　）

4. 压力检测可以判定漏孔的存在、漏孔的具体位置以及漏孔的大小。（　　）

5. 真空检漏法需要被检设备或密封装置处于真空中，检漏仪器的敏感元件无需处于真空。（　　）

四、简答题

1. 什么是检漏？为什么要检漏？

2. 什么是压力检漏法？常用的压力检漏法有哪些？

3. 什么是真空检漏法？常用的真空检漏法有哪些？

4. 在选择检漏方法时应主要考虑哪些因素？

思考及应用题答案

第一章　密封技术概述

一、单选题

1～5. A、D、A、C、A

二、多选题

1～5. ABC、ACD、AB、ABC、ABCD

三、判断题

1～5. ×、√、√、×、√

四、简答题

略

第二章　垫片密封及应用

一、单选题

1～5. C、D、B、A、B　　　6～10. D、A、C、C、C

二、多选题

1～5. ABD、BD、BCD、ABCD、ABC

三、判断题

1～5. ×、√、×、√、√　　　6～10. ×、√、√、×、×

四、简答题

略

第三章　胶密封及应用

一、单选题

1～5. A、A、B、D、A

二、多选题

1～5. ABC、AC、ABCD、ABC、BD

三、判断题

1～5. ×、√、√、√、×

四、简答题

略

第四章　填料密封及应用

一、单选题

1～5. B、B、D、A、C　　　6～10. C、D、A、B、C

二、多选题

1～5. ABCD、AC、ABCD、AB、AB、　　　6～10. ABD、ABC、ABCD、BC、BCD

三、判断题

1～5. √、×、×、√、√　　　　6～10. √、√、×、√、×

11～15. √、×、√、√、√

四、简答题

略

第五章　机械密封及应用

一、单选题

1～5. C、C、B、D、C　　　6～10. C、D、D、A、B

11～15. A、A、B、B、D　　16～20. A、A、C、B、C

二、多选题

1～5. ABCD、ABC、ABCD、AB、ABD　6～10. AC、ACD、ABCD、AD、ABCD

11～15. AB、ABCD、ABD、ACD、AB

三、判断题

1～5. ×、√、√、×、×　　　6～10. √、×、×、×、√

11～15. ×、×、×、×、×　　16～20. ×、×、√、×、√

四、简答题

略

第六章　非接触型密封及应用

一、单选题

1～5. D、A、B、A、A　　　6～10. C、B、A、C、A

二、多选题

1～5. ABC、ABC、BCD、ABCD、CD　　　6～10. AD、AC、AB、ABC、ACD

三、判断题

1～5. √、×、√、√、×　　　6～10. √、√、√、×、√

四、简答题

略

第七章　泄漏检测技术

一、单选题

1～4. D、B、D、D

二、多选题

1～5. BD、ACD、ABCD、ABCD、ABC

三、判断题

1～5. √、×、√、√、×

四、简答题

略

参 考 文 献

[1] 顾永泉. 机械密封实用技术. 北京：机械工业出版社，2001.

[2] 黄志坚. 现代密封技术应用——使用、维修方法与案例. 北京：机械工业出版社，2008.

[3] 魏龙，冯秀. 化工密封实用技术. 北京：化学工业出版社，2011.

[4] 魏龙. 密封技术. 2版. 北京：化学工业出版社，2009.

[5] 田伯勤. 新编机械密封实用技术手册. 北京：中国知识出版社，2005.

[6] 吕瑞典. 化工设备密封技术. 北京：石油工业出版社，2006.

[7] 蔡仁良，顾伯勤，宋鹏云. 过程装备密封技术. 2版. 北京：化学工业出版社，2006.

[8] 赵林源. 机械密封实用方法与技巧. 北京：石油工业出版社，2009.

[9] 朱立新，王汝美. 实用机械密封技术问答. 3版. 北京：中国石化出版社，2014.

[10] 国家标准全文公开系统. 机械密封［EB/OL］.

[11] 郝木明，李振涛，任宝杰，等. 机械密封技术及应用. 2版. 北京：中国石化出版社，2014.

[12] 王金刚. 石化装置流体密封技术. 北京：中国石化出版社，2007.

[13] 马秉骞. 化工设备使用与维护. 2版. 北京：高等教育出版社，2013.

[14] 张涵. 化工机器. 2版. 北京：化学工业出版社，2009.

[15] 韩文光. 化工装置使用操作技术指南. 北京：化学工业出版社，2001.

[16] 王灵果. 过程装备管理. 2版. 北京：化学工业出版社，2009.

[17] 潘传九，金燕，等. 化工机械类专业技能考核试题集——全国化工检修钳工技能大赛及化工检修钳工职业资格鉴定理论试题. 北京：化学工业出版社，2009.

[18] 康维丰，张天国，游笑辉，等. 干气密封技术在乙烯制冷压缩机上的应用［J］. 乙烯工业，2016，28（1）：59-64.

[19] 杨斌. 刍议干气密封技术在离心压缩机的运用［J］. 科技资讯，2012（20）：22-24.

[20] 高辉. 干气密封技术在合成氨装置上的应用［J］. 炼油与化工，2015（02）：35-36.

[21] 林忠伟，赵伟奇. 干气密封技术在乙烯装置压缩机上的应用［J］. 石油和化工设备，2012（08）：16-19.

[22] 李燕坡，王吉鹏，曹彦恒，等. 离心式压缩机密封技术的应用综述［J］. 风机技术，2011（06）：58-62.

[23] 毛文元，宋鹏云，邓强国，等. 干气密封螺旋槽的激光加工工艺研究［J］. 工程科学与技术，2018，50（05）：253-262.